미분적분학 연습문제 탐구

김상욱·김원규·윤재헌·윤주한·조완영 지음

미분적분학(충북대학교 수학교재편찬위원회 지음) 연습문제 해설

教友社

머 리 말

이 책은 미분적분학을 학습하는데 도움을 주기 위한 참고도서로, 충북대학교 교재편찬 위원회 간행 미분적분학에 수록된 모든 연습문제의 완전한 풀이를 포함하고 있다. 미분적분학 과목은 이공계학과에서는 필수적인 도구 교과목인데, 최근에는 대학의 대부분 학과에서 필수적인 도구과목이자 교양과목으로 자리매김하고 있는 것이 세계적인 추세이다. 미분적분학은 다양한 예제와 연습문제의 풀이를 통하여 내용을 잘 이해할 수 있으며, 부단히 연습문제 풀이를 하여야만 미분적분학의 어려운 여러 개념을 완전히 이해하며 이를 활용할 수 있는 능력이 생긴다. 먼저 교과서의 예제들을 학습하여 잘 이해한 후에 연습문제를 해결하도록 한다. 그리고 이 책을 참고하기 전에 반드시 스스로 연습문제를 풀기 위한 노력을 시도하여야 한다. 이를 위하여 연습문제를 30초 정도 집중하여 읽고 스스로 문제풀이 전략을 생각해 보는 것도 문제해결을 위한 좋은 방법이다.

일반적으로 수학문제의 풀이는 다양한 방법이 있으며, 각각의 풀이 방법은 다양한 장점을 가질 수 있다. 따라서 독자들이 연습문제를 스스로 해결하였다면, 이 책에서 제시한 풀이 방법과 비교해 봄으로써 미분적분학의 학습에 더욱 효과적일 수 있다. 이 책에 있는 모든 연습문제의 풀이는 추론규칙에 의하여 해답을 구하는 과정을 자세히 제시하였기 때문에 독자들의 학습효과를 극대화할 수 있다. 또, 매스매티카를 활용하여 수치해를 구하고 근삿값을 구하는 방법은 이공학 등 다양한 응용수학 분야에서는 필수적인 내용이므로, 별도의 단원을 추가하여 수치적 응용을 필요로 하는 독자들에게 도움이 되도록 했다.

이 책의 모든 내용은 여러 차례의 확인과정을 통하여 충분한 검토가 이루어졌으므로 오류가 없을 것으로 생각한다. 그러나 혹시라도 독자 여러분이 잘못된 오류나 완전하지 못한 부분을 발견한다면 이메일(swkim@cbnu.ac.kr)로 알려 주기 바라며 흠이 없는 책을 위해 더욱 노력하겠다. 이 책의 모든 편집은 LaTeX 2_ε 으로 이루어졌다.

끝으로 이 책이 나오기까지 수고한 여러분께 깊은 감사를 드린다.

2009년 2월

지은이 일동

차 례

제 0 장 매스매티카를 활용한 미분적분학 **1**

0.1 함수의 극한과 연속 2

0.2 도함수 5

0.3 부정적분 11

0.4 정적분 13

0.5 정적분의 근삿값 16

0.5.1 사다리꼴 공식 16

0.5.2 심프슨 공식 19

제 1 장 함 수(연습문제 및 풀이) **25**

1.1 함수 25

1.2 역삼각함수와 역쌍곡선함수 33

1.3 함수의 극한 37

1.4 함수의 연속 40

제 2 장 미분법(연습문제 및 풀이) **43**

2.1 미분계수와 도함수 43

2.2 미분법 46

2.3 삼각함수와 역삼각함수의 도함수 54

2.4 지수함수와 로그함수의 도함수 62

2.5 쌍곡선함수와 역쌍곡선함수의 도함수 66

2.6 고계도함수 70

제 3 장 도함수의 응용(연습문제 및 풀이) 75

3.1 미분과 근삿값 75
3.2 평균값의 정리 78
3.3 함수의 증가와 감소 84
3.4 곡선의 오목과 볼록 87
3.5 무한대에서의 극한, 무한대인 극한 90
3.6 함수의 그래프 92

제 4 장 부정적분(연습문제 및 풀이) 97

4.1 부정적분 97
4.2 치환적분과 부분적분 99
4.3 유리함수의 적분 108
4.4 무리함수의 적분 112
4.5 삼각함수의 적분 122
4.6 적분공식의 사용 125

제 5 장 정적분(연습문제 및 풀이) 129

5.1 정적분 129
5.2 정적분의 성질 132
5.3 정적분의 계산법 136
5.4 특이적분 140
5.5 정적분의 근사계산 142

제 6 장 정적분의 응용(연습문제 및 풀이) 149

6.1 두 곡선 사이의 넓이 149
6.2 입체도형의 부피 150
6.3 곡선의 길이 152
6.4 함수의 평균값 153
6.5 일 154

제 7 장 좌표공간과 좌표계(연습문제 및 풀이) 157

7.1 좌표공간 157
7.2 극좌표계 159

7.3 극좌표계에서의 그래프 164
7.4 원기둥좌표계와 구면좌표계 169
7.5 매개변수 방정식 175
7.6 극좌표계에서의 넓이 182
7.7 극좌표계에서의 길이 193

제 8 장 수열과 급수(연습문제 및 풀이) 199

8.1 수 열 199
8.2 급수의 수렴과 발산 204
8.3 양항급수 208
8.4 교대급수 211
8.5 절대급수 215
8.6 멱급수 218
8.7 멱급수의 미분과 적분 225
8.8 테일러급수와 매클로린급수 228
8.9 이항급수 232

제 9 장 편미분법(연습문제 및 풀이) 235

9.1 다변수함수 235
9.2 다변수함수의 극한과 연속 238
9.3 편도함수 240
9.4 전미분과 근삿값 245
9.5 연쇄법칙 249
9.6 방향도함수와 기울기벡터 253
9.7 접평면과 법선 260
9.8 이변수함수의 최댓값과 최솟값 265

제 10 장 다중적분(연습문제 및 풀이) 271

10.1 적분가능 함수 271
10.2 반복적분 273
10.3 치환적분 281
10.4 다중적분의 응용 287

제 11 장 벡터장의 적분(연습문제 및 풀이) 293

11.1 벡터장 293
11.2 선적분 299
11.3 그린 정리 308
11.4 면적분 315
11.5 스토크스 정리 320
11.6 발산정리 327

제 0 장

매스매티카를 활용한 미분적분학

우리는 흔히 일상생활 속에서 수의 연산을 효율적으로 하기 위하여 전자계산기를 사용하듯이, 우리는 다양한 전공분야에서 필요로 하는 깊이 있는 수학적 사실들을 보다 쉽게 다룰 수 있는 어떠한 도구가 있기를 희망한다.

이러한 측면에서 컴퓨터의 발전과 더불어 수학을 보다 쉽게 다룰 수 있는 Mathematica, Matlab, Maple 등과 같은 과학기술용 전문 소프트웨어들이 속속 등장하고 있다.

위에서 언급한 소프트웨어들은 기존의 전자계산기가 갖고 있는 기초적인 계산 능력뿐만 아니라 다양하고 광범위한 여러 전공분야에서 필요로 하는 수학적 사실들을 보다 쉽게 다룰 수 있도록 그 활용 범위를 점차 넓혀가고 있다.

위에서 언급한 소프트웨어 중에서 매스매티카가 갖는 특징을 대략적으로 살펴보면, 광범위한 수 연산 및 대수연산과 강력한 기호연산 기능을 갖추고 있으며, 시청각적인 연출 기능으로 다양한 칼라의 이차원 및 삼차원 그래픽을 포함한 애니메이션(animation) 연출과 부분적인 사운드(sound) 연출 등이 가능하다. 또한 일반적인 컴퓨터 언어와 유사한 형태의 독립적인 프로그래밍 기능을 갖추고 있어서 사용자에 따라서는 독창적인 연구 작업도 가능하도록 하고 있다.

매스매티카는 수학의 전 분야에서 활용이 가능하다. 따라서 수학적 지식을 필요로 하는 다양한 분야에서의 응용을 기대할 수 있다. 매스매티카를 생산하고 있는 Wolfram Research, Inc. 의 인터넷 홈페이지(`www.wolfram.com`)를 통하여 매스매티카와 관련한 최신의 정보들을 접할 수 있다.

여기서는 미적분학과 관련한 기초적인 학습내용들을 중심으로 매스매티카를 활용한 간단한 실습 예제들을 통하여 그들이 갖는 의미에 대하여 살펴보고 더 나아가 실제적인 문제해결 능력을 기르도록 한다.

0.1 함수의 극한과 연속

명령어 0.1.1 [함수의 극한] 함수의 극한과 관련한 매스매티카의 명령어 형식과 그 의미는 각각 다음과 같다.

(1) `Limit[f[x], x -> a]` 함수의 극한 $\lim_{x\to a} f(x)$

(2) `Limit[f[x], x -> a, Direction -> 1]]` 함수의 좌극한 $\lim_{x\to a^-} f(x)$

(3) `Limit[f[x], x -> a, Direction -> -1]` 함수의 우극한 $\lim_{x\to a^+} f(x)$

예제 0.1.1 매스매티카를 이용한 다음의 실행결과를 비교 분석하여라.

(1) `Limit[x^2, x -> 1]`

(2) `Limit[Sin[x]/x, x -> 0]`

(3) `Limit[Limit[(2x^2*y)/(x^2 + y^2), x -> 0], y -> 0]`

【풀이】 (1)과 (2)는 각각 일변수함수의 극한, 즉

$$\lim_{x\to 1} x^2, \qquad \lim_{x\to 0} \frac{\sin x}{x}$$

를 구하고 있고, (3)은 이변수함수의 극한

$$\lim_{(x,y)\to(0,0)} \frac{2x^2y}{x^2+y^2}$$

을 구하고 있다. 실행결과는 각각 다음과 같다: (1) 1 (2) 1 (3) 0. □

예제 0.1.2 함수에 관한 극한의 정의로부터

$$\lim_{x \to 2}(2x - 6) = -2$$

임을 증명하고, 또한 매스매티카를 이용하여 이를 확인하여라.

【풀이】 $\varepsilon > 0$을 택할 때마다

$$0 < |x - 2| < \delta$$

에 있는 모든 x에 대하여

$$|(2x - 6) - (-2)| < \varepsilon$$

을 만족시키는 $\delta > 0$가 존재함을 보이면 된다. 그런데

$$|(2x - 6) - (-2)| = |2x - 4| = 2\,|x - 2|$$

이므로, 가져온 $\varepsilon > 0$에 대하여 $0 < \delta \le \varepsilon/2$인 δ를 택하면

$$0 < |x - 2| < \delta \quad \Longrightarrow \quad |(2x - 6) - (-2)| = 2\,|x - 2| < 2\delta \le 2 \cdot \frac{\varepsilon}{2} = \varepsilon$$

을 만족시킨다. 따라서 함수에 관한 극한의 정의로부터

$$\lim_{x \to 2}(2x - 6) = -2$$

이다. 매스매티카를 이용하여 주어진 함수의 극한을 구하는 방법은 다음과 같다.

```
In[1]:= Limit[2x - 6, x -> 2]
Out[1]= -2
```

위의 실행결과로부터 주어진 함수의 극한이 -2임을 알 수 있다. □

예제 0.1.3 매스매티카를 이용하여 함수

$$f(x) = \frac{1}{x^2 - 1}$$

에 관한 다음 각각의 극한을 구하여라.

(1) $\lim_{x \to 1^-} f(x)$ (2) $\lim_{x \to 1^+} f(x)$ (3) $\lim_{x \to \infty} f(x)$ (4) $\lim_{x \to -\infty} f(x)$

【풀이】 먼저 주어진 함수를 정의하고, 이를 이용하여 각각의 경우에 대응하는 극한을 구하도록 하는 일련의 과정은 다음과 같다.

```
In[1]:= f[x_] := 1/(x^2 - 1);
        a = Limit[f[x], x -> 1, Direction -> 1];
        b = Limit[f[x], x -> 1, Direction -> -1];
        c = Limit[f[x], x -> Infinity];
        d = Limit[f[x], x -> -Infinity];
        List[a, b, c, d]
```

위의 내용을 실행한 결과는 다음과 같다.

Out[6]= $\{-\infty, \infty, 0, 0\}$

따라서 (1)과 (2)의 경우는 극한이 존재하지 않으며, (3)과 (4)의 경우에는 극한이 0임을 알 수 있다. □

예제 0.1.4 매스매티카를 이용하여 함수

$$f(x) = \frac{x^2 + 2x - 8}{x^2 - 4}$$

이 $x = 2$에서 연속인지, 아니면 불연속인지를 확인하여라.

【풀이】 함수 $f(x)$가 $x = 2$에서 연속인지, 아니면 불연속인지를 확인하기 위해서는

```
In[1]:= f[x_]:=(x^2 + 2x - 8)/(x^2 - 4)
        Limit[f[x], x -> 2]
        f[2]
```

와 같이 실행한 결과를 분석하면 된다. 즉, 위의 내용을 실행한 결과는

Out[2]= $\frac{3}{2}$

Out[3]= Indeterminate

와 같다. 따라서 주어진 함수에 대하여 $x = 2$에서의 극한은 3/2으로 정의되지만, $x = 2$에서의 함숫값은 정의되지 않음을 알 수 있다. 따라서 주어진 함수는 $x = 2$에서 불연속임을 알 수 있다. □

0.2 도함수

명령어 0.2.1 [도함수] 도함수와 관련한 매스매티카의 명령어 형식과 그 의미는 각각 다음과 같다.

(1) `D[f, x]`	편도함수	$\frac{\partial}{\partial x}f$
(2) `D[f, {x, n}]`	n 계 편도함수	$\frac{\partial^n f}{\partial x^n}$
(3) `D[f, x1, x2, ...]`	다중편도함수	$\frac{\partial}{\partial x_1}\frac{\partial}{\partial x_2}\cdots f$

명령어 0.2.1 의 (1)과 (2)의 특별한 경우로서 함수 $f(x)$가 일변수함수인 경우라면 이들 각각으로부터 일계도함수 $f'(x)$와 n 계도함수 $f^{(n)}(x)$를 얻는다.

예제 0.2.1 매스매티카를 이용한 다음의 실행결과를 비교 분석하여라.

(1) `D[x^n, x]` (2) `D[x^2 Log[x+a], x]` (3) `D[x^n, {x, 3}]`

(4) `D[ArcTan[x], x]` (5) `D[x^2y^3, x]` (6) `D[x^2y^3, x, y]`

(7) `D[x^2 + 5, {x, 0}]` (8) `D[x^3 + 5, {x, 0}]`

【풀이】 (1) nx^{-1+n} (2) $x^2/(a+x)+2x\text{Log}[a+x]$ (3) $(-2+n)(-1+n)nx^{-3+n}$
(4) $1/(1+x^2)$ (5) $2xy^3$ (6) $6xy^2$ (7) x^2+5 (8) x^3+5 □

예제 0.2.2 이차함수 $f(x)=x^2$에 대하여 $x=a$에서의 미분계수 $f'(a)$를 도함수의 정의에 의해 직접 구하고, 또한 그 결과를 매스매티카를 이용하여 얻은 결과와 비교하여라.

【풀이】 미분계수 $f'(a)$를 도함수의 정의에 의해 직접 구하면

$$f'(a)=\lim_{h\to 0}\frac{f(a+h)-f(a)}{h}=\lim_{h\to 0}\frac{(a+h)^2-a^2}{h}=\lim_{h\to 0}\frac{h(2a+h)}{h}=\lim_{h\to 0}(2a+h)=2a$$

이다. 또한 매스매티카를 이용한 일련의 과정 및 그 실행결과는 다음과 같다.

```
In[1]:= f[x_] := x^2
        fd[a_] := Limit[(f[a+h] - f[a])/h, h -> 0]
        fd[a]
Out[3]= 2a
```

따라서 위의 두 연산결과를 비교해 보면 그 결과가 일치함을 알 수 있다. 위에서 매스매티카를 이용하는 경우에는 도함수를 구하는 내장함수 `D[ ]` 또는 `f'[ ]`을 이용하면 보다 효과적으로 계산할 수 있다. □

예제 0.2.3 매스매티카를 이용하여 곡선 $f(x) = x^2 + 1$ 위의 한 점 $(1, 2)$에서의 접선의 방정식과 법선의 방정식을 각각 구하여라.

【풀이】 매스매티카를 이용한 일련의 실행결과는 다음과 같다.

```
In[1]:= f[x_] := x^2 + 1
        y1[x_] = f'[1](x-1) + 2
        y2[x_] = -(1/f'[1])(x-1) + 2
```

Out[2]= $2 + 2(-1 + x)$

Out[3]= $2 + \dfrac{1 - x}{2}$

```
In[4]:= Simplify[y1[x]]
        Simplify[y2[x]]
```

Out[4]= $2x$

Out[5]= $\dfrac{5 - x}{2}$

위의 실행결과로부터 접선의 방정식은 $y = 2x$이고, 법선의 방정식은 $y = (5 - x)/2$ 임을 알 수 있다. □

예제 0.2.4 매스매티카를 이용하여 함수 $f(x) = |x|$는 $x = 0$에서 연속이지만, 그 점에서 미분불가능임을 보여라.

【풀이】 다음 일련의 작업을 통하여 함수 f는 $x = 0$에서 연속임을 알 수 있다.

```
In[1]:= f[x_]:= Abs[x];
        fx0 = f[0];
        lim = Limit[f[x], x -> 0];
        If[fx0 == lim, "f is continuous at x=0.",
          "f is not continuous at x=0."]
```

Out[1]= f is continuous at $x = 0$.

반면에 아래의 작업을 통하여 함수 f는 $x = 0$에서 미분불가능임을 알 수 있다.

```
In[2]:= f'[0]
```

Out[2]= Abs′[0]

Out[2] 에서는 입력한 그대로를 출력하고 있다. 그 이유는 In[2] 에서 실행한 결과가 매스매티카의 내부 연산 중에 $f'(0)$ 가 존재하지 않기 때문에 적절한 결과를 줄 수 없는 상황임을 의미한다. □

예제 0.2.5 $f(x, y) = 9 - x^2 - 4y^2$ 에 대해 편미분계수의 정의로부터 $f_x(1, 1)$ 과 $f_y(1, 1)$ 을 직접 구하고, 또한 그 결과를 매스매티카를 이용하여 얻은 결과와 비교하여라.

【풀이】 편미분계수의 정의로부터 직접 구하면

$$\begin{aligned} f_x(1,1) &= \lim_{h\to 0} \frac{f(1+h,1) - f(1,1)}{h} \\ &= \lim_{h\to 0} \frac{\left(9 - (1+h)^2 - 4\right) - (9 - 1 - 4)}{h} \\ &= \lim_{h\to 0} \frac{-h(2+h)}{h} \\ &= -\lim_{h\to 0}(2+h) \\ &= -2, \end{aligned}$$

$$\begin{aligned} f_y(1,1) &= \lim_{h\to 0} \frac{f(1,1+h) - f(1,1)}{h} \\ &= \lim_{h\to 0} \frac{\left(9 - 1 - 4(1+h)^2\right) - (9 - 1 - 4)}{h} \\ &= -4\lim_{h\to 0}(2+h) \\ &= -8 \end{aligned}$$

을 얻는다. 또한 매스매티카를 이용하여 얻은 결과는

```
In[1]:= f[x_,y_] := 9 - x^2 - 4y^2;
        D[f[x, y], x] /. x -> 1
        D[f[x, y], y] /. y -> 1
Out[2]= -2
Out[3]= -8
```

와 같다. 따라서 위의 두 방법에 의해 얻은 결과가 일치함을 알 수 있다. □

예제 0.2.6 다음 주어진 함수들의 일계편도함수 f_x, f_y를 직접 구하고, 또한 그 결과를 매스매티카를 이용하여 얻은 결과와 비교하여라.

(1) $f(x, y) = 9 - x^2 - 4y^2$ (2) $f(x, y) = x^3 e^{2y}$

(3) $f(x, y) = \sqrt{x^2 + y^2}$ (4) $f(x, y) = \cos \dfrac{x}{y}$

【풀이】 (1) x에 관한 편도함수 $f_x(x, y)$를 간단히 얻기 위해서는 x를 제외한 나머지 변수를 상수로 보고 x에 관하여 미분하면 된다. 따라서 $f_x(x, y) = -2x$ 임을 알 수 있다. 또한 y에 관한 편도함수 $f_y(x, y)$를 간단히 얻기 위해서는 y를 제외한 나머지 변수를 상수로 보고 y에 관하여 미분하면 된다. 따라서 $f_y(x, y) = -8y$ 임을 알 수 있다. 매스매티카를 이용한 실행결과는

```
In[1]:= f[x_,y_] := 9 - x^2 - 4y^2;
        D[f[x, y], x]
        D[f[x, y], y]
Out[2]= -2x
Out[3]= -8y
```

와 같다.

(2) (1)번 풀이에서와 같은 방법으로 x에 관한 편도함수 $f_x(x, y)$와 y에 관한 편도함수 $f_y(x, y)$를 각각 구하면

$$f_x(x, y) = 3x^2e^{2y} + x^3 \cdot 0 = 3x^2e^{2y},$$

$$f_y(x, y) = 0 \cdot e^{2y} + x^3 \cdot e^{2y} \cdot \frac{\partial}{\partial y}(2y) = 2x^3e^{2y}$$

임을 알 수 있다. 매스매티카를 이용한 실행결과는

```
In[1]:= f[x_,y_] := x^3E^(2y);
        D[f[x, y], x]
        D[f[x, y], y]
Out[2]= 3 e^(2 y) x^2
Out[3]= 2 e^(2 y) x^3
```

와 같다.

(3) (1) 번 풀이에서와 같은 방법으로 x에 관한 편도함수 $f_x(x, y)$와 y에 관한 편도함수 $f_y(x, y)$를 각각 구하면

$$f_x(x, y) = \frac{1}{2}(x^2 + y^2)^{-\frac{1}{2}} \frac{\partial}{\partial x}(x^2 + y^2) = \frac{1}{2} \frac{1}{x^2 + y^2}(2x) = \frac{x}{\sqrt{x^2 + y^2}},$$

$$f_y(x, y) = \frac{1}{2}(x^2 + y^2)^{-\frac{1}{2}} \frac{\partial}{\partial y}(x^2 + y^2) = \frac{1}{2} \frac{1}{x^2 + y^2}(2y) = \frac{y}{\sqrt{x^2 + y^2}}$$

을 얻는다. 매스매티카를 이용한 실행결과는

```
In[1]:= f[x_,y_] := Sqrt[x^2 + y^2];
        D[f[x, y], x]
        D[f[x, y], y]
```

Out[2]= $\dfrac{x}{\sqrt{x^2 + y^2}}$

Out[3]= $\dfrac{y}{\sqrt{x^2 + y^2}}$

와 같다.

(4) (1) 번 풀이에서와 같은 방법으로 x에 관한 편도함수 $f_x(x, y)$와 y에 관한 편도함수 $f_y(x, y)$를 각각 구하면

$$f_x(x, y) = -\sin\left(\frac{x}{y}\right)\frac{\partial}{\partial x}\left(\frac{x}{y}\right) = -\frac{1}{y}\sin\left(\frac{x}{y}\right),$$

$$f_y(x, y) = -\sin\left(\frac{x}{y}\right)\frac{\partial}{\partial y}\left(\frac{x}{y}\right) = \frac{x}{y^2}\sin\left(\frac{x}{y}\right)$$

을 얻는다. 매스매티카를 이용한 실행결과는

```
In[1]:= f[x_,y_] := Cos[x/y];
        D[f[x, y], x]
        D[f[x, y], y]
```

Out[2]= $-\left(\dfrac{\text{Sin}[\frac{x}{y}]}{y}\right)$

Out[3]= $\dfrac{x\,\text{Sin}[\frac{x}{y}]}{y^2}$

와 같다. □

예제 0.2.7 매스매티카를 이용하여 다음 함수들의 이계편도함수를 모두 구하여라.

(1) $f(x, y) = e^x(\cos y + \sin x)$ (2) $f(x, y) = \sqrt{\dfrac{x-y}{x+y}}$

【풀이】 (1) 먼저 주어진 함수를 정의하고 각각에 대응하는 이계편도함수의 형태를 모두 구하면 다음과 같다.

```
In[1]:= f[x_, y_] := E^x(Cos[y] + Sin[x]);
        D[f[x, y], {x, 2}]//Simplify
        D[f[x, y], y, x]
        D[f[x, y], x, y]
        D[f[x, y], {y, 2}]
```

Out[2]= $e^x(2\text{Cos}[x] + \text{Cos}[y])$

Out[3]= $-e^x\text{Sin}[y]$

Out[4]= $-e^x\text{Sin}[y]$

Out[5]= $-e^x\text{Cos}[y]$

따라서 네 가지 형태의 이계편도함수는 각각

$$f_{xx} = e^x(2\cos x + \cos y), \quad f_{xy} = -e^x \sin y, \quad f_{yx} = -e^x \sin y, \quad f_{yy} = -e^x \cos y$$

임을 알 수 있다.

(2) (1) 번의 풀이에서와 같은 방법으로 먼저 주어진 함수를 정의하고 각각에 대응하는 이계편도함수의 형태를 모두 구하면 다음과 같다.

```
In[1]:= f[x_, y_] := Sqrt[(x - y)/(x + y)];
        D[f[x, y], {x, 2}]
        D[f[x, y], y, x]
        D[f[x, y], x, y]
        D[f[x, y], {y, 2}]
```

Out[2]= $\dfrac{y(-2x+y)}{\left(\frac{x-y}{x+y}\right)^{\frac{3}{2}}(x+y)^4}$

Out[3]= $\dfrac{x^2 - xy + y^2}{\left(\frac{x-y}{x+y}\right)^{\frac{3}{2}}(x+y)^4}$

```
Out[4]=
```
$$\frac{x^2 - xy + y^2}{\left(\frac{x-y}{x+y}\right)^{\frac{3}{2}}(x+y)^4}$$

```
Out[5]=
```
$$\frac{x(x-2y)}{\left(\frac{x-y}{x+y}\right)^{\frac{3}{2}}(x+y)^4}$$

따라서 네 가지 형태의 이계편도함수는 각각

$$f_{xx} = \frac{y(-2x+y)}{\left(\frac{x-y}{x+y}\right)^{\frac{3}{2}}(x+y)^4}, \quad f_{xy} = \frac{x^2 - xy + y^2}{\left(\frac{x-y}{x+y}\right)^{\frac{3}{2}}(x+y)^4}, \quad f_{yx} = \frac{x^2 - xy + y^2}{\left(\frac{x-y}{x+y}\right)^{\frac{3}{2}}(x+y)^4}, \quad f_{yy} = \frac{x(x-2y)}{\left(\frac{x-y}{x+y}\right)^{\frac{3}{2}}(x+y)^4}$$

임을 알 수 있다. □

0.3 부정적분

명령어 0.3.1 [부정적분] 부정적분과 관련한 매스매티카의 명령어 형식과 그 의미는 각각 다음과 같다.

(1) `Integrate[f[x], x]` 부정적분 $\int f(x)\,dx$

(2) `Integrate[f[x,y], x, y]` 부정적분 $\iint f(x,y)\,dy\,dx$

(3) `Integrate[f[x,y], y, x]` 부정적분 $\iint f(x,y)\,dx\,dy$

매스매티카를 이용한 부정적분의 경우에 적분상수는 생략된다. 그러나 필요하다면 사용자가 적분상수의 형태를 직접 입력하여 나타낼 수 있다.

예제 0.3.1 매스매티카를 이용하여 다음에 주어진 적분공식들을 확인하여라.

(1) $\int \frac{f'(x)}{f(x)}\,dx = \ln|f(x)| + c$ (2) $\int x^\alpha\,dx = \frac{1}{\alpha+1}x^{\alpha+1} + c$ (단, $\alpha \neq -1$ 인 실수)

(3) $\int e^x\,dx = e^x + c$ (4) $\int \csc^2 x\,dx = -\cot x + c$

【풀이】 매스매티카를 이용하여 다음과 같이 보일 수 있다.

(1) `In[1]:= Integrate[f'[x]/f[x], x] + c`

`Out[1]=` $c + \mathrm{Log}[f[x]])$

(2) `In[2]:= Integrate[x^\[Alpha], x] + c`

`Out[2]=` $c + \dfrac{x^{1+\alpha}}{1+\alpha}$

(3) `In[3]:= Integrate[E^x, x] + c`

`Out[3]=` $c + e^x$

(4) `In[4]:= Integrate[Csc[x]^2, x] + c`

`Out[4]=` $c - \mathrm{Cot}[x]$ □

예제 0.3.2 매스매티카를 이용하여 다음의 부정적분을 구하라.

(1) $\displaystyle\int \sin 2x\, dx$ (2) $\displaystyle\int x^2 \sin x^3\, dx$

(3) $\displaystyle\int \sin^4 t \cos t\, dt$ (4) $\displaystyle\int \frac{6x+11}{3x^2+2x+1}\, dx$

【풀이】 매스매티카를 이용하여 다음과 같이 보일 수 있다.

(1) `In[1]:= Integrate[Sin[2x], x] + c`

`Out[1]=` $c - \dfrac{\mathrm{Cos}[2x]}{2}$

(2) `In[2]:= Integrate[x^2Sin[x^3], x] + c`

`Out[2]=` $c - \dfrac{\mathrm{Cos}[x^3]}{3}$

(3) `In[3]:= Integrate[Sin[t]^4Cos[t] ,t] + c`

`Out[3]=` $\dfrac{80c + 10\,\mathrm{Sin}[t] - 5\,\mathrm{Sin}[3\,t] + \mathrm{Sin}[5\,t]}{80}$

(4) `In[4]:= Integrate[(6x + 11)/(3x^2 + 2x + 1) ,x] + c`

`Out[4]=` $c + \dfrac{9\,\mathrm{Arctan}[\frac{1+3\,x}{\sqrt{2}}]}{\sqrt{2}} + \mathrm{Log}[1 + 2\,x + 3\,x^2]$ □

0.4 정적분

명령어 0.4.1 [정적분] 정적분과 관련한 매스매티카의 명령어 형식과 그 의미는 각각 다음과 같다.

(1) `Integrate[f[x], {x,x1,x2}]` 정적분 $\int_{x1}^{x2} f(x)\,dx$

(2) `Integrate[f[x,y], {x,x1,x2}, {y,y1,y2}]` 정적분 $\int_{x1}^{x2}\int_{y1}^{y2} f(x,y)\,dy\,dx$

(3) `Integrate[f[x,y], {y,y1,y2}, {x,x1,x2}]` 정적분 $\int_{y1}^{y2}\int_{x1}^{x2} f(x,y)\,dx\,dy$

예제 0.4.1 매스매티카를 이용하여 다음 정적분의 값을 계산하여라.

(1) $\int_0^{1/6} \frac{1}{\sqrt{1-9x^2}}\,dx$ (2) $\int_0^{\pi} e^{-x}\cos 2x\,dx$ (3) $\int_{-1}^{1} \cos^{-1} x\,dx$

【풀이】 매스매티카를 이용하여 다음과 같이 구할 수 있다.

(1)
```
In[1]:= Integrate[1/Sqrt[1 - 9x^2], {x, 0, 1/6}]
```
Out[1]= $\frac{\pi}{18}$

(2)
```
In[2]:= Integrate[E^(-x)Cos[2x], {x, 0, Pi}]
```
Out[2]= $\frac{1}{5} - \frac{e^{-\pi}}{5}$

(3)
```
In[3]:= Integrate[ArcCos[x], {x, -1, 1}]
```
Out[3]= π □

예제 0.4.2 다음 주어진 이중적분의 값을 직접 계산하고, 또한 그 결과를 매스매티카를 이용한 연산결과와 비교하여라.

(1) $\int_0^1\int_0^2 xy^2\,dx\,dy$ (2) $\int_3^5\int_{-x}^{x^2} (4x+10y)\,dy\,dx$

(3) $\int_2^4\int_{1+x}^{2+3x} (x^2-y)\,dy\,dx$ (4) $\int_0^{\pi}\int_0^{x} x\sin y\,dy\,dx$

【풀이】 (1) 먼저 내부에 있는 적분을 직접 계산하면

$$\int_0^2 xy^2\,dx = \left[\frac{1}{2}x^2y^2\right]_{x=0}^{x=2} = \frac{1}{2}(2^2 - 0^2)y^2 = 2y^2$$

이다. 따라서 직접 계산한 이중적분의 값은

$$\int_0^1 \int_0^2 xy^2\,dx\,dy = \int_0^1 2y^2\,dy = 2\left[\frac{1}{3}y^3\right]_0^1 = \frac{2}{3}$$

이다. 또한 매스매티카를 이용한 실행결과는

```
In[1]:= f[x_,y_] := x*y^2;
        Integrate[f[x, y], {y, 0, 1}, {x, 0, 2}]
```

Out[2]= $\frac{2}{3}$

이다. 따라서 위의 두 연산결과는 같다.

(2) 먼저 내부에 있는 적분을 직접 계산하면

$$\int_{-x}^{x^2} (4x + 10y)\,dy = \left[4xy + 5y^2\right]_{y=-x}^{y=x^2} = 4x^3 + 5x^4 - x^2$$

이다. 따라서 직접 계산한 이중적분의 값은

$$\int_3^5 \int_{-x}^{x^2} (4x + 10y)\,dy\,dx = \int_3^5 (4x^3 + 5x^4 - x^2)\,dx = \left[x^5 + x^4 - \frac{x^3}{3}\right]_3^5 = \frac{10180}{3}$$

이다. 또한 매스매티카를 이용한 실행결과는

```
In[1]:= f[x_,y_] := 4x + 10y;
        Integrate[f[x, y], {x, 3, 5}, {y, -x, x^2}]
```

Out[2]= $\frac{10180}{3}$

이다. 따라서 위의 두 연산결과는 같다.

(3) 먼저 내부에 있는 적분을 직접 계산하면

$$\int_{1+x}^{2+3x} (x^2 - y)\,dy = \left[x^2y - \frac{1}{2}y^2\right]_{y=1+x}^{y=2+3x} = 2x^3 - 3x^2 - 5x - \frac{3}{2}$$

이다. 따라서 직접 계산한 이중적분의 값은

$$\int_2^4 \int_{1+x}^{2+3x} (x^2 - y)\, dy\, dx = \left[\frac{1}{2}x^4 - x^3 - \frac{5}{2}x^2 - \frac{3}{2}x\right]_2^4 = 31$$

이다. 또한 매스매티카를 이용한 실행결과는

```
In[1]:= f[x_,y_] := x^2 - y;
        Integrate[f[x, y], {x, 2, 4}, {y, 1+x, 2+3x}]
Out[2]= 31
```

이다. 따라서 위의 두 연산결과는 같다.

(4) 먼저 내부에 있는 적분을 직접 계산하면

$$\int_0^x x \sin y\, dy = [-x\cos y]_{y=0}^{y=x} = x - x\cos x$$

이다. 따라서 직접 계산한 이중적분의 값은

$$\int_0^\pi \int_0^x x\sin y\, dy\, dx = \int_0^\pi (x - x\cos x)\, dx = \left[\frac{x^2}{2} - \cos x - x\sin x\right]_2^\pi = 2 + \frac{\pi^2}{2}$$

이다. 또한 매스매티카를 이용한 실행결과는

```
In[1]:= f[x_,y_] := x*Sin[y];
        Integrate[f[x, y], {x, 0, Pi}, {y, 0, x}]
```

$$\text{Out[2]=}\ \frac{4+\pi^2}{2}$$

이다. 따라서 위의 두 연산결과는 같다. □

예제 0.4.3 다음 삼중적분의 값을 직접 계산하여 구하고, 또한 매스매티카를 이용한 실행방법을 제안하여라.

(1) $\displaystyle\int_0^1 \int_0^y \int_0^x y\, dz\, dx\, dy$ (2) $\displaystyle\int_0^1 \int_0^x \int_0^y y\, dx\, dz\, dy$

【풀이】 (1) 삼중적분의 계산방법은 안에서부터 순서대로 반복적으로 풀어 나오면 된다. 따라서

$$\int_0^1 \int_0^y \int_0^x y\, dz\, dx\, dy = \int_0^1 \int_0^y (xy)\, dx\, dy = \int_0^1 \frac{y^3}{2}\, dy = \frac{1}{8}$$

이다. 또한 매스매티카를 이용한 실행방법은

```
Integrate[y, {y, 0, 1}, {x, 0, y},{z, 0, x}]
```

와 같다.

(2) (1) 에서와 같은 방법으로 직접 계산에 의한 삼중적분의 값을 구하면

$$\int_0^1 \int_0^x \int_0^y y\,dx\,dz\,dy = \int_0^1 \int_0^x y^2\,dz\,dy = \int_0^1 xy^2\,dy = \frac{x}{3}$$

를 얻는다. 또한 매스매티카를 이용한 실행방법은

```
Integrate[y, {y, 0, 1}, {z, 0, x},{x, 0, y}]
```

와 같다. □

0.5 정적분의 근삿값

주어진 정적분의 피적분함수에 대한 부정적분을 초등함수의 유한한 조합으로 나타낼 수 없는 경우가 있다. 이러한 경우에는 정적분의 참값을 구할 수 없으므로 무한급수나 수치적 근사 방법에 의한 근삿값을 고려해 볼 수 있다. 여기서는 정적분의 근삿값을 구하기 위한 수치적 근사 방법 중에서 사다리꼴 공식과 심프슨 공식에 대하여 살펴본다.

0.5.1 사다리꼴 공식

구간 $[a, b]$를 n 등분하여 얻어지는 분할 점들의 집합을

$$\{x_i \mid a = x_0 < x_1 < x_2 < \cdots < x_{n-1} < x_n = b\}$$

라고 하자. 이 때 $h = \dfrac{b-a}{n}$ 라고 놓으면

$$x_i = a + ih, \qquad i = 0, 1, 2, \cdots, n$$

이 성립하며, 각각의 x_i 에 대응하는 함숫값 $f(x_i)$ 에 대하여

$$y_i = f(x_i), \qquad i = 0, 1, 2, \cdots, n$$

라고 놓으면 정적분 $\int_a^b f(x)\,dx$ 의 근사계산으로서

$$\int_a^b f(x)\,dx \approx \frac{h}{2}(y_0+y_1)+\frac{h}{2}(y_1+y_2)+\cdots+\frac{h}{2}(y_{n-1}+y_n)$$
$$=\left(\frac{y_0+y_n}{2}+(y_1+y_2+\cdots+y_{n-1})\right)h$$

와 같은 관계식을 유도할 수 있다. 이것을 사다리꼴 공식이라 한다. 위의 내용을 기초로 한 알고리즘의 형태는 다음과 같다.

input $f(x)$, a, b, n
$h \leftarrow (b-a)/n$
$s \leftarrow (f(a)+f(b))/2$
for $i = 1, 2, \cdots, n-1$ **do**
  $s \leftarrow s + f(a+ih)$
end
$s \leftarrow sh$
output s

일반적으로 사다리꼴 공식에 의한 정적분의 근삿값은 분할 점의 수가 많으면 많을수록 보다 참값에 가까운 근삿값을 얻을 수 있다.

예제 0.5.1 적분

$$\int_0^1 \frac{1}{1+x^2}\,dx$$

에 대하여

(1) 직접 계산을 통하여 주어진 정적분의 참값을 구하여라.

(2) 매스매티카의 명령어인 `Integrate[ ]`를 이용하여 적분을 실행하여라.

(3) 직접 계산을 통하여 사다리꼴 공식의 적분구간을 4, 8, 16, 32 등분한 경우의 근삿값을 구하여라.

(4) 매스매티카의 `Do` 문을 이용하여 (3)의 경우에 대한 프로그램을 작성하여라.

【풀이】 (1) 주어진 정적분의 참값은

$$\int_0^1 \frac{1}{1+x^2}\,dx = [\tan^{-1} x]_0^1 = \tan^{-1}(1) - \tan^{-1}(0) = \frac{\pi}{4} - 0 = \frac{\pi}{4}$$

이다. 참고로 $\pi/4 = 0.78539\ 81633\ 97448\ \cdots$ 이다.

(2) `Integrate[1/(1+x^2), {x, 0, 1}]` 실행결과 : $\pi/4$

(3) 적분구간을 4 등분한 경우만을 보이도록 한다. 피적분함수 $f(x) = 1/(1+x^2)$ 에 대하여 적분구간 [0, 1] 을 4 등분한 경우에 $n = 4$ 이므로 $h = (1-0)/n = 1/4$ 이다. 따라서 각각의 분할 점들은

$$x_0 = 0, \quad x_1 = \frac{1}{4}, \quad x_2 = \frac{1}{2}, \quad x_3 = \frac{3}{4}, \quad x_4 = 1$$

이고, 각각의 x_i $(i = 0, 1 2, 3, 4)$ 에 대응하는 $y_i = f(x_i)$ $(i = 0, 1 2, 3, 4)$ 를 계산하면

$$y_0 = 1, \quad y_1 = \frac{16}{17}, \quad y_2 = \frac{4}{5}, \quad y_3 = \frac{16}{25}, \quad y_4 = \frac{1}{2}$$

이다. 따라서 사다리꼴 공식으로부터 주어진 정적분의 근삿값

$$\begin{aligned}\int_0^1 \frac{1}{1+x^2}\,dx &\approx \frac{h}{2}(y_0 + y_1) + \frac{h}{2}(y_1 + y_2) + \cdots + \frac{h}{2}(y_{n-1} + y_n) \\ &= \frac{5323}{6800} \\ &= 0.78279\ 41176\ 47058\ \cdots\end{aligned}$$

을 얻는다. 이와 유사한 방법으로 $n = 8$, $n = 16$, $n = 32$ 인 경우의 근삿값도 얻어보기 보란다.

(4) 우선 적분구간을 4 등분한 경우에 Do 문을 이용한 예를 들면 다음과 같다.

```
In[1]:= f[x_] := 1/(1 + x^2); a = 0; b = 1; n = 4;
        h = (b - a)/n;
        s = (f[a] + f[b])/2;
        Do[s = s + f[a + i*h], {i, 1, n-1}]
        Print["n=", n, ":    ", N[s = s*h, 20]]
        n=4:  0.78279411764705882353
```

이번에는 위의 경우를 약간 수정하여 $n = 4$, $n = 8$, $n = 16$, $n = 32$ 인 모든 경우에 대하여 일괄적으로 결과를 리턴하는 형태를 얻어보면 다음과 같다.

```
In[1]:= f[x_] := 1/(1 + x^2); a = 0; b = 1; n = 2;
```

```
Do[n = 2n;
   h = (b - a)/n;
   s = (f[a] + f[b])/2;
   Do[s = s + f[a + i*h], {i, 1, n-1}]
   If[k <= 2, Print["n= ", n, ":   ", N[s = s*h, 20]],
      Print["n=", n, ":   ", N[s = s*h, 20]]],
{k, 1, 4}]
n= 4:  0.78279411764705882353
n= 8:  0.78474712362277225234
n=16:  0.78523540301034722366
n=32:  0.78535747329374360830
```

(4) 의 경우에 소수점이하 20 번째 자리까지 구하고 있다. 주어진 문제의 경우에 (1) 에서 구한 참값과 (4) 에서 얻은 근삿값을 비교해 볼 때, n 의 값이 클수록 보다 좋은 근삿값을 주고 있다는 사실을 확인할 수 있다. □

0.5.2 심프슨 공식

구간 $[a, b]$ 를 $n = 2m$ 등분하여 얻어지는 분할 점들의 집합을

$$\{x_i \mid a = x_0 < x_1 < x_2 < \cdots < x_{n-1} < x_n = b\}$$

라고 하자. 이 때 $h = \dfrac{b-a}{n}$ 라고 놓으면

$$x_i = a + ih, \qquad i = 0, 1, 2, \cdots, n$$

이 성립하며, 각각의 x_i 에 대응하는 함숫값 $f(x_i)$ 에 대하여

$$y_i = f(x_i), \qquad i = 0, 1, 2, \cdots, n$$

라고 놓으면 정적분 $\displaystyle\int_a^b f(x)\,dx$ 의 근사계산으로서

$$\int_a^b f(x)\,dx \approx \frac{h}{3}(y_0 + 4y_1 + y_2) + \frac{h}{3}(y_2 + 4y_3 + y_4) + \cdots + \frac{h}{3}(y_{n-2} + 4y_{n-1} + y_n)$$

$$= \frac{h}{3}\Big(y_0 + 4(y_1 + y_3 + \cdots + y_{n-1}) + 2(y_2 + y_4 + \cdots + y_{n-2}) + y_n\Big)$$

와 같은 관계식을 유도할 수 있다. 이것을 심프슨 공식이라 한다. 위의 내용을 기초로 한 알고리즘의 형태는 다음과 같다.

input $f(x)$, a, b, m

$n \leftarrow 2m$

$h \leftarrow (b - a)/n$

$s \leftarrow f(a) + f(b)$

for $i = 1, 3, \cdots, n - 1$ **do**

  $s \leftarrow s + 4f(a + ih)$

end

for $i = 2, 4, \cdots, n - 2$ **do**

  $s \leftarrow s + 2f(a + ih)$

end

$s \leftarrow sh/3$

output s

사다리꼴 공식에서와 같이 심프슨 공식에 의한 정적분의 근삿값도 분할 점의 수가 많으면 많을수록 보다 참값에 가까운 근삿값을 얻을 수 있다. 또한 일반적으로 같은 분할에 대하여 심프슨 공식에 의한 근삿값은 사다리꼴 공식에 의한 근삿값보다 참값에 더 잘 근사한다.

예제 0.5.2 적분

$$\int_0^1 \frac{1}{1 + x^2}\, dx$$

에 대하여

(1) 직접 계산을 통하여 심프슨 공식의 적분구간을 4, 8, 16, 32 등분한 경우의 근삿값을 구하여라.

(2) 매스매티카의 Do 문을 이용하여 (1) 의 경우에 대한 프로그램을 작성하여라.

(3) (2) 의 경우와 예제 0.5.1 에 있는 (4) 의 결과를 비교 분석하여라.

【풀이】 (1) 적분구간을 4 등분한 경우만을 보이도록 한다. 피적분함수 $f(x) = 1/(1 + x^2)$ 에 대하여 적분구간 [0, 1] 을 4 등분한 경우에 $h = (1 - 0)/n = 1/4$ 이다. 따라서 각

각의 분할 점들은

$$x_0 = 0, \quad x_1 = \frac{1}{4}, \quad x_2 = \frac{1}{2}, \quad x_3 = \frac{3}{4}, \quad x_4 = 1$$

이고, 각각의 x_i $(i = 0, 1 2, 3, 4)$ 에 대응하는 $y_i = f(x_i)$ $(i = 0, 1 2, 3, 4)$ 를 구하면

$$y_0 = 1, \quad y_1 = \frac{16}{17}, \quad y_2 = \frac{4}{5}, \quad y_3 = \frac{16}{25}, \quad y_4 = \frac{1}{2}$$

이다. 따라서 심프슨 공식으로부터 주어진 정적분의 근삿값

$$\begin{aligned}\int_0^1 \frac{1}{1+x^2}\,dx &\approx \frac{h}{3}(y_0 + 4(y_1 + y_3) + 2y_2 + y_4)\\ &= \frac{8011}{10200}\\ &= 0.78539\ 21568\ 62745\ 09804\ \cdots\end{aligned}$$

을 얻는다. 이와 유사한 방법으로 $n = 8$, $n = 16$, $n = 32$ 인 경우의 근삿값도 얻어보기 보란다.

(2) 우선 적분구간을 4 등분한 경우에 Do 문을 이용한 예를 들면 다음과 같다.

```
In[1]:= f[x_] := 1/(1 + x^2); a = 0; b = 1; n = 4;
        h = (b - a)/n;
        s = f[a] + f[b];
        Do[If[Mod[i,2] == 0,
               s = s + 2f[a + i*h], s = s + 4f[a + i*h]],
        {i, 1, n-1}]
        Print["n=", n, ":    ", N[s = s*h/3, 20]]
        n=4:  0.78539215686274509804
```

이번에는 위의 경우를 약간 수정하여 $n = 4$, $n = 8$, $n = 16$, $n = 32$ 인 모든 경우에 대하여 일괄적으로 결과를 리턴하는 형태를 얻어보면 다음과 같다.

```
In[1]:= f[x_] := 1/(1 + x^2); a = 0; b = 1; n = 2;
        Do[n = 2n;
          h = (b - a)/n;
```

```
        s = f[a] + f[b];
        Do[If[Mod[i,2] == 0,
              s = s + 2f[a + i*h], s = s + 4f[a + i*h]],
        {i, 1, n-1}]
        If[k <= 2,
           Print["n= ", n, ":    ", N[s = s*h/3, 20]],
           Print["n=", n, ":    ", N[s = s*h/3, 20]]],
     {k, 1, 4}]
     n= 4:  0.78539215686274509804
     n= 8:  0.78539812561467672861
     n=16:  0.78539816280620554744
     n=32:  0.78539816338820906985
```

주어진 문제의 경우에 예제 0.5.1 의 (1) 에서 구한 참값 $\pi/4 = 0.78539\ 81633\ \cdots$ 과 비교해 볼 때, n 의 값이 크면 클수록 보다 좋은 근삿값을 주고 있다는 사실을 확인할 수 있다.

(3) 예제 0.5.1 의 (4) 와 예제 0.5.2 에 있는 (2) 의 결과를 모아보면 다음과 같다.

n	사다리꼴 공식	심프슨 공식
4	0.78279 41176 47058 82353	0.78539 21568 62745 09804
8	0.78474 71236 22772 25234	0.78539 81256 14676 72861
16	0.78523 54030 10347 22366	0.78539 81628 06205 54744
32	0.78535 74732 93743 60830	0.78539 81633 88209 06985

주어진 문제의 경우에 같은 분할에 대하여 참값 $\pi/4 = 0.78539\ 81633\ 97448\ \cdots$ 와 비교해 볼 때 사다리꼴 공식에 의한 근삿값보다는 심프슨 공식에 의한 근삿값이 더 좋은 근삿값을 주고 있음을 확인할 수 있다. □

예제 0.5.3 매스매티카에서 정적분

$$\int_0^1 e^{(e^x)}\, dx$$

에 사다리꼴 공식과 심프슨 공식을 적용하여 적분구간을 4, 8, 16, 32 등분한 경우의 근삿값을 구하기 위한 일괄 프로그램을 작성하고 실행한 후에 그 결과를 비교 분석하여라.

【풀이】 다음과 같은 방법으로 실행해 보도록 하자.

```
In[1]:= f[x_] := E^(E^x); a = 0; b = 1; n = 2;
        Print["        사다리꼴 공식", "                  심프슨 공식"]
        Do[n = 2n;
           h = (b - a)/n;
           simp = f[a] + f[b];
           trap = simp/2;
           Do[If[Mod[i, 2] == 0,
                 s = f[a + i*h]; trap = trap + s; simp = simp + 2s,
                 s = f[a + i*h]; trap = trap + s; simp = simp + 4s],
           {i, 1, n-1}]
           If[k <= 2, Print["n= ", n, ":     ", N[trap = trap*h, 20],
                            "     ", N[simp = simp*h/3, 20]],
                      Print["n=", n, ":     ", N[trap = trap*h, 20],
                            "     ", N[simp = simp*h/3, 20]]],
        {k, 1, 4}];
```

n	사다리꼴 공식	심프슨 공식
4	6.5134 8158 5961 6040 752	6.3285 4248 1322 2861 253
8	6.3664 3781 9738 9767 179	6.3174 2323 0998 1009 322
16	6.3290 7422 6051 1002 609	6.3166 1969 4821 8081 086
32	6.3196 9408 0755 8354 368	6.3165 6736 5657 4138 288

주어진 정적분의 참값을 알 수 없는 상황이므로 간접적인 비교를 위해 `Integrate[ ]`를 이용한 근삿값을 얻어보면

```
In[4]:= N[Integrate[E^(E^x), {x, 0, 1}], 20]
Out[4]= 6.3165638390276788487
```

와 같다. 따라서 주어진 문제의 경우에 같은 크기를 갖는 등분에 대하여 사다리꼴 공식에 의한 근삿값과 심프슨 공식에 의한 근삿값을 비교해 볼 때, 심프슨 공식에 의한 근사 방법이 더욱 효과적임을 알 수 있다. □

제 1 장

함 수(연습문제 및 풀이)

연습문제(1.1)

1. 다음 함수들의 짝 중에서 함수가 같은 것을 말하여라.

(1) $f(x) = \dfrac{x^2+1}{x^2+1}$, $g(x) = 1$ (2) $f(x) = \dfrac{x^2+x}{x+1}$, $g(x) = x$

【풀이】 (1) 함수 f와 g는 정의역과 공역이 같으면서 함숫값이 같다. 따라서 두 함수 f와 g는 같다.

(2) 함수 f의 정의역은 -1이 아닌 실수 전체이지만, 함수 g의 정의역은 실수 전체이다. 따라서 두 함수의 정의역이 같지 않으므로 두 함수는 같지 않다. □

2. 함수 $f : X \to Y$와 $g : Y \to Z$에 대하여 다음을 증명하여라.

(1) f와 g가 단사함수이면, $g \circ f : X \to Z$도 단사함수이다.

(2) f와 g가 전사함수이면, $g \circ f : X \to Z$도 전사함수이다.

【풀이】 (1) 함수 f와 g가 단사함수이면

$$
\begin{aligned}
(g \circ f)(x_1) = (g \circ f)(x_2) &\iff g(f(x_1) = g(f(x_2)) \\
&\implies f(x_1) = f(x_2) \quad [(\because)\ g\text{가 단사함수이므로}] \\
&\implies x_1 = x_2 \quad [(\because)\ f\text{가 단사함수이므로}]
\end{aligned}
$$

이다. 따라서 $g \circ f : X \to Z$도 단사함수이다.

(2) 임의의 $z \in Z$에 대하여 g가 전사함이므로 $g(y) = z$을 만족시키는 $y \in Y$가 존재한다. 이에 대하여 f 또한 전사함수이므로 $f(x) = y$을 만족시키는 $x \in X$가 존재한다. 따라서 $(g \circ f)(x) = g(f(x)) = g(y) = z$이다. 즉, 임의의 $z \in Z$에 대하여 $(g \circ f)(x) = g(f(x)) = g(y) = z$을 만족시키는 $x \in X$이 존재한다. 따라서 $g \circ f : X \to Z$도 전사함수이다. □

3. 다음 함수의 정의역과 치역을 구하여라.

(1) $f(x) = \sqrt{9 - x^2}$　　(2) $f(x) = \dfrac{1}{x-2}$

【풀이】 (1) 함수 f가 적절히 정의되기 위해서는 근호 안의 값이 음이 아니어야 한다. 따라서 $9 - x^2 \geq 0$을 만족해야 한다. 그러므로 함수 f의 정의역은

$$\{x \in \mathbb{R} \mid -3 \leq x \leq 3\}$$

이다. 또한 $y = \sqrt{9 - x^2}$라 놓고, 양변을 제곱하여 정리하면 $x^2 + y^2 = 3^2$을 얻는다. 따라서 함수 f는 원점을 중심으로 반지름이 3인 원의 부분으로 치역은

$$\{y \in \mathbb{R} \mid 0 \leq y \leq 3\}$$

이다.

(2) 함수 f가 적절히 정의되기 위해서는 분모가 0이 아니어야 한다. 따라서 $x - 2 \neq 0$을 만족해야 한다. 그러므로 함수 f의 정의역은 $\{x \in \mathbb{R} \mid x \neq 2\}$이다. 또한 함수 f는 $y = 1/x$의 그래프를 x축의 양의 방향으로 2만큼 평행이동한 그래프이므로 치역은 $\{y \in \mathbb{R} \mid y \neq 0\}$이다. □

4. 집합 A, B, C 에 대하여 다음이 성립함을 보여라.

(1) $A \times (B \cap C) = (A \times B) \cap (A \times C)$ (2) $A \times (B \cup C) = (A \times B) \cup (A \times C)$

(3) $A \times (B - C) = (A \times B) - (A \times C)$ (4) $A \times \varnothing = \varnothing \times A = \varnothing$

【풀이】 (1) 집합 A, B, C 에 대하여

$$\begin{aligned}
(x, y) \in A \times (B \cap C) &\iff (x \in A) \ \wedge \ (y \in B \cap C) \\
&\iff (x \in A) \ \wedge \ ((y \in B) \wedge (y \in C)) \\
&\iff ((x \in A) \wedge (y \in B)) \ \wedge \ ((x \in A) \wedge (y \in C)) \\
&\iff ((x, y) \in A \times B) \ \wedge \ ((x, y) \in A \times C) \\
&\iff (x, y) \in (A \times B) \cap (A \times C)
\end{aligned}$$

이다. 따라서 $A \times (B \cap C) = (A \times B) \cap (A \times C)$ 이 성립한다.

(2) 집합 A, B, C 에 대하여

$$\begin{aligned}
(x, y) \in A \times (B \cup C) &\iff (x \in A) \ \wedge \ (y \in B \cup C) \\
&\iff (x \in A) \ \wedge \ ((y \in B) \vee (y \in C)) \\
&\iff ((x \in A) \wedge (y \in B)) \ \vee \ ((x \in A) \wedge (y \in C)) \\
&\iff ((x, y) \in A \times B) \ \vee \ ((x, y) \in A \times C) \\
&\iff (x, y) \in (A \times B) \cup (A \times C)
\end{aligned}$$

이다. 따라서 $A \times (B \cup C) = (A \times B) \cup (A \times C)$ 이 성립한다.

(3) 집합 A, B, C 에 대하여

$$\begin{aligned}
(x, y) \in A \times (B - C) &\iff (x \in A) \ \wedge \ (y \in B - C) \\
&\iff (x \in A) \ \wedge \ ((y \in B) \wedge (y \notin C)) \\
&\iff ((x \in A) \wedge (y \in B)) \ \wedge \ ((x \in A) \wedge (y \notin C)) \\
&\iff ((x, y) \in A \times B) \ \wedge \ ((x, y) \notin A \times C) \\
&\iff (x, y) \in (A \times B) - (A \times C)
\end{aligned}$$

이다. 따라서 $A \times (B - C) = (A \times B) - (A \times C)$ 이 성립한다.

(4) $A\times\varnothing$ 는 $x \in A$, $y \in \varnothing$ 인 모든 순서쌍 (x, y)의 집합이다. 그러나 공집합 $\varnothing$ 에 속하는 원소는 존재하지 않으므로 $\varnothing$ 에는 원소 y 가 존재하지 않는다. 따라서 $A\times\varnothing = \varnothing$ 이다. 또한 $\varnothing \times A$ 는 $x \in \varnothing$, $y \in A$ 인 모든 순서쌍 (x, y)의 집합이다. 그러나 공집합 $\varnothing$ 에 속하는 원소는 존재하지 않으므로 $\varnothing$ 에는 원소 x 가 존재하지 않는다. 따라서 $\varnothing \times A = \varnothing$ 이다. 따라서 $A \times \varnothing = \varnothing \times A = \varnothing$ 이 성립한다. □

5. 두 수 P_1, P_2 의 최댓값과 최솟값을 각각

$$\max\{P_1, P_2\}, \qquad \min\{P_1, P_2\}$$

로 나타내기로 한다. 다음 함수의 그래프를 그려라.

(1) $y = \max\{x, -x\}$ (2) $y = \min\{1 - x, 1 + x\}$

【풀이】 (1) 주어진 함수는

$$y = \begin{cases} -x, & x < 0 \text{ 일 때} \\ x, & x \geq 0 \text{ 일 때} \end{cases}$$

이다. 즉, $y = |x|$ 이다(그림 (a) 참조).

(2) 주어진 함수는

$$y = \begin{cases} -x + 1, & x < 0 \text{ 일 때} \\ x + 1, & x \geq 0 \text{ 일 때} \end{cases}$$

이다. 즉, $y = |x| + 1$ 이다(그림 (b) 참조). □

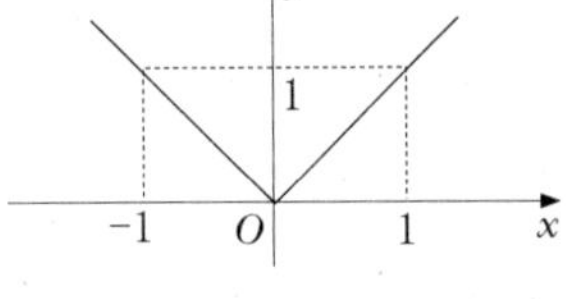

(a)

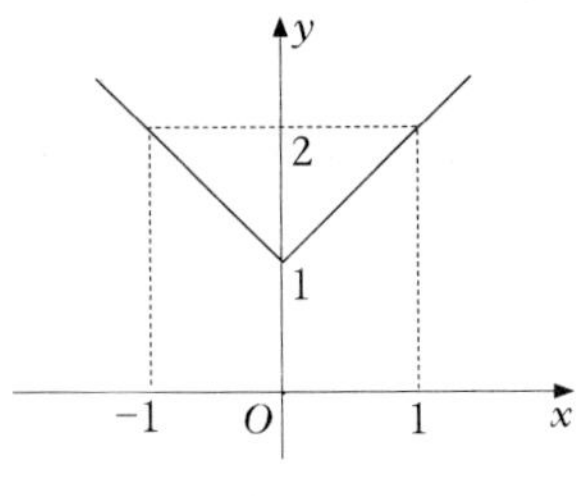

(b)

6. 모든 실수에 대하여 정의된 함수 f가 $f(-x) = f(x)$를 만족할 때, f를 **우함수**(even function)라고 하고, $f(-x) = -f(x)$를 만족할 때 f를 **기함수**(odd function)라고 한다. 다음 물음에 답하여라.

(1) 다음 주어진 함수들 중에서 우함수인 것과 기함수인 것을 각각 구분하여라.

$$f(x) = 1, \qquad f(x) = x^2, \qquad f(x) = \frac{1}{x}, \qquad f(x) = x^n$$

(2) 함수 f에 대하여 $g(x) = f(x) + f(-x)$로 정의된 함수 g는 우함수임을 보여라.

(3) 모든 실수에 대하여 정의된 임의의 함수는 우함수와 기함수의 합으로 나타낼 수 있음을 보여라.

【풀이】 (1) 함수 $f(x) = 1$와 $f(x) = x^2$은 $f(-x) = f(x)$를 만족시킨다. 따라서 우함수이다. 그러나 함수 $f(x) = 1/x$은 $f(-x) = -f(x)$이므로 기함수이다. 또한 함수 $f(x) = x^n$의 경우는 n이 짝수이면 $f(-x) = f(x)$을 만족하여 우함수이고, n이 홀수인 경우에는 $f(-x) = -f(x)$이므로 기함수이다.

(2) 함수 g에 대하여

$$g(-x) = f(-x) + f(-(-x)) = f(-x) + f(x) = f(x) + f(-x) = g(x)$$

이 성립하므로 우함수이다.

(3) 함수 $f(x)$가 모든 실수에 대하여 정의된 함수라고 하자. 이때 함수 $g(x)$와 $h(x)$를 각각

$$g(x) = \frac{f(x) - f(-x)}{2}, \qquad h(x) = \frac{f(x) + f(-x)}{2}$$

라고 놓으면 $f(x) = g(x) + h(x)$이 성립한다. 그런데

$$g(-x) = \frac{f(-x) - f(-(-x))}{2} = \frac{f(-x) - f(x)}{2} = -\frac{f(x) - f(-x)}{2} = -g(x),$$

$$h(-x) = \frac{f(-x) + f(-(-x))}{2} = \frac{f(-x) + f(x)}{2} = \frac{f(x) + f(-x)}{2} = h(x)$$

이다. 따라서 $g(x)$는 기함수이고 $h(x)$는 우함수이다. 그러므로 모든 실수에 대하여 정의된 임의의 함수는 우함수와 기함수의 합으로 나타낼 수 있다. □

7. 다음 주어진 함수에 대하여 합성함수 $g \circ f$와 $f \circ g$를 구하고, 또한 이들 합성함수의 정의역을 각각 구하여라.

$$f(x) = \sqrt{x-1}, \qquad g(x) = \frac{1}{x}$$

【풀이】 (i) 합성함수 $g \circ f$는

$$(g \circ f)(x) = g(f(x)) = g(\sqrt{x-1}) = \frac{1}{\sqrt{x-1}}$$

으로 정의역은 $\{x \in \mathbb{R} \mid x - 1 > 0\} = \{x \in \mathbb{R} \mid x > 1\}$ 이다.

(ii) 합성함수 $f \circ g$는

$$(f \circ g)(x) = f(g(x)) = f(1/x) = \sqrt{\frac{1}{x} - 1}$$

으로 정의역은 $\{x \in \mathbb{R} \mid (1-x)/x \geq 0,\ x \neq 0\} = \{x \in \mathbb{R} \mid 0 < x \leq 1\}$ 이다. □

8. 다음 함수들이 전단사함수임을 증명하여라.

(1) $f(x) = x$ (2) $f(x) = x^3$

【풀이】 (1) $f : \mathbb{R} \to \mathbb{R}$, $f(x) = x$는 공역과 치역이 일치하므로 전사함수이고, 또한 정의역의 임의의 서로 같지 않은 원소 x_1, x_2에 대하여

$$f(x_1) = x_1 \neq x_2 = f(x_2)$$

이므로 단사함수이다. 따라서 f는 전사함수인 동시에 단사함수이므로 전단사함수이다.

(2) $f : \mathbb{R} \to \mathbb{R}$, $f(x) = x$는 공역과 치역이 일치하므로 전사함수이고, 또한 정의역의 임의의 서로 같지 않은 원소 x_1, x_2에 대하여

$$f(x_1) - f(x_3) = x_1^3 - x_2^3 = (x_1 - x_2)(x_1^2 + x_1x_2 + x_2^2) \neq 0$$

이므로 $f(x_1) \neq f(x_2)$ 이다. 따라서 f는 단사함수이다. 따라서 f는 전사함수인 동시에 단사함수이므로 전단사함수이다. □

9. 다음 함수들이 전단사함수가 아님을 설명하여라.

(1) $f(x) = x^2$ (2) $f(x) = \sin x$

【풀이】 (1) 함수 $f : \mathbb{R} \to \mathbb{R}$, $f(x) = x^2$의 정의역의 원소 a, $-a$에 대하여 $a \neq -a$임에도 불구하고 $f(a) = a^2 = (-a)^2 = f(-a)$이므로 단사함수가 아니다. 따라서 f는 전단사함수가 아니다.

(2) 함수 $f : \mathbb{R} \to \mathbb{R}$, $f(x) = \sin x$의 정의역의 원소 a, $a + 2\pi$에 대하여 $a \neq a + 2\pi$임에도 불구하고 $f(a) = \sin a = \sin(a + 2\pi) = f(a + 2\pi)$이므로 단사함수가 아니다. 따라서 f는 전단사함수가 아니다. □

10. 다음에 언급된 내용들에 대하여 사실여부를 확인하여라.

(1) 전사함수가 순감소함수일 때 역함수가 존재하는가?

(2) 전사함수가 아닌 순증가함수는 역함수가 존재하는가?

【풀이】 (1) 순감소함수이면 단사함수이다. 따라서 전사함수가 순감소함수이면 전단사함수이므로 역함수가 존재한다.

(2) 전사가 아닌 순증가함수의 경우에 역함수는 정의되지 않는다. 예를 들어 함수 $f : [0, \pi/2] \to \mathbb{R}$, $f(x) = \sin x$의 경우에 순증가함수이지만 전사함수는 아니다. 이와 같은 경우에 역대응관계 $g : \mathbb{R} \to [0, \pi/2]$는 함수가 되지 못한다. □

11. 곱집합에 관한 교환법칙은 성립하지 않는다. 예를 들어 설명하여라.

【풀이】 두 집합 A, B를 각각 $A = \{1\}$, $B = \{2\}$라고 놓으면,

$$A \times B = \{(1, 2)\}, \qquad B \times A = \{(2, 1)\}$$

이다. 그런데 $(1, 2) \neq (2, 1)$이므로 $A \times B \neq B \times A$이다. □

12. 전단사함수 $f : X \to Y$에 대하여 $S, T \subset Y$일 때 다음을 증명하여라.

(1) $S \subset T \implies f^{-1}(S) \subset f^{-1}(T)$ (2) $f^{-1}(S \cup T) = f^{-1}(S) \cup f^{-1}(T)$

(3) $f^{-1}(S \cap T) = f^{-1}(S) \cap f^{-1}(T)$ (4) $f^{-1}(S - T) = f^{-1}(S) - f^{-1}(T)$

【풀이】 (1) $S \subset T$ 일 때

$$x \in f^{-1}(S) \quad \Longrightarrow \quad f(x) \in S \subset T \quad \Longrightarrow \quad f(x) \in T \quad \Longrightarrow \quad x \in f^{-1}(T)$$

이다. 따라서 $S \subset T$ 이면 $f^{-1}(S) \subset f^{-1}(T)$ 이다.

(2) $S, T \subset Y$ 일 때

$$\begin{aligned} x \in f^{-1}(S \cup T) \quad &\Longleftrightarrow \quad f(x) \in S \cup T \\ &\Longleftrightarrow \quad (f(x) \in S) \vee (f(x) \in T) \\ &\Longleftrightarrow \quad (x \in f^{-1}(S)) \vee (x \in f^{-1}(T)) \\ &\Longleftrightarrow \quad x \in f^{-1}(S) \cup f^{-1}(T) \end{aligned}$$

이다. 따라서 $f^{-1}(S \cup T) = f^{-1}(S) \cup f^{-1}(T)$ 이 성립한다.

(3) $S, T \subset Y$ 일 때

$$\begin{aligned} x \in f^{-1}(S \cap T) \quad &\Longleftrightarrow \quad f(x) \in S \cap T \\ &\Longleftrightarrow \quad (f(x) \in S) \wedge (f(x) \in T) \\ &\Longleftrightarrow \quad (x \in f^{-1}(S)) \wedge (x \in f^{-1}(T)) \\ &\Longleftrightarrow \quad x \in f^{-1}(S) \cap f^{-1}(T) \end{aligned}$$

이다. 따라서 $f^{-1}(S \cap T) = f^{-1}(S) \cap f^{-1}(T)$ 이 성립한다.

(4) $S, T \subset Y$ 일 때

$$\begin{aligned} x \in f^{-1}(S - T) \quad &\Longleftrightarrow \quad f(x) \in S - T \\ &\Longleftrightarrow \quad (f(x) \in S) \wedge (f(x) \notin T) \\ &\Longleftrightarrow \quad (x \in f^{-1}(S)) \wedge (x \notin f^{-1}(T)) \\ &\Longleftrightarrow \quad x \in f^{-1}(S) - f^{-1}(T) \end{aligned}$$

이다. 따라서 $f^{-1}(S - T) = f^{-1}(S) - f^{-1}(T)$ 이 성립한다. □

연습문제(1.2)

1. 쌍곡선함수가 갖는 다음 성질들을 증명하여라.

(1) $\cosh^2 x - \sinh^2 x = 1$

(2) $\cosh^2 x + \sinh^2 x = \cosh 2x$

(3) $\cosh(-x) = \cosh x$

(4) $\sinh(-x) = -\sinh x$

(5) $\cosh(x \pm y) = \cosh x \cosh y \pm \sinh x \sinh y$ (복호동순)

(6) $\sinh(x \pm y) = \sinh x \cosh y \pm \cosh x \sinh y$ (복호동순)

(7) $\tanh(x \pm y) = \dfrac{\tanh x \pm \tanh y}{1 \pm \tanh x \tanh y}$ (복호동순)

(8) $\cosh 2x = 1 + 2\sinh^2 x = 2\cosh^2 x - 1$

(9) $\sinh 2x = 2\sinh x \cosh x$

(10) $\cosh^2 \dfrac{x}{2} = \dfrac{\cosh x + 1}{2}$

(11) $\sinh^2 \dfrac{x}{2} = \dfrac{\cosh x - 1}{2}$

(12) $e^x = \cosh x + \sinh x$

(13) $e^{-x} = \cosh x - \sinh x$

(14) $(\cosh x + \sinh x)^n = \cosh nx + \sinh nx$

(15) $1 - \tanh^2 x = \operatorname{sech}^2 x$

(16) $\coth^2 x - 1 = \operatorname{csch}^2 x$

【풀이】 (1) 쌍곡선함수 $\sinh x$, $\cosh x$의 정의로부터 다음이 성립한다.

$$\cosh^2 x - \sinh^2 x = \left(\frac{e^x + e^{-x}}{2}\right)^2 - \left(\frac{e^x - e^{-x}}{2}\right)^2 = \frac{1}{4}\left(e^{2x} + 2 + e^{-2x} - e^{2x} + 2 - e^{-2x}\right) = 1$$

(2) 쌍곡선함수 $\sinh x$, $\cosh x$ 의 정의로부터 다음이 성립한다.

$$\cosh^2 x + \sinh^2 x = \left(\frac{e^x + e^{-x}}{2}\right)^2 + \left(\frac{e^x - e^{-x}}{2}\right)^2 = \frac{e^{2x} + e^{-2x}}{2} = \cosh 2x$$

(3) 쌍곡선함수 $\cosh x$ 의 정의로부터 다음이 성립한다.

$$\cosh(-x) = \frac{e^{-x} + e^{-(-x)}}{2} = \frac{e^x + e^{-x}}{2} = \cosh x$$

(4) 쌍곡선함수 $\sinh x$ 의 정의로부터 다음이 성립한다.

$$\sinh(-x) = \frac{e^{-x} - e^{-(-x)}}{2} = -\left(\frac{e^x - e^{-x}}{2}\right) = -\sinh x$$

(5) (i) 쌍곡선함수 $\sinh x$, $\cosh x$ 의 정의로부터 다음이 성립한다.

$$\begin{aligned}\cosh x \cosh y + \sinh x \sinh y &= \left(\frac{e^x + e^{-x}}{2}\right)\left(\frac{e^y + e^{-y}}{2}\right) + \left(\frac{e^x - e^{-x}}{2}\right)\left(\frac{e^y - e^{-y}}{2}\right) \\ &= \frac{1}{4}\left(2e^{x+y} + 2e^{-(x+y)}\right) = \frac{e^{x+y} + e^{-(x+y)}}{2} \\ &= \cosh(x+y)\end{aligned}$$

(ii) 쌍곡선함수 $\sinh x$, $\cosh x$ 의 정의로부터 다음이 성립한다.

$$\begin{aligned}\cosh x \cosh y - \sinh x \sinh y &= \left(\frac{e^x + e^{-x}}{2}\right)\left(\frac{e^y + e^{-y}}{2}\right) - \left(\frac{e^x - e^{-x}}{2}\right)\left(\frac{e^y - e^{-y}}{2}\right) \\ &= \frac{1}{4}\left(2e^{x-y} + 2e^{-(x-y)}\right) = \frac{e^{x-y} + e^{-(x-y)}}{2} \\ &= \cosh(x-y)\end{aligned}$$

따라서 (i) 과 (ii) 로부터

$$\cosh(x \pm y) = \cosh x \cosh y \pm \sinh x \sinh y \quad (\text{복호동순})$$

가 성립한다.

(6) 쌍곡선함수 $\sinh x$, $\cosh x$의 정의로부터 다음이 성립한다.

$$\begin{aligned}
&\sinh x \cosh y \pm \cosh x \sinh y \\
&= \left(\frac{e^x - e^{-x}}{2}\right)\left(\frac{e^y + e^{-y}}{2}\right) \pm \left(\frac{e^x + e^{-x}}{2}\right)\left(\frac{e^y - e^{-y}}{2}\right) \\
&= \frac{1}{4}\left(\left(e^{x+y} + e^{x-y} - e^{-x+y} - e^{-(x+y)}\right) \pm \left(e^{x+y} - e^{x-y} + e^{-x+y} - e^{-(x+y)}\right)\right) \\
&= \frac{1}{4}\left(2e^{x\pm y} - 2e^{-(x\pm y)}\right) = \frac{e^{x\pm y} - e^{-(x\pm y)}}{2} = \sinh(x \pm y) \quad (\text{복호동순})
\end{aligned}$$

(7) 쌍곡선함수 $\tanh x = \dfrac{\sinh x}{\cosh x}$ 의 정의에 의해 다음이 성립한다.

$$\frac{\tanh x \pm \tanh y}{1 \pm \tanh x \tanh y} = \frac{\frac{\sinh x}{\cosh x} \pm \frac{\sinh y}{\cosh y}}{1 \pm \frac{\sinh x}{\cosh x} \cdot \frac{\sinh y}{\cosh y}} = \frac{\frac{\sinh y \cosh y \pm \cosh x \sinh y}{\cosh x \cosh y}}{\frac{\cosh x \cosh y \pm \sinh x \sinh y}{\cosh x \cosh y}} = \frac{\sinh(x \pm y)}{\cosh(x \pm y)} = \tanh(x \pm y)$$

(복호동순)

(8) (i) 쌍곡선함수 $\sinh x$, $\cosh x$의 정의로부터 다음이 성립한다.

$$1 + 2\sinh^2 x = 1 + 2\left(\frac{e^x - e^{-x}}{2}\right)^2 = 1 + \frac{e^{2x} - 2 + e^{-2x}}{2} = \frac{e^{2x} + e^{-2x}}{2} = \cosh 2x$$

(ii) 쌍곡선함수 $\cosh x$의 정의로부터 다음이 성립한다.

$$2\cosh^2 x - 1 = 2\left(\frac{e^x + e^{-x}}{2}\right)^2 - 1 = \frac{e^{2x} + 2 + e^{-2x}}{2} - 1 = \frac{e^{2x} + e^{-2x}}{2} = \cosh 2x$$

따라서 (i) 과 (ii) 로부터

$$\cosh 2x = 1 + 2\sinh^2 x = 2\cosh^2 x - 1$$

이 성립한다.

(9) 쌍곡선함수 $\sinh x$, $\cosh x$의 정의로부터 다음이 성립한다.

$$2\sinh x \cosh x = 2\left(\frac{e^x - e^{-x}}{2}\right)\left(\frac{e^2 + e^{-x}}{2}\right) = \frac{e^{2x} - e^{-2x}}{2} = \sinh 2x$$

(10) 쌍곡선함수 $\cosh x$ 의 정의로부터 다음이 성립한다.

$$\frac{1}{2}(\cosh x + 1) = \frac{1}{2}\left(\frac{e^x + e^{-x}}{2} + 1\right)$$

$$= \frac{1}{2}\left(\frac{e^x + 2 + e^{-x}}{2}\right) = \frac{e^x + 2 + e^{-x}}{4} = \left(\frac{e^{\frac{x}{2}} + e^{-\frac{x}{2}}}{2}\right)^2 = \cosh^2 \frac{x}{2}$$

(11) 쌍곡선함수 $\sinh x$, $\cosh x$ 의 정의로부터 다음이 성립한다.

$$\frac{1}{2}(\cosh x - 1) = \frac{1}{2}\left(\frac{e^x + e^{-x}}{2} - 1\right) = \frac{e^x - 2 + e^{-x}}{4} = \left(\frac{e^{\frac{x}{2}} - e^{-\frac{x}{2}}}{2}\right)^2 = \sinh^2 \frac{x}{2}$$

(12) 쌍곡선함수 $\sinh x$, $\cosh x$ 의 정의로부터 다음이 성립한다.

$$\cosh x + \sinh x = \frac{e^x + e^{-x}}{2} + \frac{e^x - e^{-x}}{2} = \frac{1}{2}(e^x + e^{-x} + e^x - e^{-x}) = e^x$$

(13) 쌍곡선함수 $\sinh x$, $\cosh x$ 의 정의로부터 다음이 성립한다.

$$\cosh x - \sinh x = \frac{e^x + e^{-x}}{2} - \frac{e^x - e^{-x}}{2} = \frac{1}{2}(e^x + e^{-x} - e^x + e^{-x}) = e^{-x}$$

(14) 수학적 귀납법을 이용한 증명은 다음과 같다. 먼저 $n = 1$ 인 경우에 좌변과 우변이 일치하므로 등식이 성립한다. 또한 $n = k$ 일 때 준 등식이 성립한다고 가정하자. 즉, $(\cosh x + \sinh x)^k = \cosh kx + \sinh kx$ 임을 가정하자. 그러면 $n = k + 1$ 일 때

$$\begin{aligned}(\cosh x + \sinh x)^{k+1} &= (\cosh x + \sinh x)^k(\cosh x + \sinh x)\\ &= (\cosh kx + \sinh kx)(\cosh x + \sinh x)\\ &= \cosh kx \cosh x + \cosh kx \sinh x + \sinh kx \cosh x + \sinh kx \sinh x\\ &= (\cosh kx \cosh x + \sinh kx \sinh x) + (\cosh kx \sinh x + \sinh kx \cosh x)\\ &= \cosh (k+1)x + \sinh (k+1)x\end{aligned}$$

이다. 따라서 모든 자연수 n 에 대하여 다음이 성립한다.

$$(\cosh x + \sinh x)^n = \cosh nx + \sinh nx$$

(15) 쌍곡선함수 $\tanh x$ 의 정의와 쌍곡선함수가 갖는 성질 $\cosh^2 x - \sinh^2 x = 1$ 을 이용하면

$$1 + \tanh^2 x = 1 + \frac{\sinh^2 x}{\cosh^2 x} = \frac{\cosh^2 x - \sinh^2 x}{\cosh^2 x} = \frac{1}{\cosh^2 x} = \operatorname{sech}^2 x$$

가 성립한다.

(16) 쌍곡선함수 $\coth x$ 의 정의와 쌍곡선함수가 갖는 성질 $\cosh^2 x - \sinh^2 x = 1$ 을 이용하면

$$\coth^2 x - 1 = \frac{\cosh^2 x}{\sinh^2 x} - 1 = \frac{\cosh^2 x - \sinh^2 x}{\sinh^2 x} = \frac{1}{\sinh^2 x} = \operatorname{csch}^2 x$$

가 성립한다. □

연습문제(1.3)

1. 정리 1.3.3 을 이용하여 다음 극한을 구하여라.

(1) $\lim_{x \to a} x^n$ (2) $\lim_{x \to a} \frac{x^3 + 7x^2}{x^2 + 1}$ (3) $\lim_{x \to 1} \frac{x^2 - 1}{x - 1}$

【풀이】 (1) 정리 1.3.3 으로부터

$$\lim_{x \to a} x^n = \lim_{x \to a}(x \cdot x \cdot \cdots \cdot x \cdot x) = \left(\lim_{x \to a} x\right)\left(\lim_{x \to a} x\right)\cdots\left(\lim_{x \to a} x\right)\left(\lim_{x \to a} x\right) = a \cdot a \cdots a \cdot a = a^n$$

이다.

(2) 정리 1.3.3 으로부터

$$\lim_{x \to a} \frac{x^3 + 7x^2}{x^2 + 1} = \frac{\lim_{x \to a}(x^3 + 7x^2)}{\lim_{x \to a}(x^2 + 1)} = \frac{a^3 + 7a^2}{a^2 + 1}$$

이다.

(3) 정리 1.3.3 으로부터

$$\lim_{x \to 1} \frac{x^2 - 1}{x - 1} = \lim_{x \to 1} \frac{(x-1)(x+1)}{x - 1} = \lim_{x \to 1}(x + 1) = 1 + 1 = 2$$

이다. □

2. $\varepsilon-\delta$ 방법을 이용하여 다음을 증명하여라.

(1) $\lim_{x\to a} x = a$ (2) $f(x) = c$ 일 때 $\lim_{x\to a} f(x) = c$ (3) $\lim_{x\to a} \sqrt{x} = \sqrt{a}$ (단, $a > 0$)

【풀이】 (1) $f(x) = x$ 라고 놓으면, 극한의 정의로부터 임의의 $\varepsilon > 0$ 에 대하여

$$0 < |x-a| < \delta \implies |f(x)-a| < \varepsilon$$

을 만족시키는 $\delta > 0$ 가 존재하는지를 보이면 된다. 그런데 택해온 $\varepsilon > 0$ 에 대하여 δ 를 $\delta = \varepsilon$ 으로 놓으면 항상 $|f(x)-a| = |x-a| < \delta = \varepsilon$ 을 만족시킨다. 따라서 $\lim_{x\to a} x = a$ 이다.

(2) $f(x) = c$ 라고 놓으면, 극한의 정의로부터 임의의 $\varepsilon > 0$ 에 대하여

$$0 < |x-a| < \delta \implies |f(x)-c| < \varepsilon$$

을 만족시키는 $\delta > 0$ 가 존재하는지를 보이면 된다. 그런데 택해온 $\varepsilon > 0$ 에 대하여 δ 를 $\delta = \varepsilon$ 으로 놓으면 항상 $|f(x)-c| = |c-c| = 0 < \delta = \varepsilon$ 을 만족시킨다. 따라서 $\lim_{x\to a} f(x) = c$ 이다.

(3) 극한의 정의로부터 임의의 $\varepsilon > 0$ 에 대하여

$$0 < |x-a| < \delta \implies |\sqrt{x}-\sqrt{a}| < \varepsilon$$

을 만족시키는 $\delta > 0$ 가 존재하는지를 보이면 된다. 즉, 임의의 양수인 ε 의 각각에 대하여 $0 < |x-a| < \delta$ 에 있는 모든 x 에 대하여 $|\sqrt{x}-\sqrt{a}| < \varepsilon$ 을 만족시키는 양수인 δ 가 존재함을 보이면 된다. 그런데 $\sqrt{x}$ 에서 x 는 $x \ge 0$ 일 때에만 정의되므로 $0 < |x-a| < \delta$ 로부터 δ 는

$$0 < \delta \le a \tag{A.1.1}$$

이어야 한다. 왜냐하면 만약 δ 가 $0 < \delta \le a$ 을 만족시키지 않는 δ 로써 $\delta = a+1$ 이라고 가정하자. 그러면 $0 < |x-a| < \delta = a+1$ 을 만족하는 x 중에는 음수인 x 가 존재하게 되는데, 극한의 정의로부터 $0 < |x-a| < \delta = a+1$ 에 있는 모든 x 에 대하여 생각해야 하지만 음수인 x 에 대하여 $\sqrt{x}$ 는 정의되지 않는다. 따라서 존재하는 δ 는 기본적으로 식 (A.1.1) 을 만족시켜야 한다. 이제 이러한 δ 에 대하여 다음과 같이 하자.

(i) 무수히 많은 임의의 양수인 ε중에서 하나의 ε을 택해 오자. 또한 전제조건인 $0 < |x-a| < \delta$에 있는 모든 $x \geq 0$에 대하여

$$|x-a| = |(\sqrt{x}+\sqrt{a})(\sqrt{x}-\sqrt{a})| = |\sqrt{x}+\sqrt{a}||\sqrt{x}-\sqrt{a}| \tag{A.1.2}$$

이 성립하고, 또한

$$|\sqrt{x}+\sqrt{a}| \geq \sqrt{a} \tag{A.1.3}$$

이 성립함을 알 수 있다. 따라서 전제조건인 $0 < |x-a| < \delta$와 식 (A.1.2)와 (A.1.3)으로부터

$$\delta > |x-a| = |(\sqrt{x}+\sqrt{a})(\sqrt{x}-\sqrt{a})| = |\sqrt{x}+\sqrt{a}||\sqrt{x}-\sqrt{a}| \geq \sqrt{a}\cdot|\sqrt{x}-\sqrt{a}|$$

이므로

$$|\sqrt{x}-\sqrt{a}| < \frac{\delta}{\sqrt{a}} \tag{A.1.4}$$

이 성립한다. 그러면 식 (A.1.1)과 (A.1.4)를 근거로 δ를 $\delta = \min\{a, \sqrt{a}\,\varepsilon\}$이라고 놓자. 이때

i) $a \leq \sqrt{a}\,\varepsilon$인 경우:
이때에는 $\delta = \min\{a, \sqrt{a}\,\varepsilon\} = a \leq \sqrt{a}\,\varepsilon$이므로 식 (A.1.4)로부터

$$|\sqrt{x}-\sqrt{a}| < \frac{\delta}{\sqrt{a}} = \frac{1}{\sqrt{a}}\cdot a \leq \frac{1}{\sqrt{a}}\cdot\sqrt{a}\,\varepsilon = \varepsilon$$

이다. 따라서 $|\sqrt{x}-\sqrt{a}| < \varepsilon$이 성립한다.

ii) $a > \sqrt{a}\,\varepsilon$인 경우:
이때에는 $\delta = \min\{a, \sqrt{a}\,\varepsilon\} = \sqrt{a}\,\varepsilon$이므로 식 (A.1.4)로부터

$$|\sqrt{x}-\sqrt{a}| < \frac{\delta}{\sqrt{a}} = \frac{1}{\sqrt{a}}\cdot\sqrt{a}\,\varepsilon = \varepsilon$$

이다. 따라서 $|\sqrt{x}-\sqrt{a}| < \varepsilon$이 성립한다.

따라서 i)과 ii)로부터 택해온 ε에 대하여 δ를 $\delta = \min\{a, \sqrt{a}\,\varepsilon\}$이라고 놓으면 $0 < |x-a| < \delta$에 있는 모든 x가 $|\sqrt{x}-\sqrt{a}| < \varepsilon$을 만족함을 알 수 있다.

(ii) 우리는 (i)에서 무수히 많은 양수인 ε중에서 택해온 단 하나의 ε에 대해서

만 함수의 극한이 정의되도록 하는 양수인 δ중에 $\delta = \min\{a, \sqrt{a}\varepsilon\}$ 인 δ가 존재함을 보였다. 그런데 함수의 극한은 임의의 양수인 ε의 각각에 대하여 함수의 극한이 정의되도록 하는 양수인 δ가 존재함을 보여야 한다. 따라서 '(i) 에서 택해온 ε을 제외한 또 다른 무수히 많은 양수인 각각의 ε에 대해서도 함수의 극한이 정의되도록 하는 양수인 δ가 존재한다' 는 것을 보여야만 한다. 그런데 (i) 에서 택해진 ε에 대하여 극한의 정의를 만족시키는 δ중에 $\delta = \min\{a, \sqrt{a}\varepsilon\}$ 이 존재함을 보였다. 이것은 양수인 ε을 무엇으로 택하느냐에 따라 극한의 정의를 만족시키는 δ가 그에 의해 종속적으로 결정되고 있음을 보여 준다.

따라서 (i) 과 (ii) 에 의해서 임의의 양수인 ε에 대하여 극한의 정의를 만족시키는 양수인 δ중에 $\delta = \min\{a, \sqrt{a}\varepsilon\}$ 이 존재함을 알 수 있다. 따라서 $\lim_{x\to a} \sqrt{x} = \sqrt{a}$ 임이 증명되었다. □

3. 함수 $f(x)$ 가

$$f(x) = \begin{cases} 2x+1, & (x < 2) \\ x+3, & (x > 2) \end{cases}$$

일 때 다음 극한을 구하여라.

(1) $\lim_{x\to 2^-} f(x)$ (2) $\lim_{x\to 2^+} f(x)$ (3) $\lim_{x\to 2} f(x)$

【풀이】 (1) $\lim_{x\to 2^-} f(x) = 5$ (2) $\lim_{x\to 2^+} f(x) = 5$

(3) (1) 과 (2) 로부터 $\lim_{x\to 2^-} f(x) = 5$ 이고 $\lim_{x\to 2^+} f(x) = 5$ 이므로 $\lim_{x\to 2} f(x) = 5$ 이다. □

연습문제(1.4)

1. (1) 함수

$$f(x) = \begin{cases} x\sin\dfrac{1}{x}, & (x \neq 0) \\ a, & (x = 0) \end{cases}$$

의 연속성을 조사하여라.

(2) $f(x) = \sin x$ 로 주어진 함수가 모든 점에서 연속임을 증명하여라.

【풀이】 (1) 극한의 압축정리 1.3.4 로부터

$$\lim_{x\to 0} x\sin\frac{1}{x} = 0$$

임을 확인할 수 있다. 따라서 $a = 0$ 이면

$$\lim_{x\to 0} f(x) = 0 = f(a)$$

이므로, $f(x)$ 는 $x = 0$ 에서 연속인 함수이다. 그러나 $a \neq 0$ 이면

$$\lim_{x\to 0} f(x) = 0, \qquad f(a) \neq 0$$

이므로, $f(x)$ 는 $x = 0$ 에서 불연속인 함수이다.

(2) 함수 $f(x) = \sin x$ 의 정의역은 실수 전체이다. 따라서 임의의 실수 α 에 대하여

$$\lim_{x\to\alpha} \sin x = \sin\alpha = f(\alpha)$$

이므로, $f(x)$ 는 정의역의 모든 점에서 연속이다. □

2. 다음에 주어진 함수가 연속함수임을 설명하여라.

(1) $f(x) = \sin^2 x$ (2) $f(x) = -\dfrac{1}{\sqrt{1-x^2}}$ $(|x| < 1)$ (3) $f(x) = \cosh x = \dfrac{e^x + e^{-x}}{2}$

【풀이】 (1) $\sin x$ 가 연속함수이므로, 연속함수들의 곱으로 표현된 함수

$$f(x) = \sin^2 x = (\sin x)(\sin x)$$

또한 연속함수이다.

(2) $a \in (-1, 1)$ 에 대하여

$$\lim_{x\to a} f(x) = -\lim_{x\to a} \frac{1}{\sqrt{1-x^2}} = -\frac{1}{\sqrt{1-a^2}} = f(a)$$

이므로 $f(x)$ 는 $(-1, 1)$ 에서 연속함수이다.

(3) $a \in \mathbb{R}$ 에 대하여

$$\lim_{x \to a} f(x) = \lim_{x \to a} \cosh x = \cosh a = f(a)$$

이므로 $f(x)$ 는 연속함수이다. □

제 2 장

미분법(연습문제 및 풀이)

연습문제(2.1)

1. 함수 $f(x)$ 가

$$f(x) = \begin{cases} \dfrac{x}{1 + e^{\frac{1}{x}}}, & (x \neq 0) \\ 0, & (x = 0) \end{cases}$$

일 때 $x = 0$ 에서의 좌미분계수 $f'_-(0)$ 와 우미분계수 $f'_+(0)$ 을 각각 구하여라.

【풀이】 주어진 함수 $f(x)$ 와 관련하여

$$\lim_{h \to 0^-} e^{\frac{1}{h}} = 0$$

이므로, $x = 0$ 에서의 좌미분계수 $f'_-(0)$ 는

$$f'_-(0) = \lim_{h \to 0^-} \frac{f(0 + h) - f(0)}{h} = \lim_{h \to 0^-} \frac{1}{1 + e^{\frac{1}{h}}} = 1$$

이고, 또한

$$\lim_{h\to 0^+} e^{\frac{1}{h}} = \infty$$

이므로, $x = 0$ 에서의 우미분계수 $f'_+(0)$ 는

$$f'_+(0) = \lim_{h\to 0^+} \frac{f(0+h) - f(0)}{h} = \lim_{h\to 0^+} \frac{1}{1 + e^{\frac{1}{h}}} = 0$$

이다. □

2. $x \in (0, \infty)$ 일 때 극한 $\lim_{x\to 0^+} \sin(1/x)$ 이 존재하지 않음을 보여라.

【풀이】 $f(x) = \sin(1/x)$ 라 놓고 $p_n = \dfrac{2}{(2n+1)\pi}$, $n = 1, 2, \ldots$ 라고 놓자. 그러면

$$f(p_n) = \sin\frac{1}{p_n} = \sin\frac{(2n+1)\pi}{2} = \sin\left(\frac{\pi}{2} + n\pi\right) = \cos n\pi = (-1)^n$$

이다. 따라서 극한

$$\lim_{n\to\infty} f(p_n) = \lim_{n\to\infty} \sin\frac{1}{p_n}$$

은 존재하지 않는다. 결국 $n \to \infty$ 일 때 $p_n \to 0^+$ 이므로 극한

$$\lim_{x\to 0^+} f(x) = \lim_{x\to 0^+} \sin\frac{1}{x}$$

은 존재하지 않는다. □

3. 함수 $f(x)$ 가

$$f(x) = \begin{cases} x^2 \sin\dfrac{1}{x}, & (x \neq 0) \\ 0, & (x = 0) \end{cases}$$

일 때 $f(x)$ 는 $x = 0$ 에서 미분가능함을 보여라.

【풀이】 미분계수의 정의로부터

$$\lim_{x\to 0} \frac{f(x) - f(0)}{x - 0} = \lim_{x\to 0} \frac{x^2 \sin(1/x)}{x} = \lim_{x\to 0} x \sin\frac{1}{x} = 0$$

이다. 따라서 $f'(0) = 0$ 으로 정의되므로 함수 $f(x)$ 는 $x = 0$ 에서 미분가능하다. □

4. 다음 각각의 함수 $y = f(x)$ 에 대하여 $x = 0$ 에서의 미분계수가 존재하면 구하고, 존재하지 않는다면 그 이유를 적어라.

(1) $y = \sqrt{x^2 + x^4}$ (2) $y = x^{\frac{2}{3}}$

【풀이】 (1) $f(x) = \sqrt{x^2 + x^4} = |x|\sqrt{1 + x^2}$ 이므로

$$f'_+(0) = \lim_{x\to0^+} \frac{f(x) - f(0)}{x - 0} = \lim_{x\to0^+} \frac{|x|\sqrt{1 + x^2}}{x} = \lim_{x\to0^+} \sqrt{1 + x^2} = 1$$

$$f'_-(0) = \lim_{x\to0^-} \frac{f(x) - f(0)}{x - 0} = \lim_{x\to0^-} \frac{|x|\sqrt{1 + x^2}}{x} = -\lim_{x\to0^-} \sqrt{1 + x^2} = -1$$

이다. 따라서 $f'(0)$ 은 정의되지 않는다.

(2) $x = 0$ 에서의 좌미분계수와 우미분계수를 구하면

$$f'_-(0) = \lim_{x\to0^-} \frac{f(x) - f(0)}{x - 0} = \lim_{x\to0^-} \frac{x^{2/3}}{x} = \lim_{x\to0^-} \frac{2}{3}x^{-1/3} = \lim_{x\to0^-} \frac{1}{\sqrt[3]{x}} = -\infty$$

$$f'_+(0) = \lim_{x\to0^+} \frac{f(x) - f(0)}{x - 0} = \lim_{x\to0^+} \frac{x^{2/3}}{x} = \lim_{x\to0^+} \frac{2}{3}x^{-1/3} = \lim_{x\to0^+} \frac{1}{\sqrt[3]{x}} = \infty$$

이다. 따라서 $f'(0)$ 은 정의되지 않는다. □

5. 함수 $f(x)$ 가

$$f(x) = \begin{cases} \sin\frac{1}{x}, & (x \neq 0) \\ 0, & (x = 0) \end{cases}$$

일 때, $f(x)$ 가 미분가능하지 않은 점들을 모두 구하여라.

【풀이】 $f(x)$ 는 $x = 0$ 에서 미분불가능하다. 그러나 $x = a\ (\neq 0)$ 에서의 미분계수는

$$f'(a) = \lim_{x\to a} \frac{f(x) - f(a)}{x - a} = \lim_{x\to a} \frac{\sin(1/x) - \sin(1/a)}{x - a} = \lim_{x\to a} \frac{(\cos(1/x))(-1/x^2)}{1} = -\frac{1}{a^2}\cos\frac{1}{a}$$

으로 정의된다. 따라서 0 이 아닌 모든 x 에 대해서는 미분가능하다. □

연습문제(2.2)

1. 다음 함수의 도함수를 구하여라.

(1) $y = -2x^3 + 8x + 5$ (2) $y = \dfrac{x^3}{3} + \dfrac{3}{x^3}$

【풀이】 (1) $y' = -6x^2 + 8$ (2) $y' = x^2 - 9x^{-4}$ □

2. 다음 함수에 주어지는 곡선 위의 지정된 점에서의 접선의 기울기를 구하여라.

(1) $y = x^2 + 2x - 6$, $(2, 2)$ (2) $y = \sqrt{x}$, $(9, 3)$

(3) $xy = 16$, $(4, 4)$ (4) $y = x^3 - 4x$, $(1, -3)$

【풀이】 (1) $y' = 2x + 2$ 이므로 $y'(2) = 6$ 이다. 따라서 주어진 곡선상의 점 $(2, 2)$ 를 지나면서 기울기가 6 인 접선의 방정식은 $y - 2 = 6(x - 2)$ 이다. 즉, 구하는 접선의 방정식은 $y = 6x - 10$ 이다.

(2) $y' = 1/(2\sqrt{x})$ 이므로 $y'(9) = 1/6$ 이다. 따라서 주어진 곡선상의 점 $(9, 3)$ 를 지나면서 기울기가 $1/6$ 인 접선의 방정식은 $y - 3 = (1/6)(x - 9)$ 이다. 즉, 구하는 접선의 방정식은 $y = (1/6)x + 3/2$ 이다.

(3) $y' = -y/x$ 이므로 $y'(4, 4) = -1$ 이다. 따라서 주어진 곡선상의 점 $(4, 4)$ 를 지나면서 기울기가 -1 인 접선의 방정식은 $y - 4 = -(x - 4)$ 이다. 즉, 구하는 접선의 방정식은 $y = -x + 8$ 이다.

(4) $y' = 3x^2 - 4x$ 이므로 $y'(1) = -1$ 이다. 따라서 주어진 곡선상의 점 $(1, -3)$ 를 지나면서 기울기가 -1 인 접선의 방정식은 $y - (-3) = -(x - 1)$ 이다. 즉, 구하는 접선의 방정식은 $y = -x - 2$ 이다. □

3. $f'(3) = -1$, $g(3) = 3$, $g'(3) = -4$ 일 때 $(f \circ g)'(3)$ 의 값을 구하여라.

【풀이】 합성함수의 미분법에 의해

$$(f \circ g)'(3) = f'(g(3))g'(3) = f'(3)g'(3) = (-1)(-4) = 4$$

이다. □

4. 다음 식에서 $(f^{-1})'(c)$ 의 값을 구하여라.

(1) $f(x) = \sqrt{3x+1},\ \ c = 1$

(2) $f(x) = x^3 + 5,\ \ c = -3$

(3) $f(x) = 3x^5 + 2x^3,\ \ c = 5$

(4) $f(x) = 2x^2 + 8x + 7,\ \ x \le -2,\ \ c = 1$

【풀이】 [참 고] $y = f(x)$ 가 역함수를 갖는 경우에 $\alpha = f^{-1}(\beta)$ 인 관계에 있는 α, β 에 대하여 $(f^{-1})'(\beta) = 1/f'(\alpha)$ 이다.

(1) 주어진 함수 $f(x)$ 에 대하여

$$f'(x) = \frac{1}{2\sqrt{3x+1}}(3x+1)' = \frac{3}{2\sqrt{3x+1}}$$

이고, 또한 $f^{-1}(1) = \alpha$ 를 만족시키는 $\alpha = 0$ 이다. 따라서

$$(f^{-1})'(1) = \frac{1}{f'(0)} = \frac{2}{3}$$

이다.

(2) $f'(x) = 3x^2$ 이고, 또한 $f^{-1}(-3) = \alpha$ 를 만족시키는 $\alpha = -2$ 이다. 따라서

$$(f^{-1})'(-3) = \frac{1}{f'(-2)} = \frac{1}{12}$$

이다.

(3) $f'(x) = 15x^2 + 6x^2$ 이고, 또한 $f^{-1}(5) = \alpha$ 를 만족시키는 $\alpha = 1$ 이다. 따라서

$$(f^{-1})'(5) = \frac{1}{f'(1)} = \frac{1}{21}$$

이다.

(4) $f'(x) = 4x + 8$ 이고, 또한 $f^{-1}(1) = \alpha$ 를 만족시키는 $\alpha = -3$ $(\alpha \le -2)$ 이다. 따라서

$$(f^{-1})'(1) = \frac{1}{f'(-3)} = -\frac{1}{4}$$

이다. □

5. 함수 f 가 역함수를 갖는다고 하자. 만일 $f'(a) = 0$ 이라면 f^{-1} 는 $f(a)$ 에서 미분가능하지 않음을 보여라 (힌트: $(f^{-1} \circ f)(x) = x$).

【풀이】 $y = f(x)$ 가 역함수를 갖는 경우에 $a = f^{-1}(b)$ 인 관계에 있는 a, b 에 대하여

$$(f^{-1})'(b) = 1/f'(a)$$

이다. 따라서 $f'(a) = 0$ 이라면 $(f^{-1})'(b) = (f^{-1})'(f(a))$ 은 정의되지 않는다. □

6. 음함수의 미분법을 적용하여 dy/dx 를 구하여라.

(1) $x^2 + y^2 = 16$ (2) $\sqrt[3]{x} + \sqrt[3]{xy} = 4y^2$ (3) $\sqrt{xy} + 2x = \sqrt{y}$

(4) $\dfrac{y}{\sqrt{x} - y} = 2 + x^2$ (5) $x^3 + y^3 = 8xy$ (6) $\dfrac{1}{x} + \dfrac{1}{y} = 1$

【풀이】 (1) 음함수의 미분법에 의하여

$$2x + 2yy' = 0, \qquad y' = -\frac{x}{y}$$

이다.

(2) 음함수의 미분법에 의하여

$$\frac{1}{3}x^{-\frac{2}{3}} + \frac{1}{3}(xy)^{-\frac{2}{3}}(xy)' = 8yy', \qquad y' = \frac{y + y^{\frac{2}{3}}}{24x^{\frac{2}{3}}y^{\frac{5}{3}} - x}$$

이다.

(3) 음함수의 미분법에 의하여

$$\frac{1}{2}(xy)^{-\frac{1}{2}}(xy)' + 2 = \frac{1}{2}y^{-\frac{1}{2}}y', \qquad \frac{1}{2}(xy)^{-\frac{1}{2}}(y + xy') + 2 = \frac{1}{2}y^{-\frac{1}{2}}y', \qquad y' = \frac{y + 4\sqrt{xy}}{\sqrt{x} - x}$$

이다.

(4) 음함수의 미분법에 의하여

$$\frac{y'(\sqrt{x} - y) - y(\sqrt{x} - y)'}{(\sqrt{x} - y)^2} = 2x, \qquad \frac{y'(\sqrt{x} - y) - y\left(\frac{1}{2\sqrt{x}} - y'\right)}{(\sqrt{x} - y)^2} = 2x$$

이므로 구하는 도함수는

$$y' = \frac{4x^2\sqrt{x} + 4x\sqrt{x}y^2 + 8x^2y + y}{2x}$$

이다.

(5) 음함수의 미분법에 의하여

$$3x^2 + 3y^2y' = 8y + 8xy', \quad (3y^2 - 8x)y' = 8y - 3x^2, \quad y' = \frac{8y - 3x^2}{3y^2 - 8x}$$

이다.

(6) 음함수의 미분법에 의하여

$$-\frac{1}{x^2} - \frac{y'}{y^2} = 0, \quad \frac{1}{x^2} + \frac{y'}{y^2} = 0, \quad y' = -\frac{y^2}{x^2}$$

이다. □

7. 다음 곡선의 주어진 점에서의 기울기를 구하여라(단, a, b는 상수).

(1) $x^2 + xy + 2y^2 = 28$, $(2, 3)$　　(2) $\dfrac{x - y}{x - 2y} = 2$, $(3, 1)$

(3) $b^2x^2 + a^2y^2 = a^2b^2$, (x_0, y_0)　　(4) $|x^3 - 3xy^2| + y^3 = 1$, $(2, 1)$

【풀이】 (1) 음함수의 미분법에 의하여

$$2x + y + xy' + 4yy' = 0, \quad (x + 4y)y' = -(2x + y), \quad y' = -\frac{2x + y}{x + 4y}$$

이다. 따라서 점 $(2, 3)$에서의 기울기는 $y'(2, 3) = -1/2$ 이다.

(2) 음함수의 미분법에 의하여

$$\frac{(1 - y')(x - 2y) - (x - y)(1 - 2y')}{(x - 2y)^2} = 0, \quad y' = \frac{y}{x}$$

이다. 따라서 점 $(3, 1)$에서의 기울기는 $y'(3, 1) = 1/3$ 이다.

(3) 음함수의 미분법에 의하여

$$2b^2x + 2a^2yy' = 0, \quad y' = -\frac{b^2x}{a^2y}$$

이다. 따라서 점 (x_0, y_0) 에서의 기울기는 $y'(x_0, y_0) = -b^2x_0/a^2y_0$ 이다.

(4) 주어진 관계식은 $|x^3 - 3xy^2| = 1 - y^3$ 이므로, 이것의 양변을 제곱하면

$$(x^3 - 3xy^2)^2 = (1 - y^3)^2$$

을 얻는다. 따라서 여기에 음함수의 미분법을 적용하면

$$2(x^3 - 3xy^2)(x^3 - 3xy^2)' = 1(1 - y^3)(1 - y^3)'$$

이므로

$$2(x^3 - 3xy^2)(3x^2 - 3y^2 - 6xyy') = 1(1 - y^3)(-3y^2y')$$

이다. 따라서

$$y' = \frac{x^5 - 4x^3y^2 + 3xy^4}{2x^4y - y^2 - 6x^2y^3 + y^5}$$

이다. 따라서 점 (2, 1) 에서의 기울기는 $y'(2, 1) = 3/4$ 이다. □

8. 곡선 $16x^4 + y^4 = 32$ 상의 점 (1, 2) 에서의 접선의 방정식을 구하여라.

【풀이】 $16x^4 + y^4 = 32$ 에 음함수의 미분법을 적용하면

$$64x^4 + 4y^3y' = 0, \qquad y' = -\frac{16x^3}{y^3}$$

이다. 따라서 점 (1, 2) 에서의 기울기는 $y'(1, 2) = -2$ 이다. 따라서 점 (1, 2) 을 지나면서 기울기가 -2 인 접선의 방정식은 $y - 2 = -2(x - 1)$ 로부터 $y = -2x + 4$ 이다. □

9. 곡선 $x^my^n = a^{m+n}$ 상의 점 (x_0, y_0) 에서의 접선의 방정식을 구하여라.

【풀이】 $x^my^n = a^{m+n}$ 에 음함수의 미분법을 적용하면

$$mx^{m-1}y^m + nx^my^{n-1}y' = 0, \qquad y' = -\frac{my}{nx}$$

이다. 따라서 점 (x_0, y_0) 에서의 기울기는 $y'(x_0, y_0) = -(my_0/nx_0)$ 이다. 따라서 점

(x_0, y_0) 을 지나면서 기울기가 $-(my_0/nx_0)$ 인 접선의 방정식은

$$y = -\frac{my_0}{nx_0}(x - x_0) + y_0$$

이다. □

10. 곡선 $x^2 + xy + y^2 - 3y = 10$ 상의 점 $(2, 3)$ 에서의 법선의 방정식을 구하여라.

【풀이】 $x^2 + xy + y^2 - 3y = 10$ 에 음함수의 미분법을 적용하면

$$2x + y + xy' + 2yy' - 3y' = 0, \qquad y' = -\frac{2x + y}{x + 2y - 3}$$

이다. 따라서 점 $(2, 3)$ 에서의 접선의 기울기는 $y'(2, 3) = -7/5$ 이므로 점 $(2, 3)$ 을 지나면서 기울기가 $5/7$ 인 법선의 방정식은 $y - 3 = (5/7)(x - 2)$ 로부터

$$y = \frac{1}{7}(5x + 11)$$

이다. □

11. 다음과 같이 주어진 점 P 에서의 곡선의 접선과 법선의 방정식을 구하여라.

(1) $x^2 + xy + y^2 = 7,\ \ P(1, 2)$ (2) $y^2 - 6x^2 + 4y + 19 = 0,\ \ P(2, 1)$

(3) $x^2y^2 = 9,\ \ P(-1, 3)$ (4) $(y - x)^2 = 2x + 4,\ \ P(6, 2)$

【풀이】 (1) $x^2 + xy + y^2 = 7$ 에 음함수의 미분법을 적용하면

$$2x + y + xy' + 2yy' = 0, \qquad y' = -\frac{2x + y}{x + 2y}$$

이다. 따라서

(i) 점 $(1, 2)$ 에서의 접선의 기울기는 $y'(1, 2) = -4/5$ 이다. 따라서 점 $(1, 2)$ 를 지나면서 기울기가 $-4/5$ 인 접선의 방정식은 $y - 2 = (-4/5)(x - 1)$, 즉

$$y = -\frac{1}{5}(4x + 14)$$

이다.

(ii) 점 (1, 2) 를 지나는 접선의 기울기가 −4/5 이므로, 이 점을 지나는 법선의 기울기는 5/4 이다. 따라서 구하는 법선의 방정식은 $y-2=(5/4)(x-1)$, 즉

$$y=\frac{1}{4}(5x+3)$$

이다.

(2) $y^2-6x^2+4y+19=0$ 에 음함수의 미분법을 적용하면

$$2yy'-12x+4y'=0, \qquad y'=\frac{6x}{y+2}$$

이다. 따라서

(i) 점 (2, 1) 에서의 접선의 기울기는 $y'(2, 1)=4$ 이다. 따라서 점 (2, 1) 를 지나면서 기울기가 4 인 접선의 방정식은 $y-1=4(x-2)$, 즉 $y=4x-7$ 이다.

(ii) 점 (2, 1) 를 지나는 접선의 기울기가 4 이므로, 이 점을 지나는 법선의 기울기는 −1/4 이다. 따라서 구하는 법선의 방정식은 $y-1=(-1/4)(x-2)$, 즉

$$y=-\frac{1}{4}(x-6)$$

이다.

(3) $x^2y^2=9$ 에 음함수의 미분법을 적용하면

$$2xy^2+2x^2yy'=0, \qquad y'=-\frac{y}{x}$$

이다. 따라서

(i) 점 (−1, 3) 에서의 접선의 기울기는 $y'(-1, 3)=3$ 이다. 따라서 점 (−1, 3) 를 지나면서 기울기가 3 인 접선의 방정식은 $y-3=3(x+1)$, 즉 $y=3x+6$ 이다.

(ii) 점 (−1, 3) 를 지나는 접선의 기울기가 3 이므로 점 (−1, 3) 를 지나는 법선의 기울기는 −1/3 이다. 따라서 구하는 법선의 방정식은 $y-3=(-1/3)(x+1)$, 즉

$$y=-\frac{1}{3}(x-8)$$

이다.

(4) $(y-x)^2 = 2x+4$ 에 음함수의 미분법을 적용하면

$$2(y-x)(y-x)' = 2, \quad (y-x)(y'-1) = 1, \quad y'-1 = \frac{1}{y-x}, \quad y' = \frac{1}{y-x}+1$$

이다. 따라서

(i) 점 $(6, 2)$ 에서의 접선의 기울기는 $y'(6, 2) = 3/4$ 이다. 따라서 점 $(6, 2)$ 를 지나면서 기울기가 $3/4$ 인 접선의 방정식은 $y-2 = (3/4)(x-6)$, 즉

$$y = \frac{3}{4}x - \frac{1}{4}$$

이다.

(ii) 점 $(6, 2)$ 를 지나는 접선의 기울기가 $3/4$ 이므로, 이 점을 지나는 법선의 기울기는 $-4/3$ 이다. 따라서 구하는 법선의 방정식은 $y-2 = -(4/3)(x-6)$, 즉

$$y = -\frac{4}{3}x + 10$$

이다. □

12. $x = -1/8$ 인 점에서 $x^{2/3} + y^{2/3} = 1$ 의 법선의 방정식을 구하여라.

【풀이】 $x = -1/8$ 일 때 $y = 3\sqrt{3}/8$ 이다. 또한 $x^{2/3} + y^{2/3} = 1$ 에 음함수의 미분법을 적용하면

$$\frac{2}{3}x^{-\frac{1}{3}} + \frac{2}{3}y^{-\frac{1}{3}}y' = 0, \quad y' = -\frac{\sqrt[3]{y}}{\sqrt[3]{x}}$$

이다. 따라서 점 $(-1/8, 3\sqrt{3}/8)$ 에서의 접선의 기울기가 $y'(-1/8, 3\sqrt{3}/8) = \sqrt{3}$ 이므로, 법선의 기울기는 $-1/\sqrt{3}$ 이다. 따라서 구하는 법선의 방정식은

$$y - \frac{3\sqrt{3}}{8} = -\frac{1}{\sqrt{3}}\left(x+\frac{1}{8}\right), \quad y = -\frac{1}{\sqrt{3}}\left(x+\frac{1}{8}\right) + \frac{3\sqrt{3}}{8} = -\frac{1}{\sqrt{3}}x + \frac{5}{4\sqrt{3}}$$

이다. □

13. 곡선 $x^3 + y^3 = 3xy$ 상의 점 $(3/2, 3/2)$ 에서의 법선의 방정식을 구하여라.

【풀이】 $x^3 + y^3 = 3xy$ 에 음함수의 미분법을 적용하면

$$3x^2 + 3y^2y' = 3y + 3xy', \qquad y' = \frac{y - x^2}{y^2 - x}$$

이다. 따라서 점 (3/2, 3/2) 에서의 접선의 기울기가 $y'(3/2, 3/2) = -1$ 이므로, 법선의 기울기는 1 이다. 따라서 구하는 법선의 방정식은 $y - 3/2 = x - 3/2$, 즉 $y = x$ 이다. □

연습문제(2.3)

1. 다음 주어진 함수들에 대하여 dy/dx 를 구하여라(단, a 는 상수).

(1) $y = x^2 \cos x - 2x \sin x - 2\cos x$

(2) $y = 4\cos(\sin 3x)$

(3) $y = 3\sec x \tan x$

(4) $y = \sec^2 x \tan^2 x$

(5) $y = \dfrac{1 + \sin x}{1 - \sin x}$

(6) $y = \sqrt{a^2 - x^2} - a\cos^{-1}\dfrac{x}{a}$

【풀이】 (1) $(\sin x)' = \cos x$, $(\cos x)' = -\sin x$ 이므로 구하는 도함수는 다음과 같다.

$$\begin{aligned} y' &= ((x^2)'\cos x + x^2(\cos x)') - 2((x)'\sin x + x(\sin x)') - 2(\cos x)' \\ &= 2x\cos x + x^2(-\sin x) - 2\sin x - 2x\cos x + 2\sin x \\ &= -x^2 \sin x \end{aligned}$$

(2) $(\sin x)' = \cos x$, $(\cos x)' = -\sin x$ 이므로 구하는 도함수는 다음과 같다.

$$y' = -4\sin(\sin 3x)(\sin 3x)' = -4\sin(\sin 3x)(\cos 3x)(3) = -12\cos 3x \sin(\sin 3x)$$

(3) $(\sec x)' = \sec x \tan x$, $(\tan x)' = \sec^2 x$ 이므로 구하는 도함수는 다음과 같다.

$$y' = 3((\sec x)'\tan x + \sec x(\tan x)') = 3\sec x(\tan^2 x + \sec^2 x) = 3\sec x(2\tan^2 x + 1)$$

(4) $(\sec x)' = \sec x \tan x$, $(\tan x)' = \sec^2 x$ 이므로 구하는 도함수는 다음과 같다.

$$\begin{aligned} y' &= \left(\sec^2 x\right)' \tan^2 x + \sec^2 x \left(\tan^2 x\right)' = 2 \sec x (\sec x)' \tan^2 x + \sec^2 x (2(\tan x)(\tan x)') \\ &= 2 \sec x \sec x \tan x \tan^2 x + 2 \sec^2 x \tan x \sec^2 x = 2 \sec^2 x \tan^3 x + 2 \sec^4 x \tan x \\ &= 2 \sec^2 x \tan x (\tan^2 x + \sec^2 x) = 2 \sec^2 x \tan x (2 \tan^2 x + 1) \end{aligned}$$

(5) $(\sin x)' = \cos x$ 이므로 구하는 도함수는 다음과 같다.

$$\begin{aligned} y' &= \frac{(1 + \sin x)'(1 - \sin x) - (1 + \sin x)(1 - \sin x)'}{(1 - \sin x)^2} \\ &= \frac{\cos x(1 - \sin x) - (1 + \sin x)(- \cos x)}{(1 - \sin x)^2} = \frac{\cos x - \sin x \cos x + \cos x + \sin x \cos x}{(1 - \sin x)^2} \\ &= \frac{2 \cos x}{(1 - \sin x)^2} \end{aligned}$$

(6) $(\cos^{-1} x)' = -\dfrac{1}{\sqrt{1 - x^2}}$ 이므로 구하는 도함수는

$$y' = \frac{-2x}{2\sqrt{a^2 - x^2}} + a \cdot \frac{1}{\sqrt{1 - (x/a)^2}} \cdot \frac{1}{a} = \frac{-x}{\sqrt{a^2 - x^2}} + \frac{1}{\sqrt{1 - (x/a)^2}} = \frac{|a| - x}{\sqrt{a^2 - x^2}}$$

이다. □

2. 다음 주어진 함수들에 대하여 dy/dx 를 구하여라.

(1) $y = \sec^2 x \tan^2 x$

(2) $y = \cot^4 x - \csc^4 x$

(3) $y = \dfrac{3 \sin x}{\cos^2 2x + 1}$

(4) $y = 4 \cos(\sin 3x)$

【풀이】 (1) 도함수 공식 $(\sec x)' = \sec x \tan x$, $(\tan x)' = \sec^2 x$, $(fg)' = f'g + fg'$ 을 이용하면 구하는 도함수는 다음과 같다.

$$\begin{aligned} y' &= (\sec^2 x)' \tan^2 x + \sec^2 x (\tan^2 x)' \\ &= (2 \sec x \sec x \tan x) \tan^2 x + \sec^2 x (2 \tan x \sec^2 x) \\ &= 2 \sec^2 x \tan^3 x + 2 \sec^4 x \tan x \end{aligned}$$

(2) 도함수 공식 $(\cot x)' = -\csc^2 x$, $(\csc x)' = -\csc x \cot x$ 을 이용하면 구하는 도함수는 다음과 같다.

$$\begin{aligned} y' &= 4\cot^3 x(\cot x)' - 4\csc^3 x(\csc x)' \\ &= 4\cot^3 x(-\csc^2 x) - 4\csc^3 x(-\csc x \cot x) \\ &= -4\cot^3 x \csc^2 x + 4\csc^4 x \cot x \end{aligned}$$

(3) 도함수 공식 $(\sin x)' = \cos x$, $(\cos x)' = -\sin x$, $(f/g)' = (f'g - fg')/g^2$ 을 이용하면 구하는 도함수는 다음과 같다.

$$\begin{aligned} y' &= \frac{(3\sin x)'(\cos^2 2x + 1) - 3\sin x(\cos^2 2x + 1)'}{(\cos^2 2x + 1)^2} \\ &= \frac{3\cos x(\cos^2 2x + 1) - 3\sin x(2\cos 2x)(\cos 2x)'}{(\cos^2 2x + 1)^2} \\ &= \frac{3\cos x(\cos^2 2x + 1) - 3\sin x(2\cos 2x)(-2\sin 2x)}{(\cos^2 2x + 1)^2} \\ &= \frac{3\cos x(\cos^2 2x + 1) + 12\sin x \sin 2x \cos 2x}{(\cos^2 2x + 1)^2} \\ &= \frac{3\cos x(\cos^2 2x + 1) + 6\sin x \sin 4x}{(\cos^2 2x + 1)^2} \end{aligned}$$

(4) 도함수 공식 $(\sin x)' = \cos x$, $(\cos x)' = -\sin x$ 와 합성함수의 미분법을 적용하면 구하는 도함수는

$$y' = -4\sin(\sin 3x)(\sin 3x)' = -4\sin(\sin 3x)(3\cos 3x) = -12\sin(\sin 3x)\cos 3x$$

이다. □

3. 합성함수의 도함수 공식을 사용하여 $D_x w$ 를 구하여라.

(1) $w = \sin^4(x^2 + 3x)$ (2) $w = \sin^3(\cos x)$

(3) $w = \cos^4(\sin x^2)$ (4) $w = \sin(\cos(\sin 2x))$

【풀이】 (1) $w = f(v) = v^4$, $v = g(u) = \sin u$, $u = h(x) = x^2 + 3x$ 라고 놓으면 $w =$

$f(g(h(x)))$ 이다. 따라서 합성함수의 미분법에 의해 구하는 도함수는 다음과 같다.

$$D_x w = \frac{dw}{dx} = \frac{dw}{dv}\cdot\frac{dv}{du}\cdot\frac{du}{dx}$$

$$= (4v^3)(\cos u)(2x+3) = 4(2x+3)(\sin^3(x^2+3x))(\cos(x^2+3x))$$

(2) $w = f(v) = v^3$, $v = g(u) = \sin u$, $u = h(x) = \cos x$ 라고 놓으면 $w = f(g(h(x)))$ 이다. 따라서 합성함수의 미분법에 의해 구하는 도함수는 다음과 같다.

$$D_x w = \frac{dw}{dx} = \frac{dw}{dv}\cdot\frac{dv}{du}\cdot\frac{du}{dx} = (3v^2)(\cos u)(-\sin x) = -3(\sin^2(\cos x))(\cos(\cos x))\sin x$$

(3) $w = f(v) = v^4$, $v = g(u) = \sin u$, $u = h(t) = \sin t$, $t = s(x) = x^2$ 라고 놓으면 $w = f(g(h(s(x))))$ 이다. 따라서 합성함수의 미분법에 의해 구하는 도함수는 다음과 같다.

$$D_x w = \frac{dw}{dx} = \frac{dw}{dv}\cdot\frac{dv}{du}\cdot\frac{du}{dt}\cdot\frac{dt}{dx}$$

$$= (4v^3)(\cos u)(\cos t)(2x) = -8x(\cos^3(\sin x^2))(\sin(\sin x^2))(\cos x^2)$$

(4) $w = f(v) = \sin v$, $v = g(u) = \cos u$, $u = h(t) = \sin t$, $t = s(x) = 2x$ 라고 놓으면 $w = f(g(h(s(x))))$ 이다. 따라서 합성함수의 미분법에 의해 구하는 도함수는

$$D_x w = \frac{dw}{dx} = \frac{dw}{dv}\cdot\frac{dv}{du}\cdot\frac{du}{dt}\cdot\frac{dt}{dx}$$

$$= (\cos v)(-\sin u)(\cos t)(2) = -2(\cos(\cos(\sin 2x)))(\sin(\sin 2x))(\cos 2x)$$

이다. □

4. 다음 식에서 $(f^{-1})'(c)$ 의 값을 구하여라.

(1) $f(x) = \dfrac{\cos^2 x}{2}$, $0 \le x \le \pi/2$, $c = 1/4$ (2) $f(x) = 2\cot x$, $0 < x < \pi$, $c = 2$

【풀이】 [참 고] $y = f(x)$ 가 역함수를 갖는 경우에 $\alpha = f^{-1}(\beta)$ 인 관계에 있는 α, β 에 대하여 $(f^{-1})'(\beta) = 1/f'(\alpha)$ 이다.

(1) $f'(x) = (1/2)2\cos x(-\sin x) = -\sin x \cos x$ 이고, 또한 $f^{-1}(1/4) = \alpha$ 를 만족시키는 $\alpha = \pi/4$ 이다. 따라서

$$(f^{-1})'(1/4) = \frac{1}{f'(\pi/4)} = -2$$

이다.

(2) $f'(x) = -2\csc^2 x$ 이고, 또한 $f^{-1}(2) = \alpha$ 를 만족시키는 $\alpha = \pi/4$ 이다. 따라서

$$(f^{-1})'(2) = \frac{1}{f'(\pi/4)} = \frac{1}{-2\csc^2(\pi/4)} = -\frac{1}{4}$$

이다. □

5. 다음에서 dy/dx 를 구하여라.

(1) $\sin(x+y) + \sin(x-y) = 1$ (2) $\sqrt{x^2 - y^2} + \sin^{-1}\dfrac{y}{x} = 0$

【풀이】 (1) 음함수의 미분법을 적용하면

$$(\cos(x+y))(1+y') + (\cos(x-y))(-y') = 0$$

이므로

$$y' = -\frac{\cos(x+y) + \cos(x-y)}{\cos(x+y) - \cos(x-y)}$$

이다.

(2) 도함수 공식 $(\sin^{-1} x)' = 1/\sqrt{1-x^2}$ 와 음함수의 미분법을 적용하면

$$\frac{1}{2\sqrt{x^2 - y^2}}(2x - 2yy') + \frac{1}{\sqrt{1-(y/x)^2}}\left(\frac{y}{x}\right)' = 0$$

이므로

$$y' = \frac{|x|y - x^3}{|x|x - x^2 y} = \frac{y - |x|x}{x - |x|y}$$

이다. □

6. 다음 주어진 각 문제의 (a), (b) 두 함수의 도함수가 서로 같음을 보여라.

(1) (a) $y = \cos^2 x - \sin^2 x$ (b) $y = \cos 2x$

(2) (a) $y = 2\sin x \cos x$ (b) $y = \sin 2x$

【풀이】 (1) 각 함수의 도함수를 구하면

(a) $y' = -2\cos x \sin x - 2\sin x \cos x = -4\sin x \cos x = -2(2\sin x \cos x) = -2\sin 2x$

(b) $y' = (-\sin 2x)(2x)' = -2\sin 2x$

이다. 따라서 (a)와 (b)의 두 함수의 도함수는 서로 같다.

(2) 각 함수의 도함수를 구하면

(a) $y' = 2(\sin x)'\cos x + 2\sin x(\cos x)' = 2\cos^2 x - 2\sin^2 x = 2(\cos^2 x - \sin^2 x) = 2\cos 2x$

(b) $y' = (\cos 2x)(2x)' = 2\cos 2x$

이다. 따라서 (a)와 (b)의 두 함수의 도함수는 서로 같다. □

7. 함수 $f(x) = 2x + \cos x$에 대하여 $(f^{-1})'(1)$을 구하여라.

【풀이】 주어진 함수 f는 역함수의 미분법에 관한 정리 2.2.3의 조건을 모두 만족하므로, 이 정리를 이용하기 위하여 먼저 $f(a) = 1$인 a의 값을 구하면 $a = 0$이다. 그런데 $f'(x) = 2 - \sin x$이므로 $f'(0) = 2$이다. 따라서 정리 2.2.3에 의하여

$$(f^{-1})'(1) = \frac{1}{f'(f^{-1}(1))} = \frac{1}{f'(0)} = \frac{1}{2}$$

을 얻는다. □

8. 다음 주어진 함수들의 도함수를 구하여라(단, a는 상수).

(1) $f(x) = \tan(\sec^{-1} x)$

(2) $f(x) = \cot^{-1}\sqrt{x-1}$

(3) $f(x) = \tan^{-1}(\ln x)$

(4) $f(x) = \sin^{-1}(\cos x)$

(5) $f(x) = \sin^{-1}\sqrt{\sin x}$

(6) $f(x) = \sqrt{a^2 - x^2} + a\sin^{-1}\dfrac{x}{a}$

【풀이】 (1) $(\tan x)' = \sec^2 x$이고 $(\sec^{-1} x)' = 1/x\sqrt{x^2-1}$이므로

$$f'(x) = \left(\sec^2(\sec^{-1} x)\right)\cdot(\sec^{-1} x)' = \sec^2(\sec^{-1} x)\frac{1}{x\sqrt{x^2-1}} = \frac{x^2}{x\sqrt{x^2-1}} = \frac{x}{\sqrt{x^2-1}}$$

이다.

(2) $(\cot^{-1} x)' = -1/(1+x^2)$ 이므로

$$f'(x) = -\frac{1}{1+(\sqrt{x-1})^2}(\sqrt{x-1})' = -\frac{1}{1+(x-1)}\frac{1}{2\sqrt{x-1}}(x-1)' = -\frac{1}{2x\sqrt{x-1}}$$

이다.

(3) $(\tan^{-1} x)' = 1/(1+x^2)$ 이므로

$$f'(x) = \frac{1}{1+(\ln x)^2}(\ln x)' = \frac{1}{1+(\ln x)^2}\frac{1}{x} = \frac{1}{x(1+(\ln x)^2)}$$

이다.

(4) $(\sin^{-1} x)' = 1/\sqrt{1-x^2}$ 이므로

$$f'(x) = \frac{1}{\sqrt{1-\cos^2 x}}(\cos x)' = -\frac{\sin x}{|\sin x|}$$

이다.

(5) $(\sin^{-1} x)' = 1/\sqrt{1-x^2}$ 이므로

$$f'(x) = \frac{1}{\sqrt{1-(\sqrt{\sin x})^2}}(\sqrt{\sin x})' = \frac{1}{\sqrt{1-\sin x}} \cdot \frac{1}{2\sqrt{\sin x}}(\sin x)' = \frac{\cos x}{2\sqrt{\sin x}\sqrt{1-\sin x}}$$

이다.

(6) $(\sin^{-1} x)' = 1/\sqrt{1-x^2}$ 이므로

$$\begin{aligned} f'(x) &= \frac{1}{2\sqrt{a^2-x^2}}(a^2-x^2)' + a\frac{1}{\sqrt{1-(x/a)^2}}\left(\frac{x}{a}\right)' \\ &= \frac{1}{2\sqrt{a^2-x^2}}(-2x) + a\frac{1}{\sqrt{1-(x/a)^2}}\left(\frac{1}{a}\right) = \frac{|a|-x}{\sqrt{a^2-x^2}} \end{aligned}$$

이다. □

9. 다음 등식을 증명하여라.

(1) $\sin(\cos^{-1} x) = \sqrt{1-x^2}$

(2) $\sec^2(\tan^{-1} x) = 1+x^2$

(3) $\tan^{-1} x = \sin^{-1}\dfrac{x}{\sqrt{1+x^2}}$

(4) $\tan\left(\dfrac{1}{2}\cos^{-1} x\right) = \dfrac{\sqrt{1-x}}{\sqrt{1+x}}$

【풀이】 (1) $y = \cos^{-1} x$ 라고 놓으면 $x = \cos y$ $(0 \le y \le \pi)$ 이다. 따라서 $\sin^2 y + \cos^2 y = 1$ 로부터

$$\sin y = \sqrt{1 - \cos^2 y} = \sqrt{1 - x^2}$$

이므로 $\sin(\cos^{-1} x) = \sin y = \sqrt{1 - x^2}$ 이다.

(2) $y = \tan^{-1} x$ 라고 놓으면 $x = \tan y$ $(-\pi/2 < y < \pi/2)$ 이다. 따라서 $1 + \tan^2 y = \sec^2 y$ 로부터

$$\sec^2 y = 1 + \tan^2 y = 1 + x^2$$

이므로 $\sec^2(\tan^{-1} x) = \sec^2 y = 1 + x^2$ 이다.

(3) $y = \sin^{-1}(x/\sqrt{1 + x^2})$ 라고 놓으면

$$\sin y = \frac{x}{\sqrt{1 + x^2}} \quad (-\pi/2 \le y \le \pi/2)$$

이다. 따라서 밑면이 1 이고, 높이가 x 인 직각삼각형을 고려하면 $\tan y = x$ 이다. 따라서

$$\tan^{-1} x = y = \sin^{-1} \frac{x}{\sqrt{1 + x^2}}$$

이 성립한다.

(4) 주어진 관계식의 좌변은 $\tan\left(\frac{1}{2} \cos^{-1} x\right) = \dfrac{\sin\left(\frac{1}{2}\cos^{-1} x\right)}{\cos\left(\frac{1}{2}\cos^{-1} x\right)}$ 이다. 그런데

$$\begin{aligned} x = \cos(\cos^{-1} x) &= \cos\left(\frac{1}{2}\cos^{-1} x + \frac{1}{2}\cos^{-1} x\right) \\ &= \cos^2\left(\frac{1}{2}\cos^{-1} x\right) - \sin^2\left(\frac{1}{2}\cos^{-1} x\right) = 2\cos^2\left(\frac{1}{2}\cos^{-1} x\right) - 1 \end{aligned}$$

이므로

$$\cos^2\left(\frac{1}{2}\cos^{-1} x\right) = \frac{1 + x}{2}, \qquad \cos\left(\frac{1}{2}\cos^{-1} x\right) = \frac{\sqrt{1 + x}}{\sqrt{2}} \qquad [(\because)\ 0 \le \frac{\cos^{-1} x}{2} \le \frac{\pi}{2}]$$

이다. 유사한 방법으로

$$x = \cos(\cos^{-1} x) = \cos\left(\frac{1}{2}\cos^{-1} x + \frac{1}{2}\cos^{-1} x\right)$$

$$= \cos^2\left(\frac{1}{2}\cos^{-1}x\right) - \sin^2\left(\frac{1}{2}\cos^{-1}x\right) = 1 - 2\sin^2\left(\frac{1}{2}\cos^{-1}x\right)$$

이므로

$$\sin^2\left(\frac{1}{2}\cos^{-1}x\right) = \frac{1-x}{2}, \quad \sin\left(\frac{1}{2}\cos^{-1}x\right) = \frac{\sqrt{1-x}}{\sqrt{2}} \quad [(\because)\ 0 \le \frac{\cos^{-1}x}{2} \le \frac{\pi}{2}]$$

이다. 따라서 위의 두 결과를 이용하면

$$\tan\left(\frac{1}{2}\cos^{-1}x\right) = \frac{\sin\left(\frac{1}{2}\cos^{-1}x\right)}{\sin\left(\frac{1}{2}\cos^{-1}x\right)} = \frac{\sqrt{1-x}}{\sqrt{1+x}}$$

이 성립한다. □

연습문제(2.4)

1. 다음 함수의 도함수를 구하여라(단, a, b는 상수).

(1) $y = 5^x$ (2) $y = 3^{5x-7}$ (3) $y = a^x \sin bx$ (4) $y = (\cos x)^{\cos x}$

【풀이】 [참 고] 지수함수 $y = a^x$의 도함수는 $y' = a^x \ln a$이다. 따라서

(1) $y' = 5^x \ln 5$.

(2) $y' = 3^{5x-7}\ln 3(5x-7)' = \left(3^{5x-7}\ln 3\right)(5) = (5\ln 3)3^{5x-7}$.

(3) $y' = (a^x)'\sin bx + a^x(\sin bx)' = a^x \sin bx\ \ln a + ba^x \cos bx$.

(4) 양변에 자연로그를 취하면 $\ln y = (\cos x)\ln(\cos x)$이다. 따라서 로그미분법에 의해 양변을 x에 관하여 미분하면

$$\begin{aligned}\frac{1}{y}y' &= (\cos x)'\ln(\cos x) + \cos x(\ln(\cos x))' \\ &= -\sin x\ln(\cos x) + \cos x\left(\frac{1}{\cos x}(-\sin x)\right) \\ &= -\sin x\ln(\cos x) - \sin x\end{aligned}$$

이므로

$$y' = -y\sin x(1+\ln(\cos x)) = -\sin x(\cos x)^{\cos x}(1+\ln(\cos x))$$

이다. □

2. 다음 함수의 도함수를 구하여라(단, a는 상수).

(1) $y = 5\ln x^3$ (2) $y = x^2 \ln x$ (3) $y = \ln(\csc^2 x)$

(4) $y = (\ln x)^3$ (5) $y = \log_2(x^2+6)$ (6) $y = \log_3(x+\sqrt{x^2+a^2})$

【풀이】 [참 고] 로그함수 $y = \log_a x$의 도함수는 $y' = 1/(x\ln a)$이고, 특히 $y = \ln x$의 도함수는 $y' = 1/x$이다. 따라서

(1) $y' = 5\dfrac{1}{x^3}(x^3)' = 5\dfrac{1}{x^3}(3x^2) = \dfrac{15}{x}$.

(2) $y' = (x^2)'\ln x + x^2(\ln x)' = (2x)\ln x + x^2(1/x) = 2x\ln x + x$.

(3) $(\csc x)' = -\csc x\cot x$ 이므로

$$y' = \frac{1}{\csc^2 x}(\csc^2 x)' = \frac{1}{\csc^2 x}(2\csc x)(\csc x)' = \frac{1}{\csc^2 x}(2\csc x)(-\csc x\cot x) = -2\cot x$$

이다.

(4) $y' = 3(\ln x)^2(\ln x)' = 3(\ln x)^2\dfrac{1}{x} = \dfrac{3}{x}(\ln x)^2$.

(5) $y' = \dfrac{1}{(x^2+6)\ln 2}(x^2+6)' = \dfrac{2x}{(x^2+6)\ln 2}$.

(6) 합성함수의 미분법을 적용하면

$$\begin{aligned} y' &= \frac{1}{(x+\sqrt{x^2+a^2})\ln 3}(x+\sqrt{x^2+a^2})' \\ &= \frac{1}{(x+\sqrt{x^2+a^2})\ln 3}\left(1+\frac{1}{2\sqrt{x^2+a^2}}(x^2+a^2)'\right) \\ &= \frac{1}{(x+\sqrt{x^2+a^2})\ln 3}\left(1+\frac{1}{2\sqrt{x^2+a^2}}(2x)\right) = \frac{1}{(x+\sqrt{x^2+a^2})\ln 3}\left(1+\frac{x}{\sqrt{x^2+a^2}}\right) \\ &= \frac{1}{\sqrt{x^2+a^2}\ln 3} \end{aligned}$$

이다. □

3. 로그미분법을 적용하여 주어진 함수의 도함수를 구하여라.

(1) $y = x^x$ (2) $y = x^{\frac{2}{x}}$ (3) $y = (2x)^{\sqrt{2}}$ (4) $y = 2^x + 3^x$

【풀이】 (1) 양변에 자연로그 함수를 취하면 $\ln y = x \ln x$ 이다. 따라서 양변을 x에 관하여 미분하면

$$\frac{1}{y}y' = \ln x + x\frac{1}{x} = 1 + \ln x, \qquad y' = y(1 + \ln x) = x^x(1 + \ln x)$$

이다.

(2) 양변에 자연로그 함수를 취하면 $\ln y = (2/x)\ln x$ 이다. 따라서 양변을 x에 관하여 미분하면

$$\frac{1}{y}y' = -\frac{2}{x^2}\ln x + \frac{2}{x}\cdot\frac{1}{x} = \frac{2(1 - \ln x)}{x^2}, \qquad y' = y\left(\frac{2(1 - \ln x)}{x^2}\right) = 2x^{\frac{2}{x}}\frac{1 - \ln x}{x^2}$$

이다.

(3) 양변에 자연로그 함수를 취하면 $\ln y = \sqrt{2}\ln(2x)$ 이다. 따라서 양변을 x에 관하여 미분하면

$$\frac{1}{y}y' = \sqrt{2}\cdot\frac{1}{2x}\cdot(2x)' = \frac{\sqrt{2}}{x}, \qquad y' = y\frac{\sqrt{2}}{x} = (2x)^{\sqrt{2}}\frac{\sqrt{2}}{x} = 2^{\sqrt{2}+\frac{1}{2}}x^{\sqrt{2}-1}$$

이다.

(4) 양변에 자연로그 함수를 취하면 $\ln y = \ln(2^x + 3^x)$ 이다. 따라서 양변을 x에 관하여 미분하면

$$\frac{1}{y}y' = \frac{1}{2^x + 3^x}(2^x + 3^x)' = \frac{1}{2^x + 3^x}(2^x \ln 2 + 3^x \ln 3)$$

이므로

$$y' = y\frac{1}{2^x + 3^x}(2^x \ln 2 + 3^x \ln 3) = (2^x + 3^x)\frac{1}{2^x + 3^x}(2^x \ln 2 + 3^x \ln 3) = 2^x \ln 2 + 3^x \ln 3$$

이다. □

4. 함수 $f(x) = x^{\sin x}$ 에 대하여 $f'(1)$ 을 구하여라.

【풀이】 $y = x^{\sin x}$ 라 놓고 양변에 자연로그 함수를 취하면 $\ln y = (\sin x)(\ln x)$ 이다. 따라서 양변을 x에 관하여 미분하면

$$\frac{1}{y}y' = (\cos x)(\ln x) + \frac{\sin x}{x}$$

이므로

$$y' = y\left((\cos x)(\ln x) + \frac{\sin x}{x}\right) = x^{\sin x}\left((\cos x)(\ln x) + \frac{\sin x}{x}\right)$$

이다. 따라서 $f'(1) = y'(1) = \sin 1$ 이다. □

5. 함수 $f(x) = (2x)^{\sin x}$ 의 도함수를 구하여라.

【풀이】 $y = (2x)^{\sin x}$ 라 놓고 양변에 자연로그 함수를 취하면 $\ln y = (\sin x)(\ln(2x))$ 이다. 따라서 양변을 x에 관하여 미분하면

$$\frac{1}{y}y' = (\cos x)(\ln(2x)) + \frac{\sin x}{x}$$

이므로

$$y' = y\left((\cos x)(\ln(2x)) + \frac{\sin x}{x}\right) = (2x)^{\sin x}\left((\cos x)(\ln(2x)) + \frac{\sin x}{x}\right)$$

이다. □

6. 등식 $e^x + e^y = e^{x+y}$ 로부터

$$\frac{dy}{dx} = -e^{y-x}$$

임을 증명하여라.

【풀이】 로그미분법을 적용하기 위하여 먼저 $e^x + e^y = e^{x+y}$ 의 양변에 자연로그함수를 취하면 $\ln(e^x + e^y) = x + y$ 이므로

$$\frac{1}{e^x + e^y}(e^x + e^y)' = 1 + y', \qquad \frac{1}{e^x + e^y}(e^x + e^y y') = 1 + y', \qquad e^x + e^y y' = (e^x + e^y)(1 + y')$$

이다. 마지막 등식을 다시 정리하면

$$e^x + e^y y' = e^x + e^y + (e^x + e^y)y'$$

이므로

$$e^y y' = e^y + (e^x + e^y)y'$$

이다. 따라서 위의 등식의 우변에 $e^x + e^y = e^{x+y}$ 라는 사실을 적용하면

$$e^y y' = e^y + e^x e^y y'$$

이므로

$$y' = 1 + e^x y', \qquad y' = \frac{1}{1 - e^x}$$

이다. 그런데 주어진 관계식 $e^x + e^y = e^{x+y}$ 의 양변에 e^{-y} 을 곱하면 $e^x e^{-y} + 1 = e^x$ 이므로 $1 - e^x = -e^x e^{-y} = -e^{x-y}$ 을 얻는다. 따라서 다음이 성립한다.

$$y' = \frac{1}{1 - e^x} = -\frac{1}{e^{x-y}} = -e^{y-x}$$ □

연습문제(2.5)

1. 다음 함수의 도함수를 구하여라.

(1) $f(x) = \sinh^{-1}(x^2)$ (2) $f(x) = \tanh^{-1}(4x)$

(3) $f(x) = x^2 \cosh^{-1}(x^2)$ (4) $f(x) = \tanh^{-1}(\cos e^x)$

【풀이】 (1) $(\sinh^{-1} x)' = 1/\sqrt{1 + x^2}$ 이므로

$$f'(x) = \frac{1}{\sqrt{1 + (x^2)^2}}(x^2)' = \frac{2x}{\sqrt{1 + x^4}}$$

이다.

(2) $(\tanh^{-1} x)' = 1/(1 - x^2)$ 이므로

$$f'(x) = \frac{1}{1 - (4x)^2}(4x)' = \frac{4}{1 - 16x^2}$$

이다.

(3) $(\cosh^{-1} x)' = 1/\sqrt{x^2-1}$ 이므로

$$f'(x) = 2x\cosh^{-1}(x^2) + x^2\frac{1}{\sqrt{(x^2)^2-1}}(x^2)'$$
$$= 2x\cosh^{-1}(x^2) + \frac{2x^3}{\sqrt{x^4-1}} = 2x\left(\cosh^{-1}(x^2) + \frac{x^2}{\sqrt{x^4-1}}\right)$$

이다.

(4) $(\tanh^{-1} x)' = 1/(1-x^2)$ 이므로

$$f'(x) = \frac{1}{1-(\cos e^x)^2}(\cos e^x)' = \frac{1}{1-(\cos e^x)^2}(-\sin e^x)e^x$$
$$= \frac{e^x \sin e^x}{\cos^2 e^x - 1} = \frac{e^x \sin e^x}{-\sin^2 e^x} = -e^x\frac{1}{\sin e^x} = -e^x \csc e^x$$

이다. □

2. $y = \dfrac{\sinh^{-1} x}{\sqrt{1+x^2}}$ 일 때

$$(1+x^2)\frac{dy}{dx} + xy = 1$$

임을 증명하여라.

【풀이】 $(\sinh^{-1} x)' = 1/\sqrt{1+x^2}$ 이므로

$$\frac{dy}{dx} = \frac{(\sinh^{-1} x)'\sqrt{1+x^2} - \sinh^{-1} x(\sqrt{1+x^2})'}{1+x^2}$$
$$= \frac{\frac{1}{\sqrt{1+x^2}}\sqrt{1+x^2} - \sinh^{-1} x\frac{2x}{2\sqrt{1+x^2}}}{1+x^2} = \frac{1-\sinh^{-1} x\frac{x}{\sqrt{1+x^2}}}{1+x^2}$$
$$= \frac{1-xy}{1+x^2} \qquad \left[(\because)\ y = \frac{\sinh^{-1} x}{\sqrt{1+x^2}}\right]$$

이다. 따라서 $(1+x^2)\dfrac{dy}{dx} + xy = 1$ 이다. □

3. 다음 함수의 도함수를 구하여라.

(1) $f(x) = x^2\sinh^{-1}(2x)$ (2) $f(x) = \tanh^{-1}(\sin\sqrt{x})$

(3) $f(x) = \text{sech}^{-1}(e^{-2x})$ (4) $f(x) = \cosh^{-1}\sqrt{x^2+1}$

【풀이】 (1) $(\sinh^{-1} x)' = 1/\sqrt{1+x^2}$ 이므로

$$f'(x) = (x^2)' \sinh^{-1}(2x) + x^2(\sinh^{-1}(2x))'$$

$$= 2x\sinh^{-1}(2x) + x^2\frac{1}{\sqrt{1+(2x)^2}}(2x)' = 2x\sinh^{-1}(2x) + \frac{2x^2}{\sqrt{1+(2x)^2}}$$

이다.

(2) $(\tanh^{-1} x)' = 1/(1-x^2)$ 이므로

$$f'(x) = \frac{1}{1-\sin^2\sqrt{x}}(\sin\sqrt{x})'$$

$$= \frac{1}{1-\sin^2\sqrt{x}}(\cos\sqrt{x})(\sqrt{x})' = \frac{\cos\sqrt{x}}{2\sqrt{x}(\cos^2\sqrt{x})} = \frac{1}{2\sqrt{x}\cos\sqrt{x}}$$

이다.

(3) $(\operatorname{sech}^{-1} x)' = -1/x\sqrt{1-x^2}$ 이므로

$$f'(x) = -\frac{1}{e^{-2x}\sqrt{1-(e^{-2x})^2}}(e^{-2x})'$$

$$= \frac{2e^{-2x}}{e^{-2x}\sqrt{1-(e^{-2x})^2}} = \frac{2}{\sqrt{1-\frac{1}{e^{4x}}}} = \frac{2}{\frac{\sqrt{e^{4x}-1}}{e^{2x}}} = \frac{2e^{2x}}{\sqrt{e^{4x}-1}}$$

이다.

(4) $(\cosh^{-1} x)' = 1/\sqrt{x^2-1} \quad (x > 1)$ 이므로

$$f'(x) = \frac{1}{\sqrt{(\sqrt{x^2+1})^2-1}}(\sqrt{x^2+1})' = \frac{1}{\sqrt{x^2+1-1}} \cdot \frac{2x}{2\sqrt{x^2+1}} = \frac{1}{\sqrt{x^2+1}}$$

이다. □

4. 다음을 증명하여라.

(1) $\lim_{x\to\infty} \coth x = 1$ (2) $\lim_{x\to\infty} \operatorname{csch} x = 0$

【풀이】 (1) $\coth x = \dfrac{e^x + e^{-x}}{e^x - e^{-x}}$ 이므로

$$\lim_{x\to\infty} \coth x = \lim_{x\to\infty} \frac{e^x + e^{-x}}{e^x - e^{-x}} = \lim_{x\to\infty} \frac{1 + e^{-2x}}{1 - e^{-2x}}$$

이다. 그런데 $t = e^{-2x}$ 라고 놓으면, $x \to \infty$ 일 때 $t \to 0$ 이므로

$$\lim_{x\to\infty} \coth x = \lim_{x\to\infty} \frac{1 + e^{-2x}}{1 - e^{-2x}} = \lim_{t\to 0}\left(\frac{2}{1-t} - 1\right) = 2 - 1 = 1$$

이다.

(2) $\operatorname{csch} x = \dfrac{2}{e^x - e^{-x}}$ 이므로

$$\lim_{x\to\infty} \operatorname{csch} x = \lim_{x\to\infty} \frac{2}{e^x - e^{-x}} = \lim_{x\to\infty} \frac{2e^{-x}}{1 - e^{-2x}}$$

이다. 그런데 $t = e^{-x}$ 라고 놓으면, $x \to \infty$ 일 때 $t \to 0$ 이므로

$$\lim_{x\to\infty} \operatorname{csch} x = \lim_{x\to\infty} \frac{2e^{-x}}{1 - e^{-2x}} = \lim_{t\to 0} \frac{2t}{1 - t^2} = \lim_{t\to 0}\left(\frac{1}{1-t} - \frac{1}{1+t}\right) = 1 - 1 = 0$$

이다. □

5. 등식

$$\cosh(\ln x) = \frac{x^2 + 1}{2x}$$

이 성립함을 증명하여라.

【풀이】 $\cosh x = \dfrac{e^x + e^{-x}}{2}$ 이고, $\ln x$ 가 적절히 정의되기 위해서는 $x > 0$ 이어야 한다. 따라서

$$\cosh(\ln x) = \frac{e^{\ln x} + e^{-\ln x}}{2} = \frac{e^{\ln x} + e^{\ln x^{-1}}}{2} = \frac{x + x^{-1}}{2} = \frac{(x + x^{-1})x}{2x} = \frac{x^2 + 1}{2x}$$

이다. □

6. 임의의 수 u 에 대하여 $\cosh u + \sinh u = e^u$ 임을 보이고, 이 사실을 이용하여 항등식

$$(\cosh x + \sinh x)^n = \cosh nx + \sinh nx$$

가 성립함을 증명하여라.

【풀이】 $\sinh u = \dfrac{e^u - e^{-u}}{2}$ 이고 $\cosh u = \dfrac{e^u + e^{-u}}{2}$ 이므로

$$\cosh u + \sinh u = \left(\frac{e^u + e^{-u}}{2}\right) + \left(\frac{e^u - e^{-u}}{2}\right) = e^u$$

이다. 따라서

$$(\cosh x + \sinh x)^n = (e^x)^n = e^{nx} = \cosh nx + \sinh nx$$

이다. □

7. $x > 1$ 일 때

$$\sinh^{-1}\sqrt{x^2 - 1} = \cosh^{-1} x$$

임을 증명하여라.

【풀이】 $\sinh^{-1} x = \ln\left(x + \sqrt{x^2 + 1}\right)$ $(x \in \mathbb{R})$ 이고, $\cosh^{-1} x = \ln\left(x + \sqrt{x^2 - 1}\right)$ $(x \geq 1)$ 이다. 따라서

$$\begin{aligned}\sinh^{-1}\sqrt{x^2 - 1} &= \ln\left(\sqrt{x^2 - 1} + \sqrt{\left(\sqrt{x^2 - 1}\right)^2 + 1}\right) \\ &= \ln\left(\sqrt{x^2 - 1} + |x|\right) = \ln\left(x + \sqrt{x^2 - 1}\right) = \cosh^{-1} x\end{aligned}$$

이다. □

연습문제(2.6)

1. 다음 함수의 일계, 이계 및 삼계도함수를 구하여라(단, a는 상수).

(1) $f(x) = \sqrt{1 + x}$ (2) $f(x) = e^{-x^2}$ (3) $f(x) = \ln(\sin ax)$ (4) $f(x) = 1/(1 + x^2)$

【풀이】 (1) 함수 f 의 일계, 이계 및 삼계도함수는 각각 다음과 같다.

$$f'(x) = \frac{1}{2\sqrt{1+x}}, \quad f''(x) = -\frac{1}{4(1+x)^{\frac{3}{2}}}, \quad f'''(x) = \frac{3}{8(1+x)^{\frac{5}{2}}}$$

(2) 함수 f 의 일계, 이계 및 삼계도함수는 각각 다음과 같다.

$$f'(x) = \frac{-2x}{e^{x^2}}, \quad f''(x) = \frac{4x^2-2}{e^{x^2}}, \quad f'''(x) = \frac{4x(3-2x^2)}{e^{x^2}}$$

(3) 함수 f 의 일계, 이계 및 삼계도함수는 각각 다음과 같다.

$$f'(x) = a\cot ax, \quad f''(x) = -a^2\csc^2 ax, \quad f'''(x) = 2a^3(\cot ax)(\csc^2 ax)$$

(4) 함수 f 의 일계, 이계 및 삼계도함수는 각각 다음과 같다.

$$f'(x) = \frac{-2x}{(1+x^2)^2}, \quad f''(x) = \frac{6x^2-2}{(1+x^2)^3}, \quad f'''(x) = \frac{24x(1-x^2)}{(1+x^2)^4}$$ □

2. 다음 함수의 일계, 이계 및 삼계도함수를 구하여라(단, a는 상수).

(1) $f(x) = 1/(a^2 - x^2)$ (2) $f(x) = x^3 \ln x$ (3) $f(x) = e^x \sin x$ (4) $f(x) = \ln x$

【풀이】 (1) 함수 f 의 일계, 이계 및 삼계도함수는 각각 다음과 같다.

$$f'(x) = \frac{2x}{(a^2-x^2)^2}, \quad f''(x) = \frac{2(a^2+3x^2)}{(a^2-x^2)^3}, \quad f'''(x) = \frac{24x(a^2+x^2)}{(a^2-x^2)^4}$$

(2) 함수 f 의 일계, 이계 및 삼계도함수는 각각 다음과 같다.

$$f'(x) = x^2(1+3\ln x), \quad f''(x) = x(5+6\ln x), \quad f'''(x) = 11 + 6\ln x$$

(3) 함수 f 의 일계, 이계 및 삼계도함수는 각각 다음과 같다.

$$f'(x) = e^x(\cos x + \sin x), \quad f''(x) = 2e^x\cos x, \quad f'''(x) = 2e^x(\cos x - \sin x)$$

(4) 함수 f 의 일계, 이계 및 삼계도함수는 각각 다음과 같다.

$$f'(x) = \frac{1}{x}, \quad f''(x) = -x^{-2}, \quad f'''(x) = \frac{2}{x^3}$$ □

3. 함수 $f(x) = \tan^{-1} x$ 에 대하여 $f^{(3)}(0)$ 을 구하여라.

【풀이】 함수 f 의 일계, 이계 및 삼계도함수는 각각

$$f'(x) = \frac{1}{1+x^2}, \quad f''(x) = \frac{-2x}{(1+x^2)^2}, \quad f'''(x) = \frac{-2+6x^2}{(1+x^2)^3}$$

이다. 따라서 $f^{(3)}(0) = 0$ 이다. □

4. 함수 $f(x) = \sin^{-1} x$ 에 대하여 $f^{(3)}(0)$ 을 구하여라.

【풀이】 함수 f 의 일계, 이계 및 삼계도함수는 각각

$$f'(x) = \frac{1}{\sqrt{1-x^2}}, \quad f''(x) = \frac{x}{(1-x^2)^{\frac{3}{2}}}, \quad f'''(x) = \frac{1+2x^2}{(1-x^2)^{\frac{5}{2}}}$$

이다. 따라서 $f^{(3)}(0) = 1$ 이다. □

5. 함수 $f(x) = (2-3x)^{-1/2}$ 에 대하여 $f(0)$, $f'(0)$, $f''(0)$ 를 구하여라.

【풀이】 함수 f 의 일계 및 이계도함수는 각각

$$f'(x) = \frac{3}{2(2-3x)^{\frac{3}{2}}}, \quad f''(x) = \frac{27}{4(2-3x)^{\frac{5}{2}}}$$

이다. 따라서

$$f(0) = \frac{1}{\sqrt{2}}, \quad f'(0) = \frac{3}{4\sqrt{2}}, \quad f''(0) = \frac{27}{16\sqrt{2}}$$

이다. □

6. 함수 $f(x) = 1/(3x^3)$ 에 대하여 $f'(x)$, $f''(x)$, $f'''(x)$, $f^{(4)}$ 를 구하여라.

【풀이】 함수 $f(x)$의 $f'(x)$, $f''(x)$, $f'''(x)$, $f^{(4)}$는 각각 다음과 같다.

$$f'(x) = -x^{-4}, \qquad f''(x) = \frac{4}{x^5}, \qquad f'''(x) = \frac{-20}{x^6}, \qquad f^{(4)}(x) = \frac{120}{x^7}$$ □

7. 함수 $f(x) = \cot x$에 대하여 $f'''(\pi/6)$를 구하여라.

【풀이】 함수 $f(x)$의 $f'(x)$, $f''(x)$, $f'''(x)$는 각각

$$f'(x) = -\csc^2 x, \qquad f''(x) = 2\cot x \csc^2 x, \qquad f'''(x) = -2(2 + \cos(2x))\csc^4 x$$

이다. 따라서 $f'''(\pi/6) = -80$이다. □

8. 함수 $f(x) = \sin x$에 대하여 처음 몇 개의 도함수를 관찰하고 $f^{(n)}(x)$를 구하여라.

【풀이】 함수 f의 일계, 이계, 삼계, 사계 및 오계도함수는 각각

$$f'(x) = \cos x, \qquad f''(x) = -\sin x, \qquad f'''(x) = -\cos x, \qquad f^{(4)}(x) = \sin x, \qquad f^{(5)}(x) = \cos x$$

이다. 따라서 음이 아닌 정수 n에 대하여

$$f^{(n)}(x) = \sin\left(\frac{\pi}{2}n + x\right)$$

이다. □

9. 함수 $f(x) = \ln x$에 대하여 처음 몇 개의 도함수를 관찰하고 $f^{(n)}(x)$를 구하여라.

【풀이】 함수 f의 일계, 이계, 삼계, 사계 및 오계도함수는 각각

$$f'(x) = \frac{1}{x}, \qquad f''(x) = -x^{-2}, \qquad f'''(x) = \frac{2}{x^3}, \qquad f^{(4)}(x) = \frac{-6}{x^4}, \qquad f^{(5)}(x) = \frac{24}{x^5}$$

이다. 따라서 임의의 자연수 n에 대하여 $f^{(n)}(x) = (-1)^{n-1}(n-1)!\,x^{-n}$이다. □

10. 함수 $f(x) = \cos 2x$에 대하여 처음 몇 개의 도함수를 관찰하고 $f^{(50)}(x)$를 구하여라.

【풀이】 함수 f 의 일계, 이계, 삼계 및 사계도함수는 각각

$$f'(x) = -2\sin 2x, \qquad f''(x) = -4\cos 2x, \qquad f'''(x) = 8\sin 2x, \qquad f^{(4)}(x) = 16\cos 2x$$

이고 오계도함수는 $f^{(5)}(x) = -32\sin 2x$ 이다. 따라서 음이 아닌 정수 n 에 대하여

$$f^{(n)}(x) = 2^n \cos\left(\frac{\pi}{2}n + 2x\right)$$

이므로 $f^{(50)}(x) = 2^{50}\cos\left(\frac{\pi}{2}\cdot 50 + 2x\right) = -2^{50}\cos 2x$ 이다. □

제 3 장

도함수의 응용(연습문제 및 풀이)

연습문제(3.1)

1. 다음 주어진 함수의 미분 dy를 구하여라.

(1) $y = 2x^2 - 3x + 5$ (2) $y = (3 + 2x^3)^{-4}$ (3) $y = \sqrt{4x^5 + 2x^4 - 5}$

【풀이】 $y = f(x)$에 대하여 $dy = f'(x)\,dx$이다. 따라서

(1) $dy = (4x - 3)\,dx$.

(2) $dy = -4(3 + 2x^3)^{-5}(3 + 2x^3)'\,dx = -4(3 + 2x^3)^{-5}(6x^2)'\,dx = -24x^2(3 + 2x^3)^{-5}\,dx$.

(3) $dy = \frac{1}{2}(4x^5 + 2x^4 - 5)^{-1/2}(4x^5 + 2x^4 - 5)'\,dx = 2x^2(5x^2 + 2x)(4x^5 + 2x^4 - 5)^{-1/2}\,dx$. □

2. 다음 주어진 값에 대한 Δy와 dy를 구하여라.

(1) $y = x^3,\ x = 1,\ \Delta x = 0.1$ (2) $y = 1/x,\ x = 2,\ \Delta x = -0.1$

【풀이】 $y = f(x)$ 에 대하여 x 의 증분 Δx 에 따른 y 의 증분 Δy 와 미분 dy 는 각각

$$\Delta y = f(x + \Delta x) - f(x), \qquad dy = f'(x)\,\Delta x$$

이다. 따라서

(1) y 의 증분 Δy 는

$$\Delta y = f(x + \Delta x) - f(x) = (x + \Delta x)^3 - x^3 = \Delta x(3x^2 + 3x\Delta x + \Delta x^2)$$

이고, 또한 미분 dy 는 $dy = f'(x)\,\Delta x = 3x^2\Delta x$ 이다. 따라서 $x = 1$, $\Delta x = 0.1$ 일 때

$$\Delta y = (0.1)(3 + 3 \cdot 0.2 + (0.1)^2) = 0.361, \qquad dy = 3 \cdot 0.1 = 0.3$$

이다.

(2) y 의 증분 Δy 와 미분 dy 는 각각

$$\Delta y = f(x + \Delta x) - f(x) = 1/(x + \Delta x) - 1/x \qquad dy = f'(x)\Delta x = -x^{-2}\Delta x$$

이다. 따라서 $x = 2$, $\Delta x = -0.1$ 일 때

$$\Delta y = \frac{1}{2 + (-0.1)} - \frac{1}{2} = 0.0263158, \qquad dy = -2^{-2} \cdot (-0.1) = 0.025$$

이다. □

3. 미분을 이용하여 다음의 근삿값을 구하여라.

(1) $\sqrt[3]{65}$ (2) $\sqrt{36.36}$

【풀이】 (1) $y = f(x) = \sqrt[3]{x}$ 일 때, $a = 64$, $\Delta x = 1$ 이라고 놓으면

$$\sqrt[3]{65} = \sqrt[3]{64 + 1} = f(a + \Delta x)$$

이다. 따라서 근사관계식 $f(a + \Delta x) \approx f(a) + f'(a)\Delta x$ 로부터 구하는 근삿값은

$$\sqrt[3]{65} = f(64 + 1) \approx f(64) + f'(64) \cdot 1 = \sqrt[3]{64} + \frac{1}{3}(64)^{-\frac{2}{3}} = 4 + \frac{1}{3} \cdot 4^{-2} = \frac{193}{48} = 4.02083$$

(2) $y = f(x) = \sqrt{x}$ 일 때, $a = 36,\ \Delta x = 0.36$ 이라고 놓으면

$$\sqrt{36.36} = \sqrt{36 + 0.36} = f(a + \Delta x)$$

이다. 따라서 근사관계식 $f(a + \Delta x) \approx f(a) + f'(a)\Delta x$ 로부터

$$\begin{aligned}\sqrt{36.36} &= f(36 + 0.36) \approx f(36) + f'(36) \cdot (0.36) \\ &= \sqrt{36} + \frac{1}{2} \cdot \frac{1}{6} \cdot \frac{36}{100} = 6 + \frac{3}{100} = 6.03\end{aligned}$$

이다. □

4. 다음 문제의 미분을 구하여라.

(1) $d(3x + 2)$　(2) $d(2x^2 - 1)$　(3) $d(1/\sqrt{x})$　(4) $d(\sqrt{x})$

【풀이】 $y = f(x)$ 에 대하여 $dy = f'(x)\,dx$ 이다. 따라서

(1) $d(3x + 2) = 3\,dx$　(2) $d(2x^2 - 1) = 4x\,dx$

(3) $d(1/\sqrt{x}) = -\frac{1}{2}x^{-3/2}\,dx$　(4) $d(\sqrt{x}) = \frac{1}{2}x^{-1/2}\,dx$

이다. □

5. 함수 $y = \sqrt[3]{(x^2 - 3)^2}$ 의 미분 dy 를 구하여라.

【풀이】 $y = f(x)$ 에 대하여 $dy = f'(x)\,dx$ 이다. 따라서

$$dy = \left(\frac{4}{3}x\left(x^2 - 3\right)^{-\frac{1}{3}}\right) dx$$

이다. □

6. 고무공의 바깥지름은 12 feet 이며 공의 두께는 0.3 inch 이다. 미분을 이용하여 공의 내부 부피의 근삿값을 구하여라.

【풀이】 길이의 단위와 관련하여 1 feet = 12 inch 이다. 따라서 0.3 inch = 0.025 feet 이다. 또한 반지름이 r 인 구의 체적은 $(4/3)\pi r^3$ 임을 알고 있다. 따라서 $y = f(r) = (4/3)\pi r^3$ 일 때 $a = 6$, $\Delta r = -0.025$ 라고 놓으면 근사관계식 $f(a+\Delta r) \approx f(a) + f'(a)\Delta r$ 로부터

$$f(6 + (-0.025)) \approx f(6) + f'(6) \cdot (-0.025) = \frac{4}{3}\pi \cdot 6^3 + 4\pi \cdot 6^2(-0.025) = 893.469 \text{ (ft}^3)$$

이다. 위의 경우에 참값은 반지름이 $(12 - 2 \cdot 0.025)/2$ 일 때의 구의 체적이므로

$$\frac{4}{3}\pi((12 - 2 \cdot 0.025)/2)^3 \approx 893.516 \text{ (ft}^3)$$

이다. □

연습문제(3.2)

1. 다음에 주어진 함수들이 주어진 구간 위에서 평균값의 정리 3.2.4 의 가정을 모두 만족시킴을 보이고 평균값의 정리를 만족하는 모든 c 를 구하여라.

(1) $f(x) = 1 - x^2$, $[0, 3]$ (2) $f(x) = x^3 - 2x + 1$, $[-2, 3]$

(3) $f(x) = 1/x$, $[1, 2]$ (4) $f(x) = 1 + \sqrt[3]{x - 1}$, $[2, 9]$

【풀이】 주어진 함수들은 주어진 구간의 개구간에서 미분가능하고 또한 주어진 폐구간에서 연속이므로 평균값의 정리의 가정을 모두 만족시킨다. 따라서 각 경우에 평균값의 정리를 만족시키는 c 만을 구하도록 한다.

(1) $f'(x) = -2x$ 이고

$$\frac{f(3) - f(0)}{3 - 0} = -3$$

이다. 따라서 구간 $(0, 3)$ 에서 $-2x = -3$ 을 만족시키는 x 는 $x = 3/2$ 이다.

(2) $f'(x) = 3x^2 - 2$ 이고

$$\frac{f(3) - f(-2)}{3 - (-2)} = 5$$

이다. 따라서 구간 $(-2, 3)$ 에서 $3x^2 - 2 = 5$ 을 만족시키는 x 는 $x = \pm\sqrt{7/3}$ 이다.

(3) $f'(x) = -1/x^2$ 이고

$$\frac{f(2) - f(1)}{2 - 1} = -\frac{1}{2}$$

이다. 따라서 구간 (1, 2) 에서 $-1/x^2 = -1/2$ 을 만족시키는 x 는 $x = \sqrt{2}$ 이다.

(4) $f'(x) = 1/(3(x-1)^{2/3})$ 이고

$$\frac{f(9) - f(2)}{9 - 2} = \frac{1}{7}$$

이다. 따라서 구간 (2, 9) 에서 $1/(3(x-1)^{2/3}) = 1/7$ 을 만족시키는 x 는 $x = (9 + 7\sqrt{21})/9$ 이다. □

2. 롤의 정리 3.2.3 을 이용하여 방정식

$$\tan x = 1 - x$$

의 근이 (0, 1) 안에 유일하게 존재함을 보여라.

【풀이】 $f(x) = \tan x + x - 1$ 라고 놓으면, f 는 $[0, 1]$ 에서 연속이고, $f(0) = -1 < 0$, $f(1) = \tan 1 > 0$ 이므로 중간값의 정리 1.4.4 로부터 $f(c) = 0$ 을 만족하는 c 가 (0, 1) 에 존재한다. 만약 방정식 $f(x) = 0$ 이 (0, 1) 에서 서로 다른 두 개의 실근 a 와 b 를 갖는다고 가정하자. 그러면 $f(a) = 0 = f(b)$ 이다. 그런데 $f(x)$ 는 (0, 1) 에서 미분가능하고 $[0, 1]$ 에서 연속이므로 롤의 정리에 의하여 $f'(c) = 0$ 을 만족하는 $c \in (0, 1)$ 가 존재한다. 그러나 (0, 1) 에 속하는 모든 실수 x 에 대하여

$$f'(x) = \sec^2 x + 1 = (1 + \tan^2 x) + 1 = \tan^2 x + 2 > 2$$

이므로 결코 $f'(x)$ 가 0 이 될 수 없다. 따라서 이것은 모순이다. 그러므로 방정식 $f(x) = 0$ 는 (0, 1) 에서 유일한 실근을 갖는다. □

3. 다음에서 $f(b) = f(a) + f(b-a)f'(c)$ 가 되는 c 를 구하여라.

(1) $f(x) = x^2,\ a = 2,\ b = 3$　　(2) $f(x) = \ln x,\ a = 1,\ b = e$

【풀이】 (1) $f'(x) = 2x$ 이므로

$$f(3) = f(2) + f(3-2)f'(c)$$

가 되는 c는 $9 = 4 + 2c$을 만족하는 c이다. 따라서 $c = 5/2$이다.

(2) $f'(x) = 1/x$이므로

$$f(e) = f(1) + (e-1)f'(c)$$

가 되는 c는 $1 = 0 + (e-1)(1/c)$이므로 $c = e - 1$이다. □

4. f는 미분가능하고, $|f'(x)| \le 1$, $f(-3) = -3$, $f(3) = 3$일 때 $f(0)$의 값을 구하여라.

【풀이】 함수 f가 모든 실수 x에 대하여 미분가능하므로 연속이다. 따라서 평균값의 정리 3.2.4 로부터

$$f'(c) = \frac{f(3) - f(-3)}{3-(-3)} = \frac{3-(-3)}{3-(-3)} = 1$$

을 만족하는 c가 개구간 $(-3, 3)$에 존재한다. 따라서 $f'(x) = 1$이므로 $f(x) = x + \alpha$이다. 그런데 $f(3) = 3$이므로 $\alpha = 0$이다. 따라서 $f(x) = x$이고 $f(0) = 0$이다. □

5. 함수 $f(x) = |x-1|$은 구간 $[0, 3]$에서 평균값의 정리 3.2.4 를 만족시키는 c가 존재하지 않음을 보이고 그 이유를 말하여라.

【풀이】 주어진 함수 $f(x)$에 대하여 $(f(3)-f(0))/(3-0) = 1/3$이다. 그런데 함수 $f(x)$는 $x = 1$에서 미분 불가능하므로 $f'(x) = 1/3$을 만족시키는 x는 구간 $(0, 3)$에 존재하지 않는다. □

6. 롤의 정리 3.2.3 을 이용하여 방정식 $\cot x = x$의 근이 $(\pi/4, \pi/2)$ 안에 유일하게 존재함을 보여라.

【풀이】 $f(x) = \cot x - x$라고 놓으면, f는 $[\pi/4, \pi/2]$에서 연속이고, $f(\pi/4) = 1 - \pi/4 > 0$, $f(\pi/2) = -\pi/2 < 0$이므로 중간값의 정리 1.4.4 로부터 $f(c) = 0$을 만족하는 c가 $(\pi/4, \pi/2)$에 존재한다. 만약 방정식 $f(x) = 0$이 $(\pi/4, \pi/2)$에서 서로 다른 두 개의 실근 a와 b를 갖는다고 가정하자. 그러면 $f(a) = 0 = f(b)$이다. 그런데 $f(x)$는 $(\pi/4, \pi/2)$에서 미분가능하고 $[\pi/4, \pi/2]$에서 연속이므로 롤의 정리에 의하여 $f'(c) = 0$을 만족하는 $c \in (\pi/4, \pi/2)$가 존재한다. 그러나 $(\pi/4, \pi/2)$에 속하는 모든 실수 x에 대하여

$$f'(x) = -1 - \csc^2 x = -1 - 1 - \cot^2 x = -2 - \cot^2 x \le -2$$

이므로 결코 $f'(x)$ 가 0 이 될 수 없다. 따라서 이것은 모순이다. 그러므로 방정식 $f(x) = 0$ 는 개구간 $(\pi/4, \pi/2)$ 에서 유일한 실근을 갖는다. □

7. 함수 $f(x) = |x - 3|$ 에 대하여 $f'(c) = 0$ 이 되는 c 가 $(2, 4)$ 안에 있는지 밝혀라.

【풀이】 함수 $f(x)$ 는 구간 $(2, 4)$ 에 있는 x 중에서 $x = 3$ 에서는 미분불가능하며, $x \in (2, 3)$ 에서 $f'(x) = -1$ 이고 $x \in (3, 4)$ 에서 $f'(x) = 1$ 이다. 따라서 $f'(c) = 0$ 이 되는 c 는 $(2, 4)$ 안에 존재하지 않는다. □

8. 평균값의 정리 3.2.4 를 이용하여

$$|\sin b - \sin a| \le |b - a|$$

임을 증명하여라.

【풀이】 $f(x) = \sin x$ 라고 놓으면, 함수 $f(x)$ 는 개구간 (a, b) 에서 미분가능하고 폐구간 $[a, b]$ 에서 연속이다. 따라서 평균값의 정리로부터

$$f'(c) = \frac{f(b) - f(a)}{b - a}, \qquad \text{즉} \qquad \cos c = \frac{\sin b - \sin a}{b - a}$$

인 $c \in (a, b)$ 가 존재한다. 따라서 $\sin b - \sin a = (b - a)\cos c$ 이므로

$$|\sin b - \sin a| = |(b - a)\cos c| = |b - a|\,|\cos c| \le |b - a|, \qquad \text{즉} \qquad |\sin b - \sin a| \le |b - a|$$

이 성립한다. □

9. 극한값

$$\lim_{x \to 0} \frac{\sinh^{-1} x}{x}$$

를 구하여라.

【풀이】 주어진 극한은 $\dfrac{0}{0}$ 꼴의 극한이므로 로피탈의 정리 3.2.6 을 적용하면 구하는 극한은 다음과 같다.

$$\lim_{x \to 0} \frac{\sinh^{-1} x}{x} = \lim_{x \to 0} \frac{(\sinh^{-1} x)'}{(x)'} = \lim_{x \to 0} \frac{\frac{1}{\sqrt{x^2+1}}}{1} = \lim_{x \to 0} \frac{1}{\sqrt{x^2 + 1}} = 1$$ □

10. (1) 모든 x에 대하여 $-1/2 \le x/(1+x^2) \le 1/2$ 임을 보여라.

(2) $f'(x) = x/(1+x^2)$ 인 함수 $f(x)$는 $|f(b) - f(a)| \le (1/2)|b-a|$를 만족함을 보여라.

【풀이】 (1) $f(x) = x/(1+x^2)$ 라 하자. 그러면

$$f'(x) = \frac{1-x^2}{(1+x^2)^2}$$

이므로 $f'(x) = 0$을 만족하는 x는 $x = \pm 1$ 이다. 따라서 $x < -1$ 에서 $f'(x) < 0$ 이므로, 함수 $f(x)$는 감소하고, $-1 < x < 1$ 에서 $f'(x) > 0$ 이므로 함수 $f(x)$는 증가하며, $x > 1$ 에서 $f'(x) > 0$ 이므로 함수 $f(x)$는 다시 감소한다. 결국 함수 $f(x)$는 $x = -1$ 에서 최솟값 $-1/2$를 갖고 $x = 1$ 에서 최댓값 $1/2$를 갖는다. 그러므로 모든 x에 대하여 모든 x에 대하여 $-1/2 \le x/(1+x^2) \le 1/2$ 이다.

(2) 함수 $f(x)$는 모든 점에서 미분가능하고 연속이므로, 개구간 (a, b)에서도 미분가능하고 폐구간 $[a, b]$에서도 연속이다. 따라서 평균값의 정리로부터

$$f'(c) = \frac{f(b) - f(a)}{b-a}, \qquad \text{즉} \qquad f'(c) = \frac{f(b) - f(a)}{b-a}$$

인 $c \in (a, b)$가 존재한다. 따라서 $f(b) - f(a) = (b-a)f'(c)$ 이므로

$$|f(b) - f(a)| = \left|(b-a)f'(c)\right| = |b-a|\left|f'(c)\right|$$

이고, 또한 (1)의 결과로부터 모든 x에 대하여 $f'(x) \le 1/2$ 이므로

$$|f(b) - f(a)| = |b-a|\left|f'(c)\right| \le \frac{1}{2}|b-a|$$

이 성립한다. □

11. 다음 극한을 구하여라.

(1) $\displaystyle\lim_{x\to 0} \frac{x - \sin x}{\tan x - x}$ (2) $\displaystyle\lim_{x\to 1} \frac{x^2-1}{x-1}$ (3) $\displaystyle\lim_{x\to 0^+} \left(\frac{1}{x} - \frac{1}{\sqrt{x}}\right)$

(4) $\displaystyle\lim_{x\to 0} \left(\csc^2 x - \frac{1}{x^2}\right)$ (5) $\displaystyle\lim_{x\to 0^-} x\cot x$ (6) $\displaystyle\lim_{x\to 0} \left(\frac{1}{x}\right)^{\sin x}$

【풀이】 (1) $\lim_{x\to0}\dfrac{x-\sin x}{\tan x - x} = \lim_{x\to0}\dfrac{\sin x}{2\sec^2 x\tan x} = \lim_{x\to0}\dfrac{\cos^3 x}{2} = \dfrac{1}{2}$

(2) $\lim_{x\to1}\dfrac{x^2-1}{x-1} = \lim_{x\to1}(x+1) = 2$

(3) $\lim_{x\to0^+}\left(\dfrac{1}{x} - \dfrac{1}{\sqrt{x}}\right) = \lim_{x\to0^+}\dfrac{\sqrt{x}-x}{x\sqrt{x}} = \lim_{x\to0^+}\dfrac{1-2\sqrt{x}}{3x} = \infty$

(4) 로피탈의 정리 3.2.6 을 반복적으로 적용하면

$$\begin{aligned}\lim_{x\to0}\left(\csc^2 x - \frac{1}{x^2}\right) &= \lim_{x\to0}\left(\frac{1}{\sin^2 x} - \frac{1}{x^2}\right) = \lim_{x\to0}\frac{x^2-\sin^2 x}{x^2\sin^2 x} = \lim_{x\to0}\frac{2x-\sin 2x}{2x\sin^2 x + x^2\sin 2x}\\ &= \lim_{x\to0}\frac{1-\cos 2x}{\sin^2 x + 2x\sin 2x + x^2\cos 2x}\\ &= \lim_{x\to0}\frac{2x\sin 2x}{3\sin 2x + 6x\cos 2x - 2x^2\sin 2x}\\ &= \lim_{x\to0}\frac{\cos 2x}{3\cos 2x - 4x\sin 2x - x^2\cos 2x}\\ &= \frac{1}{3}\end{aligned}$$

을 얻는다.

(5) $\lim_{x\to0^-} x\cot x = \lim_{x\to0^-}\dfrac{x}{\tan x} = \lim_{x\to0^-}\dfrac{1}{\sec^2 x} = 1$

(6) ∞^0 의 부정형의 극한이므로, 주어진 형태의 극한을 변형하면

$$\lim_{x\to0}\left(\frac{1}{x}\right)^{\sin x} = \lim_{x\to0} e^{\ln\left(\frac{1}{x}\right)^{\sin x}} = \lim_{x\to0} e^{-\sin x\ln x}$$

이다. 그런데

$$\lim_{x\to0}(-\sin x\ln x) = \lim_{x\to0}\frac{\ln x}{\frac{1}{\sin x}} = \lim_{x\to0}\left(-\frac{\sin x}{x}\cdot\frac{\sin x}{\cos x}\right) = 0$$

이므로, 결국

$$\lim_{x\to0}\left(\frac{1}{x}\right)^{\sin x} = e^0 = 1$$

이다. □

12. 평균값의 정리 3.2.4 를 이용하여

$$|\cos b - \cos a| \leq |b - a|$$

임을 보여라.

【풀이】 $f(x) = \cos x$ 라고 놓으면 함수 $f(x)$ 는 개구간 (a, b) 에서 미분가능하고 폐구간 $[a, b]$ 에서 연속이다. 따라서 평균값의 정리로부터

$$f'(c) = \frac{f(b) - f(a)}{b - a}, \qquad \text{즉} \qquad -\sin c = \frac{\cos b - \cos a}{b - a}$$

인 $c \in (a, b)$ 가 존재한다. 따라서 $\cos b - \cos a = -(b - a)\sin c$ 이므로

$$|\cos b - \cos a| = |-(b - a)\sin c| = |b - a|\,|\sin c| \leq |b - a|, \qquad \text{즉} \qquad |\cos b - \cos a| \leq |b - a|$$

이 성립한다. □

연습문제(3.3)

1. 다음 주어진 함수에 대하여 증가하는 구간과 감소하는 구간을 각각 구하고, 또한 극댓값과 극솟값이 존재한다면 이들을 모두 구하여라.

(1) $f(x) = -x^2 - 2x + 2$ (2) $f(x) = x^3 + x + 5$

(3) $f(x) = x^4 - 4x^3 - 8x^2 + 1$ (4) $f(x) = x(x + 1)$

【풀이】 (1) $f'(x) = -2x - 2x = -2(x+1)$ 이므로 구간 $(-\infty, -1)$ 에서 $f'(x) = -2(x+1) > 0$ 이고, 구간 $(-1, \infty)$ 에서 $f'(x) = -2(x+1) < 0$ 이다. 따라서 정리 3.3.1 에 의해 함수 f 는 $(-\infty, -1)$ 에서 증가하고, $(-1, \infty)$ 에서 감소한다. 또한 정리 3.3.2에 의해 $f(-1) = 3$ 은 극댓값임을 알 수 있다.

(2) $f'(x) = 3x^2 + 1$ 이므로 모든 실수 x 에 대하여 $f'(x) > 0$ 이다. 따라서 정리 3.3.1 에 의해 함수 f 는 $(-\infty, \infty)$ 에서 증가하고, 극댓값과 극솟값은 존재하지 않는다.

(3) $f'(x) = 4x^3 - 12x^2 - 16x = 4x(x+1)(x-4)$ 이므로 구간 $(-\infty, -1)$과 $(0, 4)$에서 $f'(x) < 0$이고, 구간 $(-1, 0)$과 $(4, \infty)$에서 $f'(x) > 0$이므로 정리 3.3.1에 의해 함수 f는 $(-\infty, -1)$과 $(0, 4)$에서 감소하고, $(-1, 0)$과 $(4, \infty)$에서 증가한다. 또한 정리 3.3.2에 의해 $f(-1) = 3$과 $f(4) = 73$은 극솟값이고, $f(0) = 5$는 극댓값임을 알 수 있다.

(4) $f'(x) = 2x + 1$이므로 구간 $(-\infty, -1/2)$에서 $f'(x) < 0$이고, 구간 $(-1/2, \infty)$에서 $f'(x) > 0$이다. 따라서 정리 3.3.1에 의해 함수 f는 $(-\infty, -1/2)$에서 감소하고, $(-1/2, \infty)$에서 증가한다. 또한 정리 3.3.2에 의해 $f(-1/2) = -1/4$은 극솟값임을 알 수 있다. □

2. 다음 주어진 함수에 대하여 주어진 구간에서의 극댓값과 극솟값, 최댓값과 최솟값이 존재하면 구하여라.

(1) $f(x) = 2x + 1, \quad [-1, \infty)$
(2) $f(x) = 2x - 1, \quad (-\infty, 8]$
(3) $f(x) = |x|, \quad [-2, 1]$
(4) $f(x) = |4x - 1|, \quad [0, 2]$
(5) $f(x) = -x^2 + 1, \quad (0, 1)$
(6) $f(x) = -x^2 + 1, \quad (0, 1]$

【풀이】 (1) 극댓값은 존재하지 않으며 극솟값은 $f(-1) = -1$이 존재한다. 따라서 최댓값은 존재하지 않으며 최솟값은 $f(-1) = -1$이다.

(2) 극솟값은 존재하지 않으며 극댓값은 $f(8) = 15$가 존재한다. 따라서 최솟값은 존재하지 않으며 최댓값은 $f(8) = 15$이다.

(3) 극솟값은 $f(0) = 0$이 존재하고 극댓값은 $f(-2) = 2$와 $f(1) = 1$이 존재한다. 따라서 최솟값은 $f(0) = 0$이고 최댓값은 $f(-2) = 2$이다.

(4) 극솟값은 $f(1/4) = 0$이 존재하고 극댓값은 $f(0) = 1$과 $f(2) = 7$이 존재한다. 따라서 최솟값은 $f(1/4) = 0$이고 최댓값은 $f(2) = 7$이다.

(5) 극솟값과 극댓값은 존재하지 않는다. 따라서 최댓값과 최솟값도 존재하지 않는다.

(6) 극솟값은 $f(1) = 0$이 존재하고 극댓값은 존재하지 않으므로, 최솟값은 $f(1) = 0$이고 최댓값은 존재하지 않는다. □

3. 밑면의 반지름이 b이고 높이가 a인 직원뿔에 내접하는 직원기둥의 부피가 최대가 되는 직원기둥의 반지름 r을 구하여라.

【풀이】 내접하는 직원기둥의 밑면의 반지름을 r 이라 하고 높이를 h 라고 놓으면 닮음비로부터 $b - r : h = b : a$ 이 성립하므로 $h = a - (a/b)r$ 을 얻는다. 따라서 구하는 직원기둥의 부피를 V 라고 하면

$$V(r) = \pi a r^2 \left(1 - \frac{1}{b} r\right) \quad (0 < r < b)$$

이다. 그런데 $V'(r) = -(a/b)\pi r(3r - 2b)$ 로부터 $V'(2b/3) = 0$ 임을 알 수 있다. 또한 구간 $(0, (2/3)b)$ 에서 $V'(r) > 0$ 이고 구간 $((2/3)b, b)$ 에서 $V'(r) < 0$ 이다. 따라서 구하는 직원기둥의 부피 V 는 반지름 r 이 $r = (2/3)b$ 일 때 최대가 됨을 알 수 있다. □

4. 두 함수 $f(x)$, $g(x)$ 가 $(-\infty, \infty)$ 에서 양의 값을 가지면서 미분가능한 증가함수이면, $f(x)g(x)$ 도 $(-\infty, \infty)$ 에서 양의 값을 가지면서 미분가능한 증가함수임을 보여라.

【풀이】 $h(x) = f(x)g(x)$ 라고 하자. 그러면 두 함수 $f(x)$, $g(x)$ 가 $(-\infty, \infty)$ 에서 양의 값을 가지면서 미분가능하므로, 정리 2.2.1 의 (5) 로부터 함수 $h(x)$ 도 양의 값을 갖는 미분가능한 함수로서 $h'(x) = f'(x)g(x) + f(x)g'(x)$ 이다. 또한 주어진 가정으로부터 임의의 실수 x 에 대하여 $f(x) > 0$, $g(x) > 0$, $f'(x) > 0$, $g'(x) > 0$ 이므로, 임의의 실수 x 에 대하여 $h'(x) > 0$ 이 성립한다. 따라서 정리 3.3.1 에 의해 함수 $h(x)$ 는 $(-\infty, \infty)$ 에서 증가함수이다. □

5. 함수 $f(x) = x^3 + ax^2 + bx + 1$ 가 $x = -1$ 에서 극솟값을 갖고 $x = -3$ 에서 극댓값을 가질 때 a 와 b 의 값을 구하여라.

【풀이】 함수 f 로부터 $f'(x) = 3x^2 + 2ax + b$ 을 얻는다. 그런데 $x = -1$ 에서 극솟값을 갖고 $x = -3$ 에서 극댓값을 가지므로 $3x^2 + 2ax + b = 3(x + 1)(x + 3)$ 을 만족시켜야 한다. 따라서 $a = 6$, $b = 9$ 이다. □

6. 모든 $x > 0$ 에 대하여

$$(1 + 2x)^n \geq 1 + 2nx, \qquad (n \geq 1)$$

임을 보여라.

【풀이】 $n = 1$ 인 경우에는 등식이 성립함을 쉽게 확인할 수 있다. 따라서 $x > 0$ 이고 $n > 1$ 일 때 주어진 부등식이 성립함을 보이도록 하자. 이를 위하여 함수 $f(x)$ 를 $f(x) = (1+2x)^n - (1+2nx)$ 라고 놓으면

$$f'(x) = 2n(1+2x)^{n-1} - 2n = 2n((1+2x)^{n-1} - 1)$$

을 얻는다. 그런데 $x > 0$ 이고 $n - 1 > 0$ 이면 $(1+2x)^{n-1} - 1 > 0$ 이 성립한다. 따라서 $f'(x) > 0$ 이다. 그러므로 정리 3.3.1 에 의해 f 는 $[0, \infty)$ 에서 증가함수이다. 특히 $x > 0$ 일 때 $f(0) < f(x)$ 이고 $f(0) = 0$ 이므로, $x > 0$ 이고 $n > 1$ 일 때 부등식 $(1+2x)^n > 1 + 2nx$ 가 성립한다. 따라서 $x > 0$ 이고 $n \geq 1$ 일 때 부등식 $(1+2x)^n \geq 1 + 2nx$ 가 성립한다. □

연습문제(3.4)

1. 정리 3.3.2 또는 정리 3.4.2 를 이용하여 다음 주어진 함수의 극값을 구하여라.

(1) $f(x) = 3x^2 - 2x + 1$

(2) $f(x) = -4x^3 + 3x^2 + 8x$

(3) $f(x) = (1/3)x^3 - x^2 + 3$

(4) $f(x) = (4-x)^4$

(5) $f(x) = x^4 - (1/3)x^3 - (3/2)x^2$

(6) $f(x) = 4x^{1/2} + 4x^{-1/2}$

【풀이】 (1) $f'(x) = 6x - 2 = 0$ 으로부터 $x = 1/3$ 이다. 그런데 구간 $(-\infty, 1/3)$ 에서 $f'(x) < 0$ 이고 구간 $(1/3, \infty)$ 에서 $f'(x) > 0$ 이므로, 함수 f 는 $x = 1/3$ 에서 극솟값 $f(1/3) = 2/3$ 을 갖는다.

(2) $f'(x) = -2(6x^2 - 3x - 4) = 0$ 으로부터 $x = (3 \pm \sqrt{105})/12$ 이다. 그런데 구간 $(-\infty, (3-\sqrt{105})/12)$ 에서 $f'(x) < 0$ 이고, 구간 $((3-\sqrt{105})/12, (3+\sqrt{105})/12)$ 에서 $f'(x) > 0$ 이며, 구간 $((3+\sqrt{105})/12, \infty)$ 에서 $f'(x) < 0$ 이다. 따라서 함수 f 는 $x = (3-\sqrt{105})/12$ 에서 극솟값 $f((3-\sqrt{105})/12) = (153 - 35\sqrt{105})/72$ 을 갖고, $x = (3+\sqrt{105})/12$ 에서 극댓값 $f((3+\sqrt{105})/12) = (153 + 35\sqrt{105})/72$ 을 갖는다.

(3) $f'(x) = x(x-2) = 0$ 으로부터 $x = 0$, $x = 2$ 이다. 그런데 구간 $(-\infty, 0)$ 에서 $f'(x) > 0$ 이고, 구간 $(0, 2)$ 에서 $f'(x) < 0$ 이며, 구간 $(2, \infty)$ 에서 $f'(x) > 0$ 이다. 따라서 f 는 $x = 0$ 에서 극댓값 $f(0) = 3$ 을 갖고, $x = 2$ 에서 극솟값 $f(2) = 5/3$ 을 갖는다.

(4) $f'(x) = 4(x-4)^3 = 0$ 으로부터 $x = 4$ 이다. 그런데 구간 $(-\infty, 4)$ 에서 $f'(x) < 0$ 이고, 구간 $(4, \infty)$ 에서 $f'(x) > 0$ 이므로, 함수 f 는 $x = 4$ 에서 극솟값 $f(4) = 0$ 을 갖는다.

(5) $f'(x) = x(x-1)(4x+3) = 0$ 으로부터 $x = -3/4, 0, 1$ 이다. 그런데 구간 $(-\infty, -3/4)$ 에서 $f'(x) < 0$ 이고, 구간 $(-3/4, 0)$ 에서 $f'(x) > 0$ 이며, 구간 $(0, 1)$ 에서 $f'(x) < 0$ 이고, 구간 $(1, \infty)$ 에서 $f'(x) > 0$ 이다. 따라서 함수 f 는 $x = -3/4$ 에서 극솟값 $f(-3/4) = -99/256$ 을 갖고, $x = 0$ 에서 극댓값 $f(0) = 0$ 을 가지며, $x = 1$ 에서 극솟값 $f(1) = -5/6$ 를 갖는다.

(6) $f'(x) = 2(x^{-1/2} - x^{-3/2}) = 0$ 으로부터 $x = 1$ 이다. 그런데 구간 $(0, 1)$ 에서 $f'(x) < 0$ 이고 구간 $(1, \infty)$ 에서 $f'(x) > 0$ 이므로, 함수 f 는 $x = 1$ 에서 극솟값 $f(1) = 8$ 을 갖는다. □

2. 함수 $f(x) = e^x + e^{-x} + 2\cos x$ 의 극값을 구하여라.

【풀이】 $f'(x) = e^x - e^{-x} - 2\sin x = 0$ 으로부터 $x = 0$ 이다. 그런데 구간 $(-\infty, 0)$ 에서 $f'(x) < 0$ 이고 구간 $(0, \infty)$ 에서 $f'(x) > 0$ 이므로, 함수 f 는 $x = 0$ 에서 극솟값 $f(0) = 4$ 를 갖는다. □

3. 다음 주어진 함수의 변곡점을 구하여라.

(1) $f(x) = (x+2)^3$

(2) $f(x) = x^3 + 3x^2 - 9x - 2$

(3) $f(x) = 3x^4 + 4x^3$

(4) $f(x) = (3/10)x^5 - x^3$

(5) $f(x) = (2/3)x^{2/3} - (3/5)x^{5/3}$

(6) $f(x) = (x+1)2$

【풀이】 [참 고] $(c, f(c))$ 가 함수 f 의 변곡점이면 $f''(c) = 0$ 이다. 그러나 그 역은 성립하지 않는다. 예를 들어 $f(x) = x^4$ 의 경우에 $f''(0) = 0$ 이지만, 이 경우에 점 $(0, 0)$ 은 변곡점이 아니다. 따라서 변곡점을 확인하기 위해서는 반드시 $f''(x) = 0$ 이 되는 점의 좌우에서 $f''(x)$ 의 부호가 변하는지를 조사해야만 한다.

(1) $f''(x) = 6(x+2)$ 이므로 $f''(x) = 0$ 을 만족시키는 해 x 는 $x = -2$ 이다. 그런데 구간 $(-\infty, -2)$ 에서 $f''(x) < 0$ 이고, 구간 $(-2, \infty)$ 에서 $f''(x) > 0$ 이다. 따라서 점 $(-2, 0)$ 은 변곡점이다.

(2) $f''(x) = 6(x+1)$ 이므로 $f''(x) = 0$ 을 만족시키는 해 x 는 $x = -1$ 이다. 그런데 구간 $(-\infty, -1)$ 에서 $f''(x) < 0$ 이고, 구간 $(-1, \infty)$ 에서 $f''(x) > 0$ 이다. 따라서 점 $(-1, 9)$ 는 변곡점이다.

(3) $f''(x) = 12x(3x+2)$ 이므로 $f''(x) = 0$ 을 만족시키는 해 x 는 $x = -2/3$ 또는 $x = 0$ 이다. 그런데 구간 $(-\infty, -2/3)$ 에서 $f''(x) > 0$ 이고, $(-2/3, 0)$ 에서 $f''(x) < 0$ 이며, $(0, \infty)$ 에서 $f''(x) > 0$ 이다. 따라서 점 $(-2/3, -16/27)$ 와 $(0, 0)$ 은 변곡점이다.

(4) $f''(x) = 6x(x+1)(x-1)$ 이므로 $f''(x) = 0$ 을 만족시키는 해 x 는 $x = -1, 0, 1$ 이다. 그런데 구간 $(-\infty, -1)$ 에서 $f''(x) < 0$ 이고, $(-1, 0)$ 에서 $f''(x) > 0$ 이며, $(0, 1)$ 에서 $f''(x) < 0$ 이고, $(1, \infty)$ 에서 $f''(x) > 0$ 이다. 따라서 점 $(-1, 7/10)$, $(0, 0)$, $(1, -7/10)$ 은 변곡점이다.

(5) $f''(x) = -(2/27)x^{-4/3}(9x+2)$ 이므로 $f''(x) = 0$ 을 만족시키는 해 x 는 $x = -2/9$ 이다. 그런데 구간 $(-\infty, -2/9)$ 에서 $f''(x) > 0$ 이고, $(-2/9, \infty)$ 에서 $f''(x) < 0$ 이다. 따라서 점 $(-2/9, (4/15)\sqrt[3]{4/3})$ 은 변곡점이다.

(6) $f''(x) = 2$ 이므로 모든 x 에 대하여 $f''(x) > 0$ 이다. 따라서 변곡점은 존재하지 않는다. □

4. 함수 $f(x) = x|x|$ 는 $(0, 0)$ 에서 변곡점을 갖지만 $f''(0)$ 는 존재하지 않음을 보여라.

【풀이】 함수 f 는 $x < 0$ 에 대하여 $f''(x) = -2$ 이고 $x > 0$ 에 대하여 $f''(x) = 2$ 이므로 정리 3.4.1 에 의해 점 $(0, 0)$ 은 f 의 변곡점이다. 그러나

$$f'(0) = \lim_{x\to 0}\frac{f(x)-f(0)}{x-0} = \lim_{x\to 0}\frac{x|x|}{x} = \lim_{x\to 0}|x| = 0$$

임에도 불구하고

$$f''_-(0) = \lim_{x\to 0^-}\frac{f'(x)-f'(0)}{x-0} = \lim_{x\to 0^-}\frac{-2x}{x} = -2, \qquad f''_+(0) = \lim_{x\to 0^+}\frac{f'(x)-f'(0)}{x-0} = \lim_{x\to 0^+}\frac{2x}{x} = 2$$

이므로 $f''(0)$ 은 존재하지 않는다. □

연습문제(3.5)

1. 다음 극한을 구하여라.

(1) $\displaystyle\lim_{x\to\infty}\frac{2}{x-3}$ (2) $\displaystyle\lim_{x\to\infty}\frac{x}{3x+2}$ (3) $\displaystyle\lim_{x\to\infty}\frac{2x^2+x-1}{x^2-x+4}$ (4) $\displaystyle\lim_{x\to\infty}\frac{x}{\sqrt{x}+2x}$

【풀이】 (1) 0 (2) 1/3 (3) 2 (4) 1/2 □

2. 다음 주어진 함수의 수평점근선을 구하여라.

(1) $f(x)=\dfrac{\sqrt{2+4x^2}}{x}$ (2) $f(x)=\dfrac{x|x|}{x^2+1}$

【풀이】 (1) 극한

$$\lim_{x\to\infty}\frac{\sqrt{2+4x^2}}{x}=\lim_{x\to\infty}\frac{\sqrt{\frac{2}{x^2}+\frac{4}{x^2}}}{1}=2$$

이므로 수평점근선은 $y=2$ 이다.

(2) 극한

$$\lim_{x\to\infty}\frac{x|x|}{x^2+1}=\lim_{x\to\infty}\frac{x^2}{x^2+1}=\lim_{x\to\infty}\frac{1}{1+\frac{1}{x^2}}=1,$$

$$\lim_{x\to-\infty}\frac{x|x|}{x^2+1}=\lim_{x\to-\infty}\frac{-x^2}{x^2+1}=\lim_{x\to-\infty}\frac{-1}{1+\frac{1}{x^2}}=-1$$

이므로 수평점근선은 $y=\pm1$ 이다. □

3. 다음 주어진 함수의 수직점근선을 구하여라.

(1) $f(x)=\dfrac{x^2+2x-15}{x^3+7x^2+10x}$ (2) $f(x)=\dfrac{x+2}{x^2-1}$

【풀이】 (1) 분모가 0 이 되는 $x=0,\ -2,\ -5$ 에서 수직점근선이 있으리라 생각된다. 그런데 $x=-5$ 의 경우에는

$$\lim_{x\to5}\frac{x^2+2x-15}{x^3+7x^2+10x}=\lim_{x\to5}\frac{(x-3)(x+5)}{x(x+2)(x+5)}=\lim_{x\to5}\frac{x-3}{x(x+2)}=\frac{8}{15}$$

로 수렴하므로 수직점근선이 아니다. 그러나 $x = 0$과 $x = -2$의 경우에는

$$\lim_{x\to 0^+} \frac{x^2 + 2x - 15}{x^3 + 7x^2 + 10x} = \lim_{x\to 0^+} \frac{x-3}{x(x+2)} = \lim_{x\to 0^+}\left(-\frac{3}{2x} + \frac{5}{2(x+2)}\right) = -\infty,$$

$$\lim_{x\to -2^+} \frac{x^2 + 2x - 15}{x^3 + 7x^2 + 10x} = \lim_{x\to 0^+}\left(-\frac{3}{2x} + \frac{5}{2(x+2)}\right) = \infty$$

이므로 수직점근선이다.

(2) 분모가 0이 되는 $x = \pm 1$에서 수직점근선이 있으리라 생각된다. 그런데 $x = -1$과 $x = 1$의 경우에

$$\lim_{x\to -1^+} \frac{x+2}{x^2-1} = \lim_{x\to -1^+} \frac{x+2}{(x-1)(x+1)} = \lim_{x\to -1^+}\left(\frac{3}{2(x-1)} - \frac{1}{2(x+1)}\right) = -\infty,$$

$$\lim_{x\to 1^+} \frac{x+2}{x^2-1} = \lim_{x\to 1^+} \frac{x+2}{(x-1)(x+1)} = \lim_{x\to 1^+}\left(\frac{3}{2(x-1)} - \frac{1}{2(x+1)}\right) = \infty$$

이므로 이들은 모두 수직점근선이다. □

4. 다음 주어진 함수의 수직점근선과 수평점근선을 모두 구하여라.

(1) $f(x) = \dfrac{3}{x+1}$ (2) $f(x) = \dfrac{2x}{x-3}$

【풀이】 (1) $x = -1$에서의 좌극한과 우극한이 각각

$$\lim_{x\to -1^-} \frac{3}{x+1} = -\infty, \quad \lim_{x\to -1^+} \frac{3}{x+1} = \infty$$

이므로 수직점근선은 $x = -1$이다. 또한

$$\lim_{x\to\infty} \frac{3}{x+1} = 0$$

이므로 수평점근선은 $y = 0$이다.

(2) $x = 3$에서의 좌극한과 우극한이 각각

$$\lim_{x\to 3^-} \frac{2x}{x-3} = -\infty, \quad \lim_{x\to 3^+} \frac{2x}{x-3} = \infty$$

이므로 수직점근선은 $x = 3$ 이다. 또한

$$\lim_{x\to\infty} \frac{2x}{x-3} = \lim_{x\to\infty} \frac{2}{1-\frac{3}{x}} = 2$$

이므로 수평점근선은 $y = 2$ 이다. □

5. 직선 $y = ax + b$ 에 대하여

$$\lim_{x\to\infty} (f(x) - (ax+b)) = 0 \quad \text{또는} \quad \lim_{x\to-\infty} (f(x) - (ax+b)) = 0$$

이면 $y = ax + b$ 도 함수 $f(x)$ 의 점근선이 된다. 이와 같은 방법으로 다음 함수의 점근선을 구하여라.

(1) $f(x) = \dfrac{x^2-3}{2x-4}$　　(2) $f(x) = x + \dfrac{1}{x}$

【풀이】 (1) 극한

$$\lim_{x\to\infty} \left(f(x) - \left(\frac{1}{2}x + 1 \right) \right) = \lim_{x\to\infty} \frac{1}{2x-4} = 0$$

이므로 $y = (1/2)x + 1$ 은 함수 $f(x)$ 의 점근선이다.

(2) 극한

$$\lim_{x\to\infty} (f(x) - x) = \lim_{x\to\infty} \frac{1}{x} = 0$$

이므로 $y = x$ 는 함수 $f(x)$ 의 점근선이다. □

연습문제(3.6)

1. 다음 함수의 극값과 변곡점을 구하고, 이를 이용하여 그래프의 개형을 그려라.

(1) $f(x) = x + \dfrac{4}{x}$　　(2) $f(x) = \dfrac{1}{x} - \dfrac{1}{x^2}$

(3) $f(x) = \dfrac{4x}{1+4x^2}$　　(4) $f(x) = \dfrac{1}{x^2-1}$

【풀이】 함수에 따른 극값과 변곡점은 각각 다음과 같다.

(1) 극댓값 : $f(-2) = -4$, 극솟값 : $f(2) = 4$

(2) 극댓값 : $f(2) = 1/4$, 변곡점 : $(3,\ 2/9)$

(3) 극댓값 : $f(1/2) = 1$, 극솟값 : $f(-1/2) = -1$,
변곡점 : $(-\sqrt{3}/2,\ -(1/2)\sqrt{3})$, $(0,\ 0)$, $(-\sqrt{3}/2,\ \sqrt{3}/2)$

(4) 극댓값 : $f(0) = -1$

또한 이들 함수의 그래프의 개형은 각각 다음과 같다. □

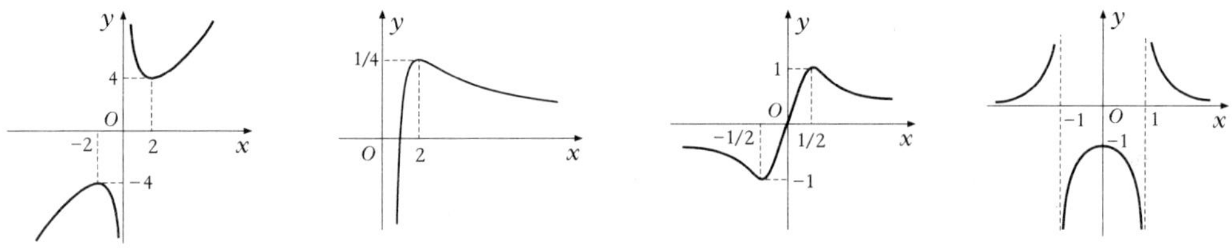

(1) (2) (3) (4)

2. 다음 함수의 수평점근선, 수직점근선, 극값, 변곡점 등의 유무를 조사하여라.

(1) $y = \dfrac{1}{(x-1)^2}$ (2) $y = \sqrt{x^2-1}\quad (x \geq 1)$

(3) $y = \dfrac{x}{x^2-1}$ (4) $y = x + \tan x$

【풀이】 (1) 함수 f에 대하여

$$\lim_{x\to 1}\frac{1}{(x-1)^2} = \infty, \qquad \lim_{x\to\infty}\frac{1}{(x-1)^2} = 0$$

이므로 $x = 1$은 수직점근선이고, $y = 0$은 수평점근선이다.

(2) 존재하는 것이 없다.

(3) 함수 f에 대하여

$$\lim_{x\to 1^+} f(x) = \infty, \qquad \lim_{x\to 1^-} f(x) = -\infty, \qquad \lim_{x\to -1^+} f(x) = \infty, \qquad \lim_{x\to -1^-} f(x) = -\infty$$

이므로 $x = \pm 1$은 수직점근선이고, $(0,\ 0)$은 변곡점이다.

(4) $x = \pi/2 \pm n\pi$ $(n \in \mathbb{Z})$은 수직점근선이고, $(n\pi,\ f(n\pi))$ $(n \in \mathbb{Z})$은 변곡점이다. □

3. 함수 $f(x) = 2\cos x + \sin 2x$의 그래프를 그려라.

【풀이】 (1) 정의역은 모든 실수값

(2) y 절편은 0, x 절편은 $\pi/2$, $3\pi/2$

(3) 기함수도 우함수도 아니다.

(4) $f(x+2\pi) = f(x)$ 이므로 f 는 주기가 2π 인 주기함수

(5) 점근선은 없다.

(6) $[0, \pi/6]$ 에서 증가하고 $[\pi/6, 5\pi/6]$ 에서 감소한다.
또한 $[5\pi/6, 3\pi/2]$ 와 $[3\pi/2, 2\pi]$ 에서 증가한다.

(7) $f(\pi/6) = 3\sqrt{3}/2$ 은 극댓값, $f(5\pi/\sqrt{6}) = -3\sqrt{3}/2$ 은 극솟값

(8) 그래프의 개형을 그리면 다음과 같다. □

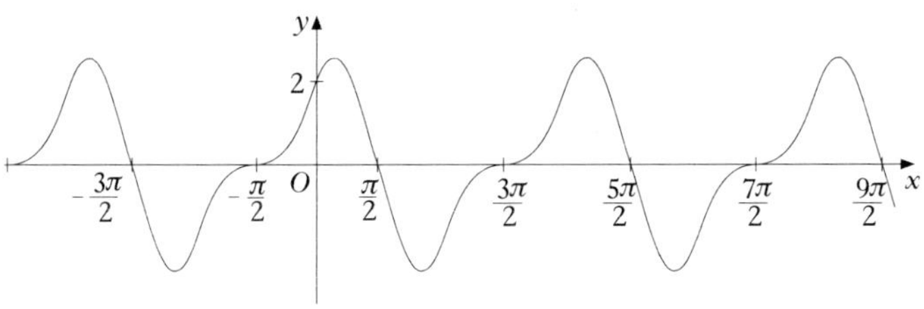

$y=2\cos x + \sin 2x$의 그래프의 개형

4. 함수 $f(x) = (x^2+3)/(x-1)$ 의 그래프를 그려라.

【풀이】 (1) 정의역은 $x \neq 1$ 인 모든 실수

(2) y 절편은 -3 이고, x 절편은 없다.

(3) 기함수도 우함수도 아니다.

(4) 주기성 및 대칭성은 없다.

(5) 수평점근선은 없다. 그러나

$$\lim_{x\to 1^+} \frac{x^2+3}{x-1} = \lim_{x\to 1^+}\left(x+1-\frac{6}{x-1}\right) = -\infty, \qquad \lim_{x\to 1^-} \frac{x^2+3}{x-1} = \lim_{x\to 1^-}\left(x+1-\frac{6}{x-1}\right) = \infty$$

이므로 $x=1$ 은 수직점근선이다.

(6) 극댓값과 극솟값은 존재하지 않으며 변곡점도 존재하지 않는다.

(7) 그래프의 개형을 그리면 다음과 같다. □

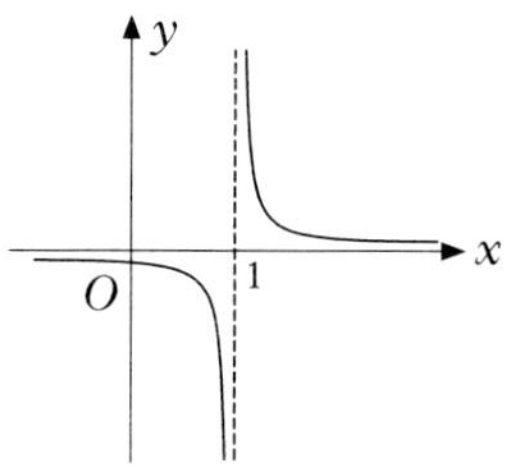

5. 함수 $f(x) = x^2/(x^2 - 4)$ 의 그래프를 그려라.

【풀이】 (1) 정의역 : $x \neq \pm 2$ 인 모든 실수

(2) 그래프는 원점에서만 만난다.

(3) $f(-x) = f(x)$ 이므로 우함수로서 y 축에 대칭

(4) $f'(x) = -8x/(x^2-4)^2$, $f''(x) = (24x^2+32)/(x^2-4)^3$ 이므로 $f'(x) = 0$ 이면 $f''(x) = 0$ 인 x 는 없다.

(5) 수직점근선 : $x = 2$, $x = -2$, 수평점근선 : $y = 1$

(6) $(-\infty, -2)$ 와 $(-2, 0)$ 에서 증가하고, $(0, 2)$ 와 $(2, \infty)$ 에서 감소한다.

(7) $f(0) = 0$ 이 극댓값

(8) 그래프의 개형을 그리면 다음과 같다. □

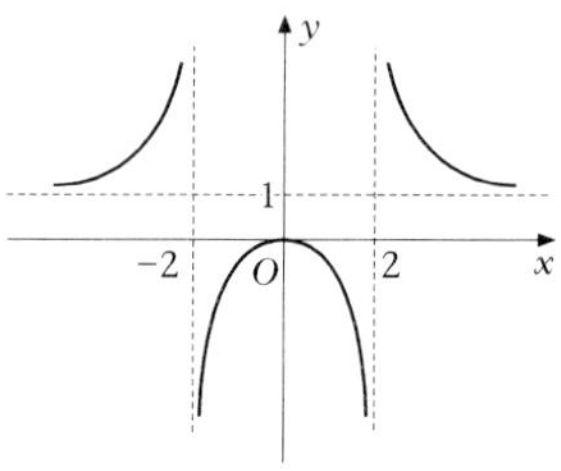

제 4 장

부정적분(연습문제 및 풀이)

연습문제(4.1)

1. 다음 부정적분을 구하여라.

(1) $\int x^8\,dx$ (2) $\int x^{\frac{5}{7}}\,dx$ (3) $\int \frac{4}{\sqrt{x}}\,dx$

(4) $\int x^3\sqrt{x}\,dx$ (5) $\int x(1+x^3)\,dx$ (6) $\int (4\sin x + 2\cos x)\,dx$

【풀이】 [참 고] (1) ~ (5) 까지는 주어진 피적분함수의 형태를 적절히 변형하여, 적분공식

$$\int x^n\,dx = \frac{1}{n+1}x^{n+1} + c \quad (n \text{은 } n \neq -1 \text{ 인 실수, } c \text{는 적분상수}) \tag{A.4.1}$$

를 적용하면 풀 수 있는 문제들이다.

(1) 주어진 문제에 적분공식 (A.4.1) 을 적용하면

$$\int x^8\,dx = \frac{1}{8+1}x^{8+1} + c = \frac{1}{9}x^9 + c \quad (c \text{는 적분상수}).$$

(2) 주어진 문제에 적분공식 (A.4.1) 을 적용하면

$$\int x^{\frac{5}{7}}\, dx = \frac{1}{\frac{5}{7}+1}\, x^{\frac{5}{7}+1} + c = \frac{7}{12}\, x^{\frac{12}{7}} + c \quad (c\text{는 적분상수}).$$

(3) 주어진 피적분함수의 형태를 변형하면

$$\int \frac{4}{\sqrt{x}}\, dx = 4\int \frac{1}{\sqrt{x}}\, dx = 4\int x^{-\frac{1}{2}}\, dx$$

이다. 따라서 마지막 우변의 적분을 위하여 적분공식 (A.4.1) 을 적용하면

$$\int \frac{4}{\sqrt{x}}\, dx = 4\int x^{-\frac{1}{2}}\, dx = 4\left(\frac{1}{-\frac{1}{2}+1}\, x^{\frac{1}{2}} + c_1\right) = 8\, x^{\frac{1}{2}} + 4\, c_1 = 8\,\sqrt{x} + c$$

이다. 여기서 c 는 $c = 4c_1$ 을 의미하는 적분상수이다.

(4) 주어진 피적분함수의 형태를 변형하면

$$\int x^3\,\sqrt{x}\, dx = \int x^3 \cdot x^{\frac{1}{2}}\, dx = \int x^{3+\frac{1}{2}}\, dx = \int x^{\frac{7}{2}}\, dx$$

이다. 따라서 마지막 우변의 적분을 위하여 적분공식 (A.4.1) 을 적용하면

$$\int x^3\,\sqrt{x}\, dx = \int x^{\frac{7}{2}}\, dx = \frac{1}{\frac{7}{2}+1}\, x^{\frac{7}{2}+1} + c = \frac{2}{9}\, x^{\frac{9}{2}} + c = \frac{2}{9}\, x^4\,\sqrt{x} + c$$

이다. c 는 적분상수를 의미한다.

(5) 주어진 피적분함수의 형태를 변형하면

$$\int x(1 + x^3)\, dx = \int (x + x^4)\, dx = \int x\, dx + \int x^4\, dx$$

이다. 따라서 마지막 우변의 적분을 위하여 적분공식 (A.4.1) 을 적용하면

$$\begin{aligned}\int x(1 + x^3)\, dx &= \int x\, dx + \int x^4\, dx \\ &= \left(\frac{1}{1+1}\, x^{1+1} + c_1\right) + \left(\frac{1}{4+1}\, x^{4+1} + c_2\right) = \frac{1}{5}\, x^5 + \frac{1}{2}\, x^2 + c\end{aligned}$$

이다. 여기서 c 는 $c = c_1 + c_2$ 를 의미하는 적분상수이다.

(6) 주어진 피적분함수의 형태를 변형하면

$$\int (4 \sin x + 2 \cos x)\ dx = 4\int \sin x\, dx + 2\int \cos x\, dx$$

이다. 따라서 우변의 두 적분을 풀기 위하여 적분공식

$$\int \sin x\, dx = -\cos x + c, \qquad \int \cos x\, dx = \sin x + c$$

을 각각 적용하면

$$\int (4 \sin x + 2 \cos x)\ dx = 4\int \sin x\, dx + 2\int \cos x\, dx$$
$$= 4(-\cos x + c_1) + 2(\sin x + c_2) = 2\sin x - 4\cos x + c$$

이다. 여기서 c는 $c = 4c_1 + 2c_2$를 의미하는 적분상수이다. □

연습문제(4.2)

1. 치환적분법을 적용하여 다음 부정적분을 구하여라.

(1) $\displaystyle\int \frac{1}{\sin x \cos x}\, dx$　(2) $\displaystyle\int \tan^3 x\, dx$　(3) $\displaystyle\int \sin\frac{x}{2}\, dx$

(4) $\displaystyle\int \frac{1}{\sqrt{1-9x^2}}\, dx$　(5) $\displaystyle\int \sqrt{1+e^x}\, dx$　(6) $\displaystyle\int \sin x \cos 2x\, dx$

【풀이】 (1) 치환적분법을 적용하기 위하여 $u = \sin x$로 놓으면 $du = \cos x\, dx$이므로 $dx = (1/\cos x)\, du$이다. 따라서

$$\int \frac{1}{\sin x \cos x}\, dx = \int \frac{1}{u\cos^2 x}\, du = \int \frac{1}{u(1-\sin^2 x)}\, du = \int \frac{1}{u(1-u^2)}\, du$$
$$= \int \left(\frac{1}{u} + \frac{u}{1-u^2}\right) du = \int \frac{1}{u}\, du + \int \frac{u}{1-u^2}\, du$$
$$= \int \frac{1}{u}\, du - \frac{1}{2}\int \frac{-2u}{1-u^2}\, du = \ln|u| - \frac{1}{2}\ln\left|1-u^2\right| + c$$

$$= \ln|\sin x| - \frac{1}{2}\ln\left|1 - \sin^2 x\right| + c = \ln|\sin x| - \ln\left|\cos^2 x\right|^{\frac{1}{2}} + c$$

$$= \ln|\sin x| - \ln\left|\cos^2 x\right|^{\frac{1}{2}} + c = \ln|\sin x| - \ln|\cos x| + c$$

$$= \ln\left|\frac{\sin x}{\cos x}\right| + c = \ln|\tan x| + c$$

이다. c는 적분상수를 의미한다.

(2) 주어진 피적분함수의 형태를 변형하면

$$\int \tan^3 x\,dx = \int \tan^2 x \tan x\,dx$$

이다. 이때 $u = \tan^2 x$로 놓으면 $du = 2\tan x \sec^2 x\,dx$이므로

$$\tan x\,dx = \frac{1}{2\sec^2 x}\,du = \frac{1}{2(1+\tan^2 x)}\,du = \frac{1}{2(1+u)}\,du$$

이다. 따라서 적분 결과는

$$\int \tan^3 x\,dx = \int \tan^2 x \tan x\,dx$$

$$= \int \frac{u}{2(1+u)}\,du = \frac{1}{2}\int\left(1 - \frac{1}{u+1}\right)du = \frac{1}{2}\tan^2 x - \ln|\sec x| + c$$

이다. c는 적분상수를 의미한다.

(3) 치환적분법을 적용하기 위하여 $u = x/2$로 놓으면 $du = (1/2)\,dx$이므로 $dx = 2\,du$이다. 따라서 적분 결과는

$$\int \sin\frac{x}{2}\,dx = 2\int \sin u\,du = 2(-\cos u) + c = -2\cos u + c = -2\cos\frac{x}{2} + c$$

이다. c는 적분상수를 의미한다.

(4) 주어진 피적분함수의 형태를 변형하면

$$\int \frac{1}{\sqrt{1-9x^2}}\,dx = \frac{1}{3}\int \frac{1}{\sqrt{\left(\frac{1}{3}\right)^2 - x^2}}\,dx$$

이다. 삼각치환법을 적용하기 위해 $x = (1/3)\sin\theta\ (-\pi/2 \le \theta \le \pi/2)$ 로 놓으면

$$dx = \frac{1}{3}\cos\theta\, d\theta, \qquad \sqrt{\left(\frac{1}{3}\right)^2 - x^2} = \sqrt{\left(\frac{1}{3}\right)^2 - \left(\frac{1}{3}\right)^2 \sin^2\theta} = \frac{1}{3}\sqrt{1-\sin^2\theta} = \frac{1}{3}\cos\theta$$

이다. 따라서 주어진 적분 결과는

$$\int \frac{1}{\sqrt{1-9x^2}}\, dx = \frac{1}{3}\int d\theta = \frac{1}{3}\theta + c = \frac{1}{3}\sin^{-1} 3x + c$$

이다. c 는 적분상수를 의미한다.

(5) 치환적분법을 적용하기 위하여 $u = \sqrt{1+e^x}$ 로 놓으면 $u^2 = 1 + e^x$ 이고

$$du = \frac{1}{2}(1+e^x)^{-1/2} e^x\, dx = \frac{1}{2\sqrt{1+e^x}}\, e^x\, dx = \frac{u^2-1}{2u}\, dx$$

이다. 따라서 $dx = 2u/(u^2-1)\, du$ 이므로 적분 결과는

$$\begin{aligned}\int \sqrt{1+e^x}\, dx &= \int \frac{2u^2}{u^2-1}\, du = 2\int \left(1 + \frac{1}{u^2-1}\right) du \\ &= 2\int \left(1 + \frac{1}{2}\left(\frac{1}{u-1} - \frac{1}{u+1}\right)\right) du = 2\sqrt{1+e^x} + \ln\left(\frac{\sqrt{1+e^x}-1}{\sqrt{1+e^x}+1}\right) + c\end{aligned}$$

이다. c 는 적분상수를 의미한다.

(6) 우리는 이미 삼각함수와 관련한 공식

$$\sin(\alpha+\beta) = \sin\alpha\cos\beta + \cos\alpha\sin\beta \tag{A.4.2}$$

$$\sin(\alpha-\beta) = \sin\alpha\cos\beta - \cos\alpha\sin\beta \tag{A.4.3}$$

을 알고 있다. 따라서 식 (A.4.2) 와 (A.4.3) 의 양변을 변변 더하여 간단히 하면

$$\begin{aligned}\sin(\alpha+\beta) + \sin(\alpha-\beta) &= 2\sin\alpha\cos\beta, \\ \sin\alpha\cos\beta &= \frac{1}{2}\big(\sin(\alpha+\beta) + \sin(\alpha-\beta)\big)\end{aligned} \tag{A.4.4}$$

을 얻는다. 따라서 공식 (A.4.4) 를 주어진 문제에 적용하여 적분하면

$$\int \sin x \cos 2x\, dx = \frac{1}{2}\int (\sin 3x - \sin x)\, dx$$

$$= \frac{1}{2}\left(-\frac{1}{3}\cos 3x + \cos x\right) + c = \frac{1}{6}(3\cos x - \cos 3x) + c$$

이다. c는 적분상수를 의미한다. □

2. 치환적분법을 이용하여 다음을 구하여라.

(1) $\displaystyle\int \frac{1}{x^2\sqrt{16-x^2}}\,dx$ (2) $\displaystyle\int \frac{1}{x\sqrt{x^2+1}}\,dx$

(3) $\displaystyle\int \frac{\sqrt{x^2-1}}{x^3}\,dt$ (4) $\displaystyle\int \frac{1}{(x^2+2x+3)^{\frac{3}{2}}}\,dx$

【풀이】 (1) 삼각치환법을 적용하기 위하여 $x = 4\sin\theta$ $(-\pi/2 \le \theta \le \pi/2)$로 치환하면 $dx = 4\cos\theta\, d\theta$ 이고,

$$\sqrt{16-x^2} = \sqrt{16-16\sin^2\theta} = 4|\cos\theta| = 4\cos\theta$$

이다. 따라서

$$\int \frac{1}{x^2\sqrt{16-x^2}}\,dx = \int \frac{1}{16\sin^2\theta(4\cos\theta)}(4\cos\theta\, d\theta) = \frac{1}{16}\int \frac{1}{\sin^2\theta}\,d\theta$$

$$= \frac{1}{16}\int \csc^2\theta\, d\theta = \frac{1}{16}(-\cot\theta) + c = -\frac{\sqrt{16-x^2}}{16\,x} + c$$

이다. c는 적분상수를 의미한다.

(2) 삼각치환법을 적용하기 위하여 $x = \tan\theta$ $(-\pi/2 < \theta < \pi/2)$로 치환하면 $dx = \sec^2\theta\, d\theta$ 이고,

$$\sqrt{x^2+1} = \sqrt{\tan^2\theta + 1} = \sqrt{\sec^2\theta} = |\sec\theta| = \sec\theta$$

이다. 따라서

$$\int \frac{1}{x\sqrt{x^2+1}}\,dx = \int \frac{1}{\tan\theta\,\sec\theta}\left(\sec^2\theta\, d\theta\right) = \int \frac{\sec\theta}{\tan\theta}\,d\theta = \int \frac{\frac{1}{\cos\theta}}{\frac{\sin\theta}{\cos\theta}}\,d\theta$$

$$= \int \frac{1}{\sin\theta}\,d\theta = \int \csc\theta\, d\theta = -\ln|\csc\theta + \cot\theta| + c$$

$$= -\ln\left|\frac{\sqrt{x^2+1}}{x}+\frac{1}{x}\right|+c = -\ln\left|\frac{1+\sqrt{x^2+1}}{x}\right|+c = \ln\left|\frac{x}{1+\sqrt{x^2+1}}\right|+c$$

이다. c는 적분상수를 의미한다. 위의 계산 과정에서 적분공식

$$\int \csc au\, du = -\frac{1}{a}\ln|\csc au + \cot au| + c \quad (\text{ } a \text{는 } a \neq 0 \text{ 인 상수 })$$

를 이용하였다.

(3) 삼각치환법을 적용하기 위하여 $x = \sec\theta$ $(0 \le \theta < \pi/2,\ \pi \le \theta < 3\pi/2)$ 로 치환하면 $dx = \sec\theta\tan\theta\, d\theta$ 이고,

$$\sqrt{x^2-1} = \sqrt{\sec^2\theta - 1} = \sqrt{\tan^2\theta} = |\tan\theta| = \tan\theta$$

이다. 따라서

$$\int \frac{\sqrt{x^2-1}}{x^3}dx = \int \frac{\tan\theta}{\sec^3\theta}(\sec\theta\tan\theta\, d\theta) = \int \frac{\tan^2\theta}{\sec^2\theta}d\theta = \int \frac{\frac{\sin^2\theta}{\cos^2\theta}}{\frac{1}{\cos^2\theta}}d\theta = \int \sin^2\theta\, d\theta$$

$$= \frac{1}{2}\int(1-\cos 2\theta)\,d\theta = \frac{1}{2}\left(\theta - \frac{1}{2}\sin 2\theta\right)+c = \frac{1}{2}\theta - \frac{1}{4}\cdot 2\sin\theta\cos\theta + c$$

$$= \frac{1}{2}\theta - \frac{1}{2}\sin\theta\cos\theta + c = \frac{1}{2}\sec^{-1}x - \frac{1}{2}\cdot\frac{\sqrt{x^2-1}}{x}\cdot\frac{1}{x}+c$$

$$= \frac{1}{2}\left(\sec^{-1}x - \frac{\sqrt{x^2-1}}{x^2}\right)+c$$

이다. c는 적분상수를 의미한다.

(4) 주어진 피적분함수의 분모를 변형하면

$$\int \frac{1}{(x^2+2x+3)^{\frac{3}{2}}}dx = \int \frac{1}{\left((x+1)^2+2\right)^{\frac{3}{2}}}dx$$

이다. 우변의 적분을 위해 $u = x+1$ 로 치환하면 치환적분법에 의해

$$\int \frac{1}{(x^2+2x+3)^{\frac{3}{2}}}dx = \int \frac{1}{((x+1)^2+2)^{\frac{3}{2}}}dx = \int \frac{1}{(u^2+2)^{\frac{3}{2}}}du$$

이다. 여기에 적분공식

$$\int \frac{1}{(u^2 \pm a^2)^{\frac{3}{2}}}\, du = \pm \frac{u}{a^2\sqrt{u^2 \pm a^2}} + c$$

을 적용하면

$$\int \frac{1}{(x^2+2x+3)^{\frac{3}{2}}}\, dx = \int \frac{1}{(u^2+2)^{\frac{3}{2}}}\, du = \frac{u}{2\sqrt{u^2+2}} + c$$
$$= \frac{x+1}{2\sqrt{(x+1)^2+2}} + c = \frac{x+1}{2\sqrt{x^2+2x+3}} + c$$

이다. c는 적분상수를 의미한다. □

3. 부분적분법을 이용하여 다음을 구하여라.

(1) $\int x \sin x\, dx$ (2) $\int \frac{\ln|x|}{(1+x)^2}\, dx$ (3) $\int x \sin^{-1} x\, dx$

(4) $\int x \sinh x\, dx$ (5) $\int \frac{\ln(\ln x)}{x}\, dx$ (6) $\int (\ln x)^2\, dx$

【풀이】 (1) 부분적분법을 적용하기 위하여 $u = x$, $dv = \sin x\, dx$로 놓으면 $du = dx$, $v = -\cos x$ 이므로

$$\int x \sin x\, dx = \int u\, dv = uv - \int v\, du = -x\cos x + \int \cos x\, dx = -x\cos x + \sin x + c$$

이다. c는 적분상수를 의미한다.

(2) 적분

$$\int \frac{1}{x(1+x)}\, dx$$

에 부분적분법을 적용하여 간접적인 방법으로 주어진 적분 결과를 얻도록 하자. 이를 위하여 먼저 $u = 1/(1+x)$, $dv = (1/x)\, dx$라고 놓으면 $du = -(1/(1+x)^2)\, dx$, $v = \ln|x|$ 이므로 부분적분법에 의해

$$\int \frac{1}{x(1+x)}\, dx = uv - \int v\, du = \frac{\ln|x|}{1+x} + \int \frac{\ln|x|}{(1+x)^2}\, dx \qquad \text{(A.4.5)}$$

을 얻는다. 그런데 식 (A.4.5) 의 좌변은

$$\int \frac{1}{x(1+x)}\,dx = \int \left(\frac{1}{x} - \frac{1}{1+x}\right) dx = \ln|x| - \ln|1+x| + c \tag{A.4.6}$$

이다. 따라서 식 (A.4.6) 의 적분 결과를 식 (A.4.5) 의 좌변에 대입하여 정리하면

$$\int \frac{\ln|x|}{(1+x)^2}\,dx = -\frac{\ln|x|}{1+x} + \ln|x| - \ln|1+x| + c$$

이다. c 는 적분상수를 의미한다.

(3) 부분적분법을 적용하기 위하여 $u = x,\ dv = \sin^{-1} x\,dx$ 로 놓으면 $du = dx,\ v = x\sin^{-1} x + \sqrt{1-x^2}$ 이므로

$$\begin{aligned}\int x\sin^{-1} x\,dx &= \int u\,dv = uv - \int v\,du \\ &= x\left(x\sin^{-1} x + \sqrt{1-x^2}\right) - \int \left(x\sin^{-1} x + \sqrt{1-x^2}\right) dx \\ &= x^2\sin^{-1} x + x\sqrt{1-x^2} - \int x\sin^{-1} x\,dx - \int \sqrt{1-x^2}\,dx\end{aligned}$$

이다. 이때 마지막 우변의 적분에 삼각치환법을 적용하기 위하여

$$x = \sin\theta \quad (-\pi/2 \le \theta \le \pi/2)$$

로 치환하면 $dx = \cos\theta\,d\theta$ 이고, $\sqrt{1-x^2} = \sqrt{1-\sin^2\theta} = \cos\theta$ 이므로

$$\begin{aligned}\int \sqrt{1-x^2}\,dx &= \int \cos^2\theta\,d\theta = \frac{1}{2}\int (1+\cos 2\theta)\,d\theta = \frac{1}{2}\left(\theta + \frac{1}{2}\sin 2\theta\right) + c_1 \\ &= \frac{1}{2}\left(\theta + \frac{1}{2}\cdot 2\sin\theta\cos\theta\right) + c_1 = \frac{1}{2}(\theta + \sin\theta\cos\theta) + c_1 \\ &= \frac{1}{2}\left(\sin^{-1} x + x\sqrt{1-x^2}\right) + c_1\end{aligned}$$

이다. 따라서

$$\int x\sin^{-1} x\,dx = x^2\sin^{-1} x + x\sqrt{1-x^2} - \int x\sin^{-1} x\,dx - \frac{1}{2}\left(\sin^{-1} x + x\sqrt{1-x^2}\right) - c_1$$

이다. 그러므로 구하는 적분 결과는 $c = -(1/2)c_1$ 이라고 놓으면

$$\int x\sin^{-1}x\,dx = \frac{1}{2}\left(x^2\sin^{-1}x + x\sqrt{1-x^2} - \frac{1}{2}\left(\sin^{-1}x + x\sqrt{1-x^2}\right)\right) + c$$
$$= \frac{1}{4}\left(x\sqrt{1-x^2} + \left(2x^2-1\right)\sin^{-1}x\right) + c$$

이다. c 는 적분상수를 의미한다.

(4) 부분적분법을 적용하기 위하여 $u = x,\ dv = \sinh x\,dx$ 로 놓으면 $du = dx,\ v = \cosh x$ 이므로

$$\int x\sinh x\,dx = \int u\,dv = uv - \int v\,du = x\cosh x - \int\cosh x\,dx = x\cosh x - \sinh x + c$$

이다. c 는 적분상수를 의미한다.

(5) 주어진 문제로부터 피적분함수가 적절히 정의되기 위해서는 함수 $\ln x$ 와 관련하여 $x > 0$ 이어야 함을 알 수 있다. 따라서 부분적분법을 적용하기 위하여 $u = \ln(\ln x)$, $dv = (1/x)\,dx$ 로 놓으면 $du = (1/x\ln x)\,dx,\ v = \ln x$ 이므로

$$\int\frac{\ln(\ln x)}{x}\,dx = \int u\,dv = uv - \int v\,du$$
$$= \ln(\ln x)\ln x - \int\ln x\cdot\frac{1}{x\ln x}\,dx = \ln(\ln x)\ln x - \int\frac{1}{x}\,dx$$
$$= \ln(\ln x)\ln x - \ln x + c = \ln x(\ln(\ln x) - 1) + c$$

이다. c 는 적분상수를 의미한다.

(6) 주어진 문제로부터 피적분함수가 적절히 정의되기 위해서는 함수 $\ln x$ 와 관련하여 $x > 0$ 이어야 함을 알 수 있다. 따라서 부분적분법을 적용하기 위하여 $u = (\ln x)^2$, $dv = dx$ 로 놓으면 $du = (2\ln x/x)\,dx,\ v = x$ 이므로

$$\int\frac{\ln(\ln x)}{x}\,dx = \int u\,dv = uv - \int v\,du$$
$$= x(\ln x)^2 - \int x\cdot\frac{2\ln x}{x}\,dx = x(\ln x)^2 - 2\int\ln x\,dx$$

이다. 이때 마지막 우변의 적분 결과를 얻기 위하여 다시 $s = \ln x,\ dt = dx$ 로 놓으

면 $ds = (1/x)\,dx$, $t = x$ 이므로, 부분적분법에 의해

$$\int \ln x\,dx = \int s\,dt = st - \int t\,ds = x\ln x - \int x\cdot\frac{1}{x}\,dx = x\ln x - \int dx = x\ln x - x$$

이다. 따라서 적분 결과는

$$\int \frac{\ln(\ln x)}{x}\,dx = x(\ln x)^2 - 2\int \ln x\,dx = x(\ln x)^2 - 2(x\ln x - x) + c$$

이다. c는 적분상수를 의미한다. □

4. 다음을 증명하라.

(1) 음이 아닌 정수 n에 대하여 $I_n = \int \tan^n x\,dx$로 놓으면

$$I_n = \frac{\tan^{n-1} x}{n-1} - I_{n-2} \quad (n \geq 2)$$

이 성립한다.

(2) $b \neq 0$ 임에 대하여 $I = \int e^{ax}\cos bx\,dx$로 놓으면

$$I = \frac{e^{ax}}{a^2 + b^2}(a\cos bx + b\sin bx)$$

이 성립한다.

【풀이】 (1) 정의로부터 $n = 0, 1, 2$ 일 때

$$I_0 = \int \tan^0 x\,dx = \int dx = x + c,$$

$$I_1 = \int \tan x\,dx = \int \frac{\sin x}{\cos x}\,dx = -\int \frac{-\sin x}{\cos x}\,dx = -\ln|\cos x| + c,$$

$$I_2 = \int \tan^2 x\,dx = \int (\sec^2 x - 1)\,dx = \int \sec^2 x\,dx - \int dx = \tan x - x + c$$

이다. 따라서 $n \geq 2$ 일 때

$$I_n = \int \tan^n x\,dx = \int \tan^{n-2} x\,\tan^2 x\,dx = \int \tan^{n-2} x\,(\sec^2 x - 1)\,dx$$

$$= \int \tan^{n-2} x \sec^2 x \, dx - \int \tan^{n-2} x \, dx = \int \tan^{n-2} x \sec^2 x \, dx - I_{n-2}$$
$$= \frac{\tan^{n-1} x}{n-1} - I_{n-2}$$

으로 성립함을 알 수 있다.

(2) $b \neq 0$ 임에 대하여 $I = \int e^{ax} \cos bx \, dx$ 로 놓으면

$$\begin{aligned}
I &= \frac{1}{b} e^{ax} \sin bx - \frac{a}{b} \int e^{ax} \sin bx \, dx \\
&= \frac{1}{b} e^{ax} \sin bx - \frac{a}{b} \left(-\frac{1}{b} e^{ax} \cos bx + \frac{a}{b} \int e^{ax} \sin bx \, dx \right) \\
&= \frac{1}{b} e^{ax} \sin bx + \frac{a}{b^2} e^{ax} \cos bx - \frac{a^2}{b^2} \int e^{ax} \sin bx \, dx \\
&= \frac{1}{b} e^{ax} \sin bx + \frac{a}{b^2} e^{ax} \cos bx - \frac{a^2}{b^2} I
\end{aligned}$$

이다. 따라서 이를 I 에 관하여 풀면

$$I = \frac{e^{ax}}{a^2 + b^2} (a \cos bx + b \sin bx)$$

으로 성립함을 알 수 있다. □

연습문제(4.3)

1. 다음 유리함수의 부정적분을 구하여라.

(1) $\displaystyle\int \frac{1}{x^2 + x + 1} dx$ (2) $\displaystyle\int \frac{1}{x^2(x-1)} dx$ (3) $\displaystyle\int \frac{1}{x^3 - 1} dx$

(4) $\displaystyle\int \frac{2x+3}{x^3 + 2x^2 + x} dx$ (5) $\displaystyle\int \frac{x+1}{(x-1)(x^2+1)^2} dx$ (6) $\displaystyle\int \frac{x^3}{(x+1)^8} dx$

【풀이】 (1) 분모를 완전제곱 형식으로 변형시킨 후 적분공식

$$\int \frac{1}{u^2 + a^2} du = \frac{1}{a} \tan^{-1}\left(\frac{u}{a}\right) + c$$

을 적용하면

$$\int \frac{1}{\left(x+\frac{1}{2}\right)^2+\left(\frac{\sqrt{3}}{2}\right)^2}\,dx = \frac{2}{\sqrt{3}}\tan^{-1}\left(\frac{x+\frac{1}{2}}{\frac{\sqrt{3}}{2}}\right)+c = \frac{2}{\sqrt{3}}\tan^{-1}\left(\frac{2x+1}{\sqrt{3}}\right)+c$$

이다. c는 적분상수를 의미한다.

(2) 피적분함수를 부분분수화 시키기 위하여 관계식

$$\frac{1}{x^2(x-1)} = \frac{a_1}{x}+\frac{a_2}{x^2}+\frac{a_3}{x-1}$$

로부터 미정계수법을 통하여 미지 상수를 결정하면

$$a_1=-1, \quad a_2=-1, \quad a_3=1$$

이다. 따라서

$$\int \frac{1}{x^2(x-1)}\,dx = \int\left(-\frac{1}{x}-x^{-2}+\frac{1}{x-1}\right)dx$$

$$= -\ln|x|+\frac{1}{x}+\ln|x-1|+c = \frac{1}{x}+\ln|x-1|-\ln|x|+c$$

이다. c는 적분상수를 의미한다.

(3) 피적분함수를 부분분수화 시키기 위하여 관계식

$$\frac{1}{(x-1)(x^2+x+1)} = \frac{a_1}{x-1}+\frac{a_2x+a_3}{x^2+x+1}$$

로부터 미정계수법을 통하여 미지 상수를 결정하면

$$a_1=\frac{1}{3}, \quad a_2=-\frac{1}{3}, \quad a_3=-\frac{2}{3}$$

이다. 따라서

$$\int \frac{1}{x^3-1}\,dx = \int \frac{1}{(x-1)(x^2+x+1)}\,dx = \frac{1}{3}\int\left(\frac{1}{x-1}-\frac{x+2}{x^2+x+1}\right)dx$$

$$= \frac{1}{3}\left(\int \frac{1}{x-1}\,dx - \int \frac{x+2}{x^2+x+1}\,dx\right) = \frac{1}{3}\left(\int \frac{1}{x-1}\,dx - \frac{1}{2}\int \frac{2(x+2)}{x^2+x+1}\,dx\right)$$

$$= \frac{1}{3}\left(\int \frac{1}{x-1}\,dx - \frac{1}{2}\int \frac{(2x+1)+3}{x^2+x+1}\,dx\right)$$

$$= \frac{1}{3}\left(\int \frac{1}{x-1}\,dx - \frac{1}{2}\left(\int \frac{2x+1}{x^2+x+1}\,dx + 3\int \frac{1}{x^2+x+1}\,dx\right)\right)$$

$$= \frac{1}{3}\left(\int \frac{1}{x-1}\,dx - \frac{1}{2}\left(\int \frac{2x+1}{x^2+x+1}\,dx + 3\int \frac{1}{\left(x+\frac{1}{2}\right)^2 + \left(\frac{\sqrt{3}}{2}\right)^2}\,dx\right)\right)$$

$$= \frac{1}{3}\left(\ln|x-1| - \frac{1}{2}\left(\ln(x^2+x+1) + 3\cdot\frac{2}{\sqrt{3}}\tan^{-1}\left(\frac{2x+1}{\sqrt{3}}\right)\right)\right) + c$$

$$= \frac{1}{3}\ln|x-1| - \frac{1}{6}\ln(x^2+x+1) - \frac{1}{\sqrt{3}}\tan^{-1}\left(\frac{2x+1}{\sqrt{3}}\right) + c$$

$$= \frac{1}{6}\ln\frac{(x-1)^2}{x^2+x+1} - \frac{1}{\sqrt{3}}\tan^{-1}\left(\frac{2x+1}{\sqrt{3}}\right) + c$$

이다. c는 적분상수를 의미한다.

(4) 피적분함수를 부분분수화 시키기 위하여 관계식

$$\frac{2x+3}{x(x+1)^2} = \frac{a_1}{x} + \frac{a_2}{x+1} + \frac{a_3}{(x+1)^2}$$

로부터 미정계수법을 통하여 미지 상수를 결정하면

$$a_1 = 3, \quad a_2 = -3, \quad a_3 = -1$$

이다. 따라서

$$\int \frac{2x+3}{x^3+2x^2+x}\,dx = \int \frac{2x+3}{x(x+1)^2}\,dx = \int \left(\frac{3}{x} - \frac{3}{x+1} - \frac{1}{(x+1)^2}\right)dx$$

$$= 3\int \frac{1}{x}\,dx - 3\int \frac{1}{x+1}\,dx - \int \frac{1}{(x+1)^2}\,dx$$

$$= 3\ln|x| - 3\ln|x+1| + \frac{1}{x+1} + c$$

$$= 3\ln\left|\frac{x}{x+1}\right| + \frac{1}{x+1} + c$$

이다. c는 적분상수를 의미한다.

(5) 피적분함수를 부분분수화 시키기 위하여 관계식

$$\frac{x+1}{(x-1)(x^2+1)^2} = \frac{a_1}{x-1} + \frac{a_2x+a_3}{x^2+1} + \frac{a_4x+a_5}{(x^2+1)^2}$$

로부터 미정계수법을 통하여 미지 상수를 결정하면

$$a_1 = \frac{1}{2}, \quad a_2 = -\frac{1}{2}, \quad a_3 = -\frac{1}{2}, \quad a_4 = -1, \quad a_5 = 0$$

이다. 따라서

$$\begin{aligned}\int \frac{x+1}{(x-1)(x^2+1)^2}\,dx &= \int \left(\frac{1}{2}\cdot\frac{1}{x-1} - \frac{1}{2}\cdot\frac{x+1}{x^2+1} - \frac{x}{(x^2+1)^2}\right)dx \\ &= \frac{1}{2}\int \frac{1}{x-1}\,dx - \frac{1}{2}\int \frac{x+1}{x^2+1}\,dx - \int \frac{x}{(x^2+1)^2}\,dx\end{aligned}$$

을 얻는다. 위의 등식의 마지막 우변에 있는 두 번째 적분은

$$\begin{aligned}\int \frac{x+1}{x^2+1}\,dx &= \frac{1}{2}\int \frac{2(x+1)}{x^2+1}\,dx \\ &= \frac{1}{2}\int \frac{2x+2}{x^2+1}\,dx = \frac{1}{2}\left(\int \frac{2x}{x^2+1}\,dx + 2\int \frac{1}{x^2+1}\,dx\right)\end{aligned}$$

으로 변형되며, 또한 세 번째 적분은 $u = x^2+1$ 로 치환하면 $du = 2x\,dx$ 이므로

$$\int \frac{x}{(x^2+1)^2}\,dx = \frac{1}{2}\int \frac{1}{u^2}\,du = -\frac{1}{2}u^{-1} + c_1 = -\frac{1}{2(x^2+1)} + c_1$$

이다. 따라서 구하는 적분 결과는

$$\begin{aligned}\int \frac{x+1}{(x-1)(x^2+1)^2}\,dx &= \frac{1}{2}\int \frac{1}{x-1}\,dx - \frac{1}{2}\int \frac{x+1}{x^2+1}\,dx - \int \frac{x}{(x^2+1)^2}\,dx \\ &= \frac{1}{2}(\ln|x-1| + c_2) - \frac{1}{4}\left(\ln(x^2+1) + 2\tan^{-1}x + c_3\right) + \frac{1}{2(x^2+1)} + c_1 \\ &= \frac{1}{2}\ln|x-1| - \frac{1}{4}\ln(x^2+1) - \frac{1}{2}\tan^{-1}x + \frac{1}{2(x^2+1)} + c\end{aligned}$$

이다. 여기서 c 는 $c = (1/2)c_2 - (1/4)c_3 + c_1$ 인 적분상수를 의미한다.

(6) 피적분함수를 부분분수화 시키기 위하여 관계식

$$\frac{x^3}{(x+1)^8} = \frac{a_1}{x+1} + \frac{a_2}{(x+1)^2} + \frac{a_3}{(x+1)^3} + \frac{a_4}{(x+1)^4} + \frac{a_5}{(x+1)^5} + \frac{a_6}{(x+1)^6} + \frac{a_7}{(x+1)^7} + \frac{a_8}{(x+1)^8}$$

로부터 미정계수법을 통하여 미지 상수를 결정하면

$$a_1 = 0, \quad a_2 = 0, \quad a_3 = 0, \quad a_4 = 0, \quad a_5 = 1, \quad a_6 = -3, \quad a_7 = 3, \quad a_8 = -1$$

이다. 따라서

$$\begin{aligned}
\int \frac{x^3}{(x+1)^8}\,dx &= \int \left(\frac{1}{(x+1)^5} - \frac{3}{(x+1)^6} + \frac{3}{(x+1)^7} - \frac{1}{(x+1)^8} \right) dx \\
&= \int \frac{1}{(x+1)^5}\,dx - 3\int \frac{1}{(x+1)^6}\,dx + 3\int \frac{1}{(x+1)^7}\,dx - \int \frac{1}{(x+1)^8}\,dx \\
&= -\frac{1}{4(x+1)^4} + \frac{3}{5(x+1)^5} - \frac{1}{2(x+1)^6} + \frac{1}{7(x+1)^7} + c \\
&= -\frac{35x^3 + 21x^2 + 7x + 1}{140(x+1)^7} + c
\end{aligned}$$

이다. c는 적분상수를 의미한다. □

연습문제(4.4)

1. 다음 무리함수의 부정적분을 구하여라.

(1) $\displaystyle\int \frac{1}{\sqrt{x} + \sqrt[3]{x}}\,dx$

(2) $\displaystyle\int \frac{1}{x^2\sqrt{1+x^2}}\,dx$

(3) $\displaystyle\int \frac{x^4}{\sqrt[4]{1+x^4}}\,dx$

(4) $\displaystyle\int \frac{1}{\sqrt{2-x-x^2}}\,dx$

(5) $\displaystyle\int x^2(a+x^3)^{\frac{5}{3}}\,dx$

(6) $\displaystyle\int \frac{1}{(x-a)\sqrt{(x-a)(x-b)}}\,dx \quad (a \neq b)$

【풀이】 (1) 치환적분법을 적용하기 위하여 $u = \sqrt[6]{x}$로 치환하면

$$u^6 = x \qquad du = \frac{1}{6}x^{-\frac{5}{6}}, \qquad dx = 6x^{\frac{5}{6}}\,du = 6u^5, \qquad \sqrt{x} = u^3, \qquad \sqrt[3]{x} = u^2$$

이다. 따라서 이들 정보를 이용하면 적분 결과는

$$\begin{aligned}
\int \frac{1}{\sqrt{x} + \sqrt[3]{x}}\,dx &= \int \frac{1}{u^3 + u^2}(6u^5\,du) = 6\int \frac{u^5}{u^3 + u^2}\,du \\
&= 6\int \left(u^2 - u + 1 - \frac{u^2}{u^2(u+1)}\right) du \\
&= 6\int \left(u^2 - u + 1 - \frac{1}{u+1}\right) du \\
&= 6\left(\frac{1}{3}u^3 - \frac{1}{2}u^2 + u - \ln|u+1|\right) + c \\
&= 2u^3 - 3u^2 + 6u - 6\ln|u+1| + c \\
&= 2\sqrt{x} - 3\sqrt[3]{x} + 6\sqrt[6]{x} - 6\ln(\sqrt[6]{x} + 1) + c
\end{aligned}$$

이다. c는 적분상수를 의미한다.

(2) 치환적분법을 적용하기 위하여 $\sqrt{1 + x^2} = x + t$로 치환하면

$$x = \frac{1 - t^2}{2t}, \qquad \frac{dx}{dt} = -\frac{t^2 + 1}{2t^2}, \qquad dx = -\frac{t^2 + 1}{2t^2}\,dt$$

이고, 또한

$$x^2 = \frac{1 - 2t^2 + t^4}{4t^2}, \quad \sqrt{1 + x^2} = x + t = \frac{1 - t^2}{2t} + t = \frac{t^2 + 1}{2t}, \quad x^2\sqrt{1 + x^2} = \frac{t^6 - t^4 - t^2 + 1}{8t^3}$$

이다. 따라서 이들 정보를 이용하면

$$\int \frac{1}{x^2\sqrt{1 + x^2}}\,dx = \int \frac{8t^3}{t^6 - t^4 - t^2 + 1}\cdot\left(-\frac{t^2 + 1}{2t^2}\,dt\right) = -4\int \frac{t}{(t-1)^2(t+1)^2}\,dt$$

이다. 위의 등식에서 마지막 우변에 있는 피적분함수를 부분분수화 하기 위하여 관계식

$$\frac{t}{(t-1)^2(t+1)^2} = \frac{a_1}{t-1} + \frac{a_2}{(t-1)^2} + \frac{a_3}{t+1} + \frac{a_4}{(t+1)^2}$$

로부터 미정계수법을 통하여 미지 상수를 결정하면

$$a_1 = 0, \quad a_2 = \frac{1}{4}, \quad a_3 = 0, \quad a_4 = -\frac{1}{4}$$

이다. 따라서 적분 결과는

$$\begin{aligned}
\int \frac{1}{x^2\sqrt{1+x^2}}\,dx &= -4\int \frac{t}{(t-1)^2(t+1)^2}\,dt = -4\int\left(\frac{1}{4}\cdot\frac{1}{(t-1)^2} - \frac{1}{4}\cdot\frac{1}{(t+1)^2}\right)dt \\
&= \int\left(\frac{1}{(t+1)^2} - \frac{1}{(t-1)^2}\right)dt = -\frac{1}{t+1} + \frac{1}{t-1} + c = \frac{2}{t^2-1} + c_1 \\
&= \frac{1}{x\left(x-\sqrt{1+x^2}\right)} + c_1 = \frac{x+\sqrt{1+x^2}}{x\left(x-\sqrt{1+x^2}\right)\left(x+\sqrt{1+x^2}\right)} + c_1 \\
&= \frac{x+\sqrt{1+x^2}}{x\left(x^2-(1+x^2)\right)} + c_1 = \frac{x+\sqrt{1+x^2}}{-x} + c_1 = -\frac{\sqrt{1+x^2}}{x} + (c_1 - 1) \\
&= -\frac{\sqrt{1+x^2}}{x} + c
\end{aligned}$$

이다. 여기서 c는 $c = c_1 - 1$ 인 적분상수를 의미한다.

(3) 주어진 피적분함수의 형태를 변형하면

$$\int \frac{x^4}{\sqrt[4]{1+x^4}}\,dx = \int x^4\left(1+x^4\right)^{-\frac{1}{4}}\,dx \tag{A.4.7}$$

이므로

$$\int x^m\,(a\,x^n + b)^{\frac{p}{q}}\,dx$$

와 같은 형태의 적분이다. 이때 두 적분의 대응하는 성분들을 비교하면

$$a = 1, \quad b = 1, \quad m = 4, \quad n = 4, \quad q = 4, \quad \frac{p}{q} = -\frac{1}{4}$$

이다. 그런데 이들 사이에

$$\frac{m+1}{n} + \frac{p}{q} = \frac{4+1}{4} - \frac{1}{4} = 1$$

와 같이 좌변의 연산 결과가 정수임을 알 수 있다. 따라서 우리는

$$t = (a + b\,x^{-m})^{\frac{1}{q}} = \left(1 + x^{-4}\right)^{\frac{1}{4}} \tag{A.4.8}$$

와 같은 치환을 생각한다. 그러면 식 (A.4.8) 의 결과로부터

$$t^4 = 1 + x^{-4}, \qquad x^{-4} = t^4 - 1, \qquad x = \left(t^4 - 1\right)^{-\frac{1}{4}},$$

$$dx = -\frac{1}{4}\left(t^4 - 1\right)^{-\frac{5}{4}}\left(4\,t^3\right)\,dt = -t^3\left(t^4 - 1\right)^{-\frac{5}{4}}\,dt, \tag{A.4.9}$$

$$x^4 = \left(\left(t^4 - 1\right)^{-\frac{1}{4}}\right)^4 = \left(t^4 - 1\right)^{-1}, \tag{A.4.10}$$

$$1 + x^4 = 1 + \left(t^4 - 1\right)^{-1} = \frac{t^4}{t^4 - 1},$$

$$\left(1 + x^4\right)^{-\frac{1}{4}} = \left(\frac{t^4}{t^4 - 1}\right)^{-\frac{1}{4}} = t^{-1}\left(t^4 - 1\right)^{\frac{1}{4}} \tag{A.4.11}$$

을 얻는다. 따라서 식 (A.4.9), (A.4.10), (A.4.11) 의 연산 결과를 식 (A.4.7) 의 우변에 적용하여 간단히 하면

$$\int \frac{x^4}{\sqrt[4]{1 + x^4}}\,dx = \int x^4\left(1 + x^4\right)^{-\frac{1}{4}}\,dx = \int \frac{-t^2}{\left(t^4 - 1\right)^2}\,dt \tag{A.4.12}$$

이다. 이제 식 (A.4.12) 의 마지막 우변에 있는 피적분함수를 부분분수화 하기 위하여 x에 관한 항등식

$$\frac{-t^2}{\left(t^4 - 1\right)^2} = \frac{a_1 t + a_2}{t^2 + 1} + \frac{a_3 t + a_4}{\left(t^2 + 1\right)^2} + \frac{a_5}{t + 1} + \frac{a_6}{(t + 1)^2} + \frac{a_7}{t - 1} + \frac{a_8}{(t - 1)^2} \tag{A.4.13}$$

을 미정계수법으로 풀면

$$a_1 = 0,\ \ a_2 = 0,\ \ a_3 = 0,\ \ a_4 = \frac{1}{4},\ \ a_5 = -\frac{1}{16},\ \ a_6 = -\frac{1}{16},\ \ a_7 = \frac{1}{16},\ \ a_8 = -\frac{1}{16}$$

임을 확인할 수 있다. 따라서 이들을 식 (A.4.13) 에 대입하여 식 (A.4.12) 의 마지막 우변에 적용시켜 간단히 하면

$$\int \frac{x^4}{\sqrt[4]{1 + x^4}}\,dx = -\frac{1}{16}\int\left(-4\cdot\frac{1}{\left(t^2 + 1\right)^2} + \frac{1}{t + 1} + \frac{1}{(t + 1)^2} - \frac{1}{t - 1} + \frac{1}{(t - 1)^2}\right)dt$$

와 같다. 이때 우변의 첫 번째 항의 적분에 대한 일반적인 적분공식은

$$I_n = \int \frac{1}{(u^2+1)^n}\,du \ (n>1)\text{일 때,} \qquad I_n = \frac{1}{2(n-1)}\cdot\frac{u}{(u^2+1)^{n-1}} + \frac{2n-3}{2(n-1)} I_{n-1}$$

임을 알고 있다(정리 3.3 참조). 따라서 적분 결과는

$$\begin{aligned}\int \frac{x^4}{\sqrt[4]{1+x^4}}\,dx &= -\frac{1}{16}\int\left(-4\cdot\frac{1}{(t^2+1)^2}+\frac{1}{t+1}+\frac{1}{(t+1)^2}-\frac{1}{t-1}+\frac{1}{(t-1)^2}\right)dt\\ &= \frac{t}{8(t^2+1)}+\frac{t}{8(t^2-1)}+\frac{1}{8}\tan^{-1}t+\frac{1}{16}\ln\left|\frac{t-1}{t+1}\right|+c\\ &= \frac{1}{4}x\sqrt[4]{(1+x^4)^3}+\frac{1}{16}\ln\left(\frac{\sqrt[4]{1+x^4}-x}{\sqrt[4]{1+x^4}+x}\right)+\frac{1}{8}\tan^{-1}\left(\frac{\sqrt[4]{1+x^4}}{x}\right)+c\end{aligned}$$

이다. c 는 적분상수를 의미한다.

(4) 주어진 피적분함수의 형태를 변형하면

$$\int \frac{1}{\sqrt{2-x-x^2}}\,dx = \int \frac{1}{\sqrt{-(x+2)(x-1)}}\,dx \tag{A.4.14}$$

이다. 따라서 $t=\sqrt{(x+2)/(1-x)}$ $(t>0)$ 로 치환하면

$$t^2=\frac{x+2}{1-x},\qquad x+2=(1-x)t^2,\qquad x=\frac{t^2-2}{t^2+1},$$

$$dx=\frac{6t}{(t^2+1)^2}\,dt, \tag{A.4.15}$$

$$-(x+2)(x-1) = -\left(\frac{t^2-2}{t^2+1}+2\right)\left(\frac{t^2-2}{t^2+1}-1\right)=\frac{9t^2}{(t^2+1)^2},$$

$$\sqrt{-(x+2)(x-1)}=\sqrt{\frac{9t^2}{(t^2+1)^2}}=\frac{3t}{t^2+1} \tag{A.4.16}$$

이다. 따라서 식 (A.4.15) 와 (A.4.16) 의 연산 결과를 식 (A.4.14) 의 우변에 대입시켜 적분하면 적분 결과는

$$\int \frac{1}{\sqrt{2-x-x^2}}\,dx = \int \frac{1}{\sqrt{-(x+2)(x-1)}}\,dx = \int \frac{t^2+1}{3t}\cdot\frac{6t}{(t^2+1)^2}\,dt$$

$$= 2\int \frac{1}{t^2+1}\,dt = 2\tan^{-1} t + c = 2\tan^{-1}\sqrt{\frac{x+2}{1-x}} + c$$

이다. c는 적분상수를 의미한다.

(5) 치환적분을 적용하기 위해 $u = a + x^3$ 로 치환하면 $du = 3x^2\,dx$ 이므로 적분 결과는

$$\int x^2 (a+x^3)^{\frac{5}{3}}\,dx = \frac{1}{3}\int u^{\frac{5}{3}}\,du = \frac{1}{3}\cdot\frac{3}{8}u^{\frac{8}{3}} + c = \frac{1}{8}\left(a+x^3\right)^{\frac{8}{3}} + c$$

이다. c는 적분상수를 의미한다.

(6) 상수 a, b는 문제의 조건에서 $a \neq b$ 이다. 따라서 $a < b$ 일 때와 $a > b$ 일 때에 각각 치환의 형태가 달라지므로 각각의 경우로 나누어 생각하자.

1) $a < b$ 일 때

무리함수의 적분 형태를 유리함수의 적분 형태로 변형시키기 위하여 **x**에 관한 식 t를 $t = \sqrt{(x-a)/(x-b)}$ $(t > 0)$ 로 치환하면

$$t^2 = \frac{x-a}{x-b},\quad x - a = t^2 x - bt^2,\quad \left(t^2-1\right)x = bt^2 - a,\quad x = \frac{bt^2-a}{t^2-1},$$

$$dx = \frac{2(a-b)t}{(t^2-1)^2}\,dt, \tag{A.4.17}$$

$$x - a = \frac{bt^2-a}{t^2-1} - a = \frac{-(a-b)t^2}{t^2-1}, \tag{A.4.18}$$

$$x - b = \frac{bt^2-a}{t^2-1} - b = \frac{-(a-b)}{t^2-1},$$

$$\sqrt{(x-a)(x-b)} = \frac{|a-b|\ |t|}{\left|t^2-1\right|} = \frac{-(a-b)t}{\left|t^2-1\right|} \tag{A.4.19}$$

이다.

(i) $x < a$ 일 때

그래프를 통하여 $x < a$ 일 때 $0 < t < 1$ 임을 확인할 수 있다. 따라서 $t^2 - 1 < 0$ 이므로 식 (A.4.17), (A.4.18), (A.4.19)를 이용하면

$$\int \frac{1}{(x-a)\sqrt{(x-a)(x-b)}}\,dx = \int \frac{1}{\frac{-(a-b)t^2}{t^2-1}\cdot\frac{-(a-b)t}{|t^2-1|}}\cdot\frac{2(a-b)t}{(t^2-1)^2}\,dt$$

$$= \int \frac{1}{\frac{-(a-b)t^2}{t^2-1}\cdot\frac{-(a-b)t}{-(t^2-1)}}\cdot\frac{2(a-b)t}{(t^2-1)^2}\,dt$$

$$= \frac{-2}{a-b}\int t^{-2}\,dt = \frac{-2}{a-b}\cdot\left(-t^{-1}\right)+c$$

$$= \frac{2}{a-b}\cdot\frac{1}{t}+c = \frac{2}{a-b}\cdot\frac{\sqrt{x-b}}{\sqrt{x-a}}+c$$

$$= \frac{2}{a-b}\cdot\frac{\sqrt{x-b}\sqrt{x-b}}{\sqrt{x-a}\sqrt{x-b}}+c$$

$$= \frac{2}{a-b}\cdot\frac{|x-b|}{\sqrt{(x-a)(x-b)}}+c$$

이다. 즉,

$$\int \frac{1}{(x-a)\sqrt{(x-a)(x-b)}}\,dx = \frac{2}{a-b}\cdot\frac{|x-b|}{\sqrt{(x-a)(x-b)}}+c \qquad \text{(A.4.20)}$$

이다. 그런데 $x<a<b$ 이므로 $x-b<0$ 이다. 따라서 식 (A.4.20) 으로부터

$$\int \frac{1}{(x-a)\sqrt{(x-a)(x-b)}}\,dx = \frac{2}{a-b}\cdot\frac{-(x-b)}{\sqrt{(x-a)(x-b)}}+c$$

$$= \frac{2(b-x)}{(a-b)\sqrt{(x-a)(x-b)}}+c$$

이다. c는 적분상수를 의미한다.

(ii) $x>b$ 일 때

그래프를 통해 $x>b$ 일 때 $t>1$ 임을 알 수 있다. 따라서 $t^2-1>0$ 이므로

$$\int \frac{1}{(x-a)\sqrt{(x-a)(x-b)}}\,dx = \int \frac{1}{\frac{-(a-b)t^2}{t^2-1}\cdot\frac{-(a-b)t}{|t^2-1|}}\cdot\frac{2(a-b)t}{(t^2-1)^2}\,dt$$

$$= \int \frac{1}{\frac{-(a-b)t^2}{t^2-1}\cdot\frac{-(a-b)t}{(t^2-1)}}\cdot\frac{2(a-b)t}{(t^2-1)^2}\,dt$$

$$= \frac{2}{a-b}\int t^{-2}\,dt = \frac{2}{a-b}\cdot\left(-t^{-1}\right)+c$$

$$= \frac{-2}{a-b}\cdot\frac{1}{t}+c = \frac{-2}{a-b}\cdot\frac{\sqrt{x-b}}{\sqrt{x-a}}+c$$

$$= \frac{-2}{a-b}\cdot\frac{\sqrt{x-b}\sqrt{x-b}}{\sqrt{x-a}\sqrt{x-b}}+c$$

$$= \frac{-2}{a-b} \cdot \frac{|x-b|}{\sqrt{(x-a)(x-b)}} + c$$

이다. 즉,

$$\int \frac{1}{(x-a)\sqrt{(x-a)(x-b)}}\,dx = \frac{-2}{a-b} \cdot \frac{|x-b|}{\sqrt{(x-a)(x-b)}} + c \qquad \text{(A.4.21)}$$

이다. 그런데 $x > b$ 인 경우이므로 $x - b > 0$ 이다. 그러므로 식 (A.4.21) 로부터

$$\begin{aligned}\int \frac{1}{(x-a)\sqrt{(x-a)(x-b)}}\,dx &= \frac{-2}{a-b} \cdot \frac{(x-b)}{\sqrt{(x-a)(x-b)}} + c \\ &= \frac{2(b-x)}{(a-b)\sqrt{(x-a)(x-b)}} + c\end{aligned}$$

이다. c 는 적분상수를 의미한다.

따라서 (i) 과 (ii) 로부터 $a < b$ 일 때

$$\int \frac{1}{(x-a)\sqrt{(x-a)(x-b)}}\,dx = \frac{2(b-x)}{(a-b)\sqrt{(x-a)(x-b)}} + c$$

이다. c 는 적분상수를 의미한다.

2) $a > b$ 일 때

무리함수의 적분 형태를 유리함수의 적분 형태로 변형시키기 위하여 $\mathbf{x}$ 에 관한 식 t 를 $t = \sqrt{(x-b)/(x-a)}$ $(t > 0)$ 로 치환하면

$$t^2 = \frac{x-b}{x-a},\quad x - b = t^2x - at^2,\quad \left(t^2 - 1\right)x = at^2 - b,\quad x = \frac{at^2 - b}{t^2 - 1},$$

$$dx = \frac{-2(a-b)t}{(t^2-1)^2}\,dt, \qquad \text{(A.4.22)}$$

$$x - a = \frac{at^2 - b}{t^2 - 1} - a = \frac{a-b}{t^2-1}, \qquad \text{(A.4.23)}$$

$$x - b = \frac{at^2 - b}{t^2 - 1} - b = \frac{(a-b)t^2}{t^2-1},$$

$$\sqrt{(x-a)(x-b)} = \frac{|a-b|\ |t|}{\left|t^2-1\right|} = \frac{(a-b)t}{\left|t^2-1\right|} \qquad \text{(A.4.24)}$$

이다.

(i) $x < b$ 일 때

그래프를 통하여 $x < b$ 일 때 $0 < t < 1$ 임을 확인할 수 있다. 따라서 $t^2 - 1 < 0$ 이므로 식 (A.4.22), (A.4.23), (A.4.24) 를 이용하면

$$\begin{aligned}
\int \frac{1}{(x-a)\sqrt{(x-a)(x-b)}}\,dx &= \int \frac{1}{\frac{a-b}{t^2-1}\cdot\frac{(a-b)t}{|t^2-1|}}\cdot\frac{-2(a-b)t}{(t^2-1)^2}\,dt \\
&= \int \frac{1}{\frac{a-b}{t^2-1}\cdot\frac{(a-b)t}{-(t^2-1)}}\cdot\frac{-2(a-b)t}{(t^2-1)^2}\,dt \\
&= \frac{2}{a-b}\int dt = \frac{2}{a-b}t + c \\
&= \frac{2}{a-b}\cdot\frac{\sqrt{x-b}}{\sqrt{x-a}} + c \\
&= \frac{2}{a-b}\cdot\frac{\sqrt{x-b}\sqrt{x-b}}{\sqrt{x-a}\sqrt{x-b}} + c \\
&= \frac{2}{a-b}\cdot\frac{|x-b|}{\sqrt{(x-a)(x-b)}} + c
\end{aligned}$$

이다. 즉,

$$\int \frac{1}{(x-a)\sqrt{(x-a)(x-b)}}\,dx = \frac{2}{a-b}\cdot\frac{|x-b|}{\sqrt{(x-a)(x-b)}} + c \tag{A.4.25}$$

이다. 그런데 $x < b$ 인 경우이므로 $x - b < 0$ 이다. 그러므로 식 (A.4.25) 로부터

$$\begin{aligned}
\int \frac{1}{(x-a)\sqrt{(x-a)(x-b)}}\,dx &= \frac{2}{a-b}\cdot\frac{-(x-b)}{\sqrt{(x-a)(x-b)}} + c \\
&= \frac{2(b-x)}{(a-b)\sqrt{(x-a)(x-b)}} + c
\end{aligned}$$

이다. c 는 적분상수를 의미한다.

(ii) $x > a$ 일 때

그래프를 통하여 $x > a$ 일 때 $t > 1$ 임을 확인할 수 있다. 따라서 $t^2-1 > 0$ 이

므로 주어진 적분은

$$\begin{aligned}\int \frac{1}{(x-a)\sqrt{(x-a)(x-b)}}\,dx &= \int \frac{1}{\frac{a-b}{t^2-1}\cdot\frac{(a-b)t}{|t^2-1|}}\cdot\frac{-2(a-b)t}{(t^2-1)^2}\,dt \\ &= \int \frac{1}{\frac{a-b}{t^2-1}\cdot\frac{(a-b)t}{t^2-1}}\cdot\frac{-2(a-b)t}{(t^2-1)^2}\,dt \\ &= \frac{-2}{a-b}\int dt = \frac{-2}{a-b}t + c = \frac{-2}{a-b}\cdot\frac{\sqrt{x-b}}{\sqrt{x-a}} + c \\ &= \frac{-2}{a-b}\cdot\frac{\sqrt{x-b}\sqrt{x-b}}{\sqrt{x-a}\sqrt{x-b}} + c \\ &= \frac{-2}{a-b}\cdot\frac{|x-b|}{\sqrt{(x-a)(x-b)}} + c\end{aligned}$$

이다. 즉,

$$\int \frac{1}{(x-a)\sqrt{(x-a)(x-b)}}\,dx = \frac{-2}{a-b}\cdot\frac{|x-b|}{\sqrt{(x-a)(x-b)}} + c \qquad \text{(A.4.26)}$$

이다. 그런데 $x > a > b$ 이므로 $x - b > 0$ 이다. 따라서 식 (A.4.26) 으로부터

$$\begin{aligned}\int \frac{1}{(x-a)\sqrt{(x-a)(x-b)}}\,dx &= \frac{-2}{a-b}\cdot\frac{(x-b)}{\sqrt{(x-a)(x-b)}} + c \\ &= \frac{2(b-x)}{(a-b)\sqrt{(x-a)(x-b)}} + c\end{aligned}$$

이다. c 는 적분상수를 의미한다.

따라서 (i) 과 (ii) 로부터 $a > b$ 일 때

$$\int \frac{1}{(x-a)\sqrt{(x-a)(x-b)}}\,dx = \frac{2(b-x)}{(a-b)\sqrt{(x-a)(x-b)}} + c$$

이다. c 는 적분상수를 의미한다.

결론적으로 1) 과 2) 로부터 적분 결과는 $a \neq b$ 일 때

$$\int \frac{1}{(x-a)\sqrt{(x-a)(x-b)}}\,dx = \frac{2(b-x)}{(a-b)\sqrt{(x-a)(x-b)}} + c$$

이 성립함을 알 수 있다. c 는 적분상수를 의미한다. □

연습문제(4.5)

1. 다음 부정적분을 구하여라.

(1) $\displaystyle\int \sec^3 x\,dx$ (2) $\displaystyle\int \tan^5 x\,dx$ (3) $\displaystyle\int \tan^2 x \sec^4 x\,dx$

(4) $\displaystyle\int \tan^3 x \sec^3 x\,dx$ (5) $\displaystyle\int \tan^2 x \sec x\,dx$ (6) $\displaystyle\int \sec^6 x\,dx$

【풀이】 (1) 부분적분법을 위해 $u = \sec x$, $dv = \sec^2 x\,dx$ 로 놓으면 $du = \sec x \tan x\,dx$, $v = \tan x$ 이므로

$$\begin{aligned}\int \sec^3 x\,dx &= \int u\,dv = uv - \int v\,du = \sec x \tan x - \int \tan x \sec x \tan x\,dx \\ &= \sec x \tan x - \int \tan^2 x \sec x\,dx = \sec x \tan x - \int \left(\sec^2 x - 1\right) \sec x\,dx \\ &= \sec x \tan x - \int \sec^3 x\,dx + \int \sec x\,dx \\ &= \sec x \tan x - \int \sec^3 x\,dx + \ln|\sec x + \tan x| + c_1\end{aligned}$$

이다. 따라서 적분 결과는

$$\int \sec^3 x\,dx = \frac{1}{2}(\sec x \tan x + \ln|\sec x + \tan x|) + c$$

이다. 여기서 c는 $c = c_1/2$ 인 적분상수를 의미한다.

(2) 치환적분법을 적용하기 위하여 $u = \tan x$ 라고 놓으면 $du = \sec^2 x\,dx$ 이다. 따라서 삼각공식 $1 + \tan^2 x = \sec^2 x$를 적용시켜 적분하면 적분 결과는

$$\begin{aligned}\int \tan^5 x\,dx &= \int \tan^3 x \tan^2 x\,dx = \int \tan^3 x\left(\sec^2 x - 1\right) dx \\ &= \int \tan^3 x \sec^2 x\,dx - \int \tan^3 x\,dx \\ &= \int \tan^3 x \sec^2 x\,dx - \int \tan^2 x \tan x\,dx \\ &= \int \tan^3 x \sec^2 x\,dx - \int \left(\sec^2 x - 1\right) \tan x\,dx\end{aligned}$$

$$= \int \tan^3 x \sec^2 x\,dx - \int \tan x \sec^2 x\,dx + \int \tan x\,dx$$

$$= \int \tan^3 x \sec^2 x\,dx - \int \tan x \sec^2 x\,dx - \ln|\cos x| + c_1$$

$$= \int u^3\,du - \int u\,du - \ln|\cos x| + c_1 = \left(\frac{1}{4}u^4 - \frac{1}{2}u^2 + c_2\right) - \ln|\cos x| + c_1$$

$$= \frac{1}{4}\tan^4 x - \frac{1}{2}\tan^2 x - \ln|\cos x| + (c_1 + c_2)$$

$$= \frac{1}{4}\tan^4 x - \frac{1}{2}\tan^2 x - \ln|\cos x| + c$$

이다. 여기서 c_1, c_2는 각 단계에서의 적분상수를 의미하며 c는 $c = c_1 + c_2$인 적분상수를 의미한다. 또한 위에서

$$\int \tan x\,dx = \int \frac{\sin x}{\cos x}\,dx = -\int \frac{-\sin x}{\cos x}\,dx = -\ln|\cos x| + c_1$$

인 사실을 적용하였다. 그런데 로그함수의 대수적 성질을 적용하면

$$-\ln|\cos x| = \ln|\cos x|^{-1} = \ln\left|\frac{1}{\cos x}\right| = \ln|\sec x|$$

이 성립하므로 주어진 문제의 적분 결과를

$$\int \tan^5 x\,dx = \frac{1}{4}\tan^4 x - \frac{1}{2}\tan^2 x - \ln|\cos x| + c = \frac{1}{4}\tan^4 x - \frac{1}{2}\tan^2 x + \ln|\sec x| + c$$

와 같이 나타낼 수도 있다.

(3) 치환적분법을 적용하기 위하여 $u = \tan x$라고 놓으면 $du = \sec^2 x\,dx$이다. 따라서 삼각공식 $1 + \tan^2 x = \sec^2 x$를 적용시켜 적분하면 적분 결과는

$$\int \tan^2 x \sec^4 x\,dx = \int \tan^2 x\left(1 + \tan^2 x\right)\sec^2 x\,dx$$

$$= \int u^2\left(1 + u^2\right)du = \int \left(u^2 + u^4\right)dx = \frac{1}{3}u^3 + \frac{1}{5}u^5 + c$$

$$= \frac{1}{5}\tan^5 x + \frac{1}{3}\tan^3 x + c$$

이다. 여기서 c는 적분상수를 의미한다.

(4) 치환적분법을 적용하기 위하여 $u = \sec x$ 라고 놓으면 $du = \sec x \tan x\, dx$ 이다. 따라서 삼각공식 $1 + \tan^2 x = \sec^2 x$ 를 적용시켜 적분하면 적분 결과는

$$\begin{aligned}\int \tan^3 x \sec^3 x\, dx &= \int \tan^2 x \sec^2 x \sec x \tan x\, dx \\ &= \int \left(\sec^2 x - 1\right) \sec^2 x \sec x \tan x\, dx \\ &= \int \left(u^2 - 1\right) u^2\, du = \int \left(u^4 - u^2\right) du = \frac{1}{5}u^5 - \frac{1}{3}u^3 + c \\ &= \frac{1}{5}\sec^5 x - \frac{1}{3}\sec^3 x + c\end{aligned}$$

이다. 여기서 c 는 적분상수를 의미한다.

(5) 부분적분법을 적용하기 위해 $u = \tan x$, $dv = \sec x \tan x\, dx$ 로 놓으면 $du = \sec^2 x\, dx$, $v = \sec x$ 이므로, 문제 (1)의 적분 결과

$$\int \sec^3 x\, dx = \frac{1}{2}\left(\sec x \tan x + \ln|\sec x + \tan x|\right) + c$$

를 이용하면 적분 결과는

$$\begin{aligned}\int \tan^2 x \sec x\, dx &= \int \tan x \tan x \sec x\, dx = \int u\, dv = uv - \int v\, du \\ &= \sec x \tan x - \int \sec^3 x\, dx \\ &= \sec x \tan x - \frac{1}{2}\left(\sec x \tan x + \ln|\sec x + \tan x|\right) + c \\ &= \frac{1}{2}\sec x \tan x - \frac{1}{2}\ln|\sec x + \tan x| + c\end{aligned}$$

이다. 여기서 c 는 적분상수를 의미한다.

(6) 치환적분법을 적용하기 위하여 $u = \tan x$ 로 치환하면 $du = \sec^2 x\, dx$ 이다. 따라서 적분 결과는

$$\begin{aligned}\int \sec^6 x\, dx &= \int \left(\sec^2 x\right)^2 \sec^2 x\, dx = \int \left(1 + \tan^2 x\right)^2 \sec^2 x\, dx \\ &= \int \left(1 + u^2\right)^2 du = \int \left(1 + 2u + u^2\right) du = u + u^2 + \frac{1}{3}u^3 + c\end{aligned}$$

$$= \tan x + \tan^2 x + \frac{1}{3}\tan^3 x + c$$

이다. 여기서 c는 적분상수를 의미한다. □

연습문제(4.6)

1. 부록의 적분공식(511쪽, 적분공식 참조)을 직접 적용하여 다음 부정적분을 구하여라.

(1) $\displaystyle\int \frac{x^2}{\sqrt{5-4x^2}}\,dx$ (2) $\displaystyle\int x^3 \sin x\,dx$ (3) $\displaystyle\int x\sqrt{x^2+2x+4}\,dx$

【풀이】 (1) 주어진 피적분함수의 형태를 변형하면

$$\int \frac{x^2}{\sqrt{5-4x^2}}\,dx = \int \frac{x^2}{\sqrt{4\left(\frac{5}{4}-x^2\right)}}\,dx = \frac{1}{2}\int \frac{x^2}{\sqrt{\left(\frac{\sqrt{5}}{2}\right)^2 - x^2}}\,dx$$

이다. 따라서 우변의 적분을 계산하기 위하여 부록의 적분공식 (35) 번에 있는

$$\int \frac{u^2}{\sqrt{a^2-u^2}}\,du = -\frac{1}{2}u\sqrt{a^2-u^2} + \frac{1}{2}a^2\sin^{-1}\left(\frac{u}{a}\right) + c$$

와 비교할 때 $u = x,\ a = \sqrt{5}/2$ 이므로 이를 적용하여 간단히 하면

$$\int \frac{x^2}{\sqrt{\left(\frac{\sqrt{5}}{2}\right)^2 - x^2}}\,dx = -\frac{1}{2}x\sqrt{\frac{5}{4}-x^2} + \frac{1}{2}\cdot\frac{5}{4}\sin^{-1}\left(\frac{x}{\frac{\sqrt{5}}{2}}\right) + c_1$$

$$= -\frac{1}{4}x\sqrt{5-4x^2} + \frac{5}{8}\sin^{-1}\left(\frac{2x}{\sqrt{5}}\right) + c_1$$

이다. 따라서 구하는 적분 결과는

$$\int \frac{x^2}{\sqrt{5-4x^2}}\,dx = \frac{1}{2}\int \frac{x^2}{\sqrt{\left(\frac{\sqrt{5}}{2}\right)^2 - x^2}}\,dx$$

$$= \frac{1}{2}\left(-\frac{1}{4}x\sqrt{5-4x^2} + \frac{5}{8}\sin^{-1}\left(\frac{2x}{\sqrt{5}}\right) + c_1\right)$$

$$= -\frac{1}{16}\left(2x\sqrt{5-4x^2} - 5\sin^{-1}\left(\frac{2x}{\sqrt{5}}\right)\right) + c$$

이다. 여기서 $c = c_1/2$ 는 적분상수를 의미한다.

(2) 부분적분법을 적용하기 위하여 $u = x^3$, $dv = \sin x\,dx$ 로 놓으면 $du = 3x^2\,dx$ 이고 $v = -\cos x$ 이므로

$$\int x^3 \sin x\,dx = uv - \int v\,du = -x^3\cos x + 3\int x^2 \cos x\,dx$$

이다. 따라서 부록의 적분공식 (86) 번에 있는

$$\int u^2 \cos u\,du = (u^2-2)\sin u + 2u\cos u + c$$

와 비교할 때 $u = x$ 이므로 이를 적용하여 간단히 하면

$$\int x^3 \sin x\,dx = -x^3\cos x + 3\int x^2\cos x\,dx = -x^3\cos x + 3(x^2-2)\sin x + 6x\cos x + c$$

이다. 여기서 c 는 적분상수를 의미한다.

(3) 치환적분법을 적용하기 위하여 $u = x+1$ 로 치환하면 $du = dx$ 이므로

$$\int x\sqrt{x^2+2x+4}\,dx = \int x\sqrt{(x+1)^2+(\sqrt{3})^2}\,dx = \int (u-1)\sqrt{u^2+(\sqrt{3})^2}\,du$$

$$= \int u\sqrt{u^2+(\sqrt{3})^2}\,du - \int \sqrt{u^2+(\sqrt{3})^2}\,du$$

이다. 위의 등식에서 마지막 우변의 첫 번째 적분을 풀기 위하여 $t = u^2$ 로 치환하면 $dt = 2u\,du$ 이므로

$$\int u\sqrt{u^2+(\sqrt{3})^2}\,du = \frac{1}{2}\int \sqrt{t+3}\,dt = \frac{1}{3}(u^2+3)^{\frac{3}{2}} + c_1$$

이고, 두 번째 적분은 부록의 적분공식 (22) 번에 있는

$$\int \sqrt{u^2+a^2}\,du = \frac{1}{2}u\sqrt{u^2+a^2} + \frac{1}{2}a^2\ln\left|u+\sqrt{u^2+a^2}\right| + c_2$$

와 비교할 때 $a = \sqrt{3}$ 이므로 이를 적용하여 간단히 하면

$$\int \sqrt{u^2 + (\sqrt{3})^2}\, du = \frac{1}{2}u\sqrt{u^2+3} + \frac{1}{2}\cdot 3\ln\left|u + \sqrt{u^2+3}\right| + c_3$$

이다. 따라서 구하는 적분 결과는

$$\begin{aligned}
&\int x\sqrt{x^2+2x+4}\, dx \\
&= \int u\sqrt{u^2+(\sqrt{3})^2}\, du - \int \sqrt{u^2+(\sqrt{3})^2}\, du \\
&= \left(\frac{1}{3}(u^2+3)^{\frac{3}{2}} + c_1\right) - \left(\frac{1}{2}u\sqrt{u^2+3} + \frac{1}{2}\cdot 3\ln\left|u+\sqrt{u^2+3}\right| + c_3\right) \\
&= \frac{1}{3}(u^2+3)^{\frac{3}{2}} - \frac{1}{2}u\sqrt{u^2+3} - \frac{3}{2}\ln\left|u+\sqrt{u^2+3}\right| + (c_1 - c_3) \\
&= \frac{1}{3}(x^2+2x+4)^{\frac{3}{2}} - \frac{1}{2}(x+1)\sqrt{x^2+2x+4} - \frac{3}{2}\ln\left|x+1+\sqrt{x^2+2x+4}\right| + c
\end{aligned}$$

이다. 여기서 적분상수 c 는 $c = c_1 - c_3$ 를 의미한다. □

제 5 장

정적분(연습문제 및 풀이)

연습문제(5.1)

1. 다음 함수에 대하여 주어진 구간의 분할 P에 대한 리만합을 구하여라.

(1) $f(x) = x^2$, $[a, b] = [1, 4]$, $P = \left\{1, \frac{5}{4}, \frac{9}{4}, \frac{7}{2}, 4\right\}$, $(\xi_i) = \left\{1, \frac{7}{4}, 3, 4\right\}$

(2) $f(x) = x^3 + 1$, $[a, b] = [1, 3]$, $P = \left\{1, \frac{3}{2}, 2, \frac{5}{2}, 3\right\}$, $(\xi_i) = \left\{\frac{5}{4}, \frac{3}{2}, \frac{9}{4}, 3\right\}$

(3) $f(x) = \sin x$, $[a, b] = [0, \pi]$, $P = \left\{0, \frac{\pi}{4}, \frac{\pi}{2}, \frac{3\pi}{4}, \pi\right\}$, $(\xi_i) = \left\{\frac{\pi}{6}, \frac{\pi}{3}, \frac{2\pi}{3}, \frac{5\pi}{6}\right\}$

【풀이】 [참 고] 함수 f가 폐구간 $[a, b]$에서 유계일 때, 분할 P가 폐구간 $[a, b]$를 n개로 분 할한 경우에 각 소구간을 $[x_{i-1}, x_i]$라 하고, 각 소구간의 크기를 $\Delta x_i = x_i - x_{i-1}$ 라고 놓으면 임의의 $\xi_i \in [x_{i-1}, x_i]$에 대한 분할 P의 리만합은

$$\sum_{i=1}^{n} f(\xi_i)\Delta x_i$$

으로 정의된다. 따라서 각 경우의 리만합은 다음과 같다.

(1) 분할 P 가 구간 [1, 4] 를 4 개로 분할한 경우이므로

$$\sum_{i=1}^{4} f(\xi_i)\Delta x_i = f(\xi_1)\Delta x_1 + f(\xi_2)\Delta x_2 + f(\xi_3)\Delta x_3 + f(\xi_4)\Delta x_4$$

$$= f(1)\cdot\left(\frac{5}{4}-1\right) + f\left(\frac{7}{4}\right)\cdot\left(\frac{9}{4}-\frac{5}{4}\right) + f(3)\cdot\left(\frac{7}{2}-\frac{9}{4}\right) + f(4)\cdot\left(4-\frac{7}{2}\right)$$

$$= 1^2\cdot\frac{1}{4} + \left(\frac{7}{4}\right)^2\cdot 1 + 3^2\cdot\frac{5}{4} + 4^2\cdot\frac{1}{2} = \frac{361}{16}$$

이다.

(2) 분할 P 가 구간 [1, 3] 를 4 개로 정칙분할한 경우이므로 각 소구간의 크기는 1/2 이다. 따라서

$$\sum_{i=1}^{4} f(\xi_i)\Delta x_i = \frac{1}{2}\sum_{i=1}^{4} f(\xi_i) = \frac{1}{2}\left(f(\xi_1) + f(\xi_2) + f(\xi_3) + f(\xi_4)\right)$$

$$= \frac{1}{2}\left(f\left(\left(\frac{5}{4}\right)^3 + 1\right) + f\left(\left(\frac{3}{2}\right)^3 + 1\right) + f\left(\left(\frac{9}{4}\right)^3 + 1\right) + f\left((3)^3 + 1\right)\right) = \frac{1527}{64}$$

이다.

(3) 분할 P 가 구간 $[0, \pi]$ 를 4 개로 정칙분할한 경우이므로 각 소구간의 크기는 $\pi/4$ 이다. 따라서

$$\sum_{i=1}^{4} f(\xi_i)\Delta x_i = \frac{\pi}{4}\sum_{i=1}^{4} f(\xi_i) = \frac{\pi}{4}\left(f(\xi_1) + f(\xi_2) + f(\xi_3) + f(\xi_4)\right)$$

$$= \frac{\pi}{4}\left(\sin\frac{\pi}{6} + \sin\frac{\pi}{3} + \sin\frac{2\pi}{3} + \sin\frac{5\pi}{6}\right) = \frac{1}{4}(1+\sqrt{3})\pi$$

이다. □

2. 함수 f 가 구간 [0, 1] 에서

$$f(x) = \begin{cases} 1, & (x \text{가 유리수일 때}) \\ -1, & (x \text{가 무리수일 때}) \end{cases}$$

로 정의되었을 때, 함수 f 와 $|f|$ 의 적분가능성을 각각 조사하여라.

【풀이】 (i) 구간 [0, 1]의 n개로의 분할 P를 어떻게 선택하든지 간에 각 소구간에는 반드시 유리수와 무리수를 동시에 포함하게 된다. 따라서 각 소구간 $[x_{i-1}, x_i]$에서 임의의 ξ_i를 모두 유리수로 선택한 경우의 리만합은

$$\sum_{i=1}^{n} f(\xi_i)\Delta x_i = \sum_{i=1}^{n} \Delta x_i = \Delta x_1 + \Delta x_2 + \cdots + \Delta x_n$$
$$= (x_1 - x_0) + (x_2 - x_1) + \cdots + (x_n - x_{n-1})$$
$$= x_n - x_0 = 1 - 0 = 1$$

이므로

$$\sum_{i=1}^{n} f(\xi_i)\Delta x_i = 1$$

이다. 반면에 각 소구간 $[x_{i-1}, x_i]$에서 임의의 ξ_i를 모두 무리수로 선택한 경우의 리만합은

$$\sum_{i=1}^{n} f(\xi_i)\Delta x_i = -\sum_{i=1}^{n} \Delta x_i = -(\Delta x_1 + \Delta x_2 + \cdots + \Delta x_n)$$
$$= -((x_1 - x_0) + (x_2 - x_1) + \cdots + (x_n - x_{n-1}))$$
$$= -(x_n - x_0) = -(1 - 0) = -1$$

이므로

$$\sum_{i=1}^{n} f(\xi_i)\Delta x_i = -1$$

이다. 그러므로 극한

$$\lim_{|P|\to 0} \sum_{i=1}^{n} f(\xi_i)\Delta x_i$$

은 존재하지 않는다. 따라서 함수 f는 구간 [0, 1]에서 적분가능하지 않다.

(ii) 함수 $|f| = 1$의 경우에 구간 [0, 1]의 n개로의 분할 P에 대하여 P의 각 소구간 $[x_{i-1}, x_i]$에 있는 임의의 ξ_i에 관한 리만합은

$$\sum_{i=1}^{n} |f(\xi_i)|\,\Delta x_i = \sum_{i=1}^{n} \Delta x_i = \Delta x_1 + \Delta x_2 + \cdots + \Delta x_n$$
$$= (x_1 - x_0) + (x_2 - x_1) + \cdots + (x_n - x_{n-1})$$
$$= x_n - x_0 = 1 - 0 = 1$$

이므로

$$\lim_{|P|\to 0}\sum_{i=1}^{n}|f(\xi_i)|\,\Delta x_i = 1$$

이다. 따라서 함수 $|f|$ 는 구간 [0, 1] 에서 적분가능하고, 정적분의 정의에 따른 적분 결과는

$$\int_0^1 |f(x)|\ dx = \lim_{|P|\to 0}\sum_{i=1}^{n}|f(\xi_i)|\,\Delta x_i = 1$$

이다. □

연습문제(5.2)

1. 다음 정적분을 구하여라.

(1) $\displaystyle\int_0^{\pi}\cos x\,dx$ (2) $\displaystyle\int_2^4 \sqrt{3x+2}\,dx$

(3) $\displaystyle\int_0^1 \sinh x\,dx$ (4) $\displaystyle\int_0^2 \cosh x\,dx$

【풀이】 (1) $\displaystyle\int_0^{\pi}\cos x\,dx = [\sin x]_0^{\pi} = \sin\pi - \sin 0 = 0 - 0 = 0$

(2) 치환적분법을 적용하기 위하여 $u = 3x+2$ 라고 놓으면 $du = 3\,dx$이고, $x = 2$ 일 때 $u = 8$, $x = 4$ 일 때 $u = 14$ 이므로

$$\int_2^4 \sqrt{3x+2}\,dx = \frac{1}{3}\int_8^{14} u^{\frac{1}{2}}\,du = \frac{1}{3}\left[\frac{2}{3}u^{\frac{3}{2}}\right]_8^{14} = \frac{2\sqrt{2}}{9}(14\sqrt{7}-16)$$

이다.

(3) $\displaystyle\int_0^1 \sinh x\,dx = [\cosh x]_0^1 = \cosh 1 - \cosh 0 = \frac{e^1+e^{-1}}{2} - \frac{e^0+e^{-1\cdot 0}}{2} = \frac{1}{2}(e+e^{-1}-2)$

(4) $\displaystyle\int_0^2 \cosh x\,dx = [\sinh x]_0^2 = \sinh 2 - \sinh 0 = \frac{e^2-e^{-2}}{2} - \frac{e^0-e^{-1\cdot 0}}{2} = \frac{1}{2}(e^2-e^{-2})$ □

2. 다음 함수에 대하여 적분에 관한 평균값의 정리 5.2.5 를 만족하는 c 의 값을 구하여라.

(1) $f(x) = mx + b \quad (0 \le x \le a)$ (2) $f(x) = \sin x \quad (0 \le x \le \pi)$

【풀이】 [참 고(정리 5.2.5)] 함수 f 가 $[a, b]$ 에서 연속이면

$$\int_a^b f(x)\,dx = f(c)(b-a)$$

을 만족시키는 c 가 $[a, b]$ 안에 존재한다.

(1) 함수 $f(x) = mx + b$ 가 $[0, a]$ 에서 연속이므로

$$\int_0^a f(x)\,dx = f(c)(a-0) \tag{A.5.1}$$

인 $c \in [0, a]$ 가 존재한다. 그런데 식 (A.5.1) 의 좌변은

$$\int_0^a f(x)\,dx = \int_0^a (mx+b)\,dx = \left[\frac{1}{2}mx^2 + bx\right]_0^a$$
$$= \frac{1}{2}(a^2 - 0^2) + b(a-0) = \frac{1}{2}ma^2 + ab \tag{A.5.2}$$

이고, 식 (A.5.1) 의 우변은

$$f(c)(a-0) = a(mc+b) = mac + ab \tag{A.5.3}$$

이다. 따라서 식 (A.5.2) 와 (A.5.3) 의 결과를 식 (A.5.1) 에 적용하면, 구하는 c 는

$$\frac{1}{2}ma^2 + ab = mac + ab$$

에서 $c = a/2$ 이다.

(2) 함수 $f(x) = \sin x$ 는 $[0, \pi]$ 에서 연속이므로

$$\int_0^\pi f(x)\,dx = f(c)\cdot(\pi - 0) \tag{A.5.4}$$

인 $c \in (0, \pi)$ 가 존재한다. 그런데 식 (A.5.4) 의 좌변은

$$\int_0^\pi f(x)\,dx = \int_0^\pi \sin x\,dx = -[\cos x]_0^\pi$$

$$= -(\cos\pi - \cos 0) = \cos 0 - \cos\pi = 1 - (-1) = 2 \tag{A.5.5}$$

이고, 식 (A.5.4) 의 우변은

$$f(c)\cdot(\pi - 0) = \pi\,\sin c \tag{A.5.6}$$

이다. 따라서 식 (A.5.5) 와 (A.5.6) 의 결과를 식 (A.5.4) 에 적용하면

$$\pi\sin c = 2, \qquad \sin c = \frac{2}{\pi}$$

이다. 따라서 $(0, \pi)$ 안에 존재하는 두 개의 c 의 값은 각각

$$c = \sin^{-1}\left(\frac{2}{\pi}\right), \qquad c = \pi - \sin^{-1}\left(\frac{2}{\pi}\right)$$

이다. □

3. 다음 함수의 도함수를 구하여라.

(1) $F(x) = \displaystyle\int_0^{x^4} \sin^3 t\,dt$ (2) $F(x) = \displaystyle\int_{-3}^{x} (4t+1)\,dt$

(3) $F(x) = \displaystyle\int_{\sqrt{x}}^{x^3} \sqrt{t}\,\sin t\,dt$ (4) $F(x) = \displaystyle\int_0^{x} \sqrt{1+t^2}\,dt$

【풀이】 [참 고(정리 5.2.6)] 함수 f 가 $[a, b]$ 에서 연속이면, 함수

$$F(x) = \int_a^x f(t)\,dt, \qquad a \le x \le b$$

는 $[a, b]$ 에서 미분가능하고 $F'(x) = f(x)$ 이다. 즉, F 는 함수 f 의 한 부정적분이다.

(1) $u = x^4$ 로 놓고, 또한 $f(u) = \displaystyle\int_0^{u} \sin^3 t\,dt$ 으로 정의하면

$$F(x) = \int_0^{x^4} \sin^3 t\,dt = \int_0^{u} \sin^3 t\,dt = f(u), \qquad \frac{df(u)}{du} = \frac{d}{du}\int_0^{u} \sin^3 t\,dt = \sin^3 u$$

이다. 따라서 구하는 도함수는 다음과 같다.

$$F'(x) = \frac{df(u)}{dx} = \frac{df(u)}{du}\cdot\frac{du}{dx} = \sin^3 u \cdot 4x^3 = 4x^3\sin^3(x^4)$$

(2) $F'(x) = f(x) = 4x + 1$

(3) 주어진 함수 F 는

$$F(x) = \int_{\sqrt{x}}^{x^3} \sqrt{t}\sin t\,dt = \int_{\sqrt{x}}^{0} \sqrt{t}\sin t\,dt + \int_{0}^{x^3} \sqrt{t}\sin t\,dt$$
$$= -\int_{0}^{\sqrt{x}} \sqrt{t}\sin t\,dt + \int_{0}^{x^3} \sqrt{t}\sin t\,dt$$

이다. 따라서 $u = \sqrt{x}$, $v = x^3$ 로 놓고, 함수 F_1 과 F_2 를 각각

$$F_1(u) = \int_0^u \sqrt{t}\sin t\,dt, \qquad F_2(v) = \int_0^v \sqrt{t}\sin t\,dt$$

으로 정의하면

$$\frac{dF_1(u)}{du} = \frac{d}{du}\int_0^u \sqrt{t}\sin t\,dt = \sqrt{u}\sin u, \qquad \frac{dF_2(v)}{dv} = \frac{d}{dv}\int_0^v \sqrt{t}\sin t\,dt = \sqrt{v}\sin v$$

이다. 따라서

$$\frac{dF_1(u)}{dx} = \frac{dF_1(u)}{du}\cdot\frac{du}{dx} = \sqrt{u}\sin u\cdot\frac{1}{2\sqrt{x}} = x^{\frac{1}{4}}\sin\sqrt{x}\cdot\frac{1}{2\sqrt{x}} = \frac{1}{2}x^{-\frac{1}{4}}\sin\sqrt{x},$$
$$\frac{dF_2(v)}{dx} = \frac{dF_2(v)}{dv}\cdot\frac{dv}{dx} = \sqrt{v}\sin v\cdot 3x^2 = 3x^{\frac{7}{2}}\sin x^3$$

이다. 따라서 구하는 도함수는 다음과 같다.

$$F'(x) = \frac{d}{dx}(-F_1(u) + F_2(v)) = -\frac{dF_1(u)}{dx} + \frac{dF_2(v)}{dx} = -\frac{1}{2}x^{-\frac{1}{4}}\sin\sqrt{x} + 3x^{\frac{7}{2}}\sin x^3$$

(4) $F'(x) = f(x) = \sqrt{1 + x^2}$ □

4. 정리 5.2.4 의 결과를 다음의 각 경우에 대하여 증명하여라.

(1) $b < c < a$　　(2) $a = b < c$　　(3) $a < b = c$

【풀이】 [참 고(정리 5.2.4)] 함수 f 가 $[a, b]$ 에서 연속이고 $a < c < b$ 일 때

$$\int_a^b f(x)\,dx = \int_a^c f(x)\,dx + \int_c^b f(x)\,dx$$

이다.

(1) $b < c < a$ 일 때

$$\int_a^b f(x)\,dx = -\int_b^a f(x)\,dx = -\left(\int_b^c f(x)\,dx + \int_c^a f(x)\,dx\right)$$
$$= -\int_b^c f(x)\,dx - \int_c^a f(x)\,dx = \int_c^b f(x)\,dx + \int_a^c f(x)\,dx$$
$$= \int_a^c f(x)\,dx + \int_c^b f(x)\,dx$$

이다.

(2) $a = b < c$ 일 때

$$\int_a^b f(x)\,dx = \int_a^a f(x)\,dx = \int_a^c f(x)\,dx + \int_c^a f(x)\,dx = \int_a^c f(x)\,dx + \int_c^b f(x)\,dx$$

이다.

(3) $a < b = c$ 일 때

$$\int_a^b f(x)\,dx = \int_a^c f(x)\,dx = \int_a^c f(x)\,dx + \int_c^b f(x)\,dx$$

이다. □

연습문제(5.3)

1. 다음 정적분의 값을 구하여라.

(1) $\displaystyle\int_0^2 x^2\sqrt{x^3+1}\,dx$

(2) $\displaystyle\int_1^2 6x^2(2x^3-2)^2\,dx$

(3) $\displaystyle\int_2^3 \frac{x-2}{\sqrt{x-1}}\,dx$

(4) $\displaystyle\int_4^9 \frac{1}{x-\sqrt{x}}\,dx$

【풀이】 (1) 치환적분법을 적용하기 위하여 $u = x^3 + 1$ 로 치환하면 $du = 3x^2\,dx$ 이고, 또한 $x = 0$ 일 때 $u = 1$ 이고, $x = 2$ 일 때 $u = 9$ 이다. 따라서 구하는 정적분의 연산 결과는

$$\int_0^2 x^2\sqrt{x^3+1}\,dx = \int_1^9 u^{\frac{1}{2}}\left(\frac{1}{3}\,du\right) = \frac{1}{3}\int_1^9 u^{\frac{1}{2}}\,du = \frac{1}{3}\left[\frac{2}{3}u^{\frac{3}{2}}\right]_1^9 = \frac{2}{9}(3^3-1) = \frac{52}{9}$$

이다.

(2) $u = 2x^3 - 2$ 로 치환하면 $du = 6x^2\,dx$ 이고, 또한 $x = 1$ 일 때 $u = 0$ 이고, $x = 2$ 일 때 $u = 14$ 이다. 따라서 구하는 정적분의 연산 결과는

$$\int_1^2 6x^2(2x^3-2)^2\,dx = \int_0^{14} u^2\,du = \frac{1}{3}[u^3]_0^{14} = \frac{2744}{3}$$

이다.

(3) $u = x - 1$ 로 치환하면 $du = dx$ 이고, 또한 $x = 2$ 일 때 $u = 1$ 이고, $x = 3$ 일 때 $u = 2$ 이다. 따라서 구하는 정적분의 연산 결과는

$$\int_2^3 \frac{x-2}{\sqrt{x-1}}\,dx = \int_1^2 \frac{u-1}{\sqrt{u}}\,du = \int_1^2 \left(u^{\frac{1}{2}} - u^{-\frac{1}{2}}\right)du = \left[\frac{2}{3}u\sqrt{u} - 2\sqrt{u}\right]_1^2 = \frac{2}{3}(2-\sqrt{2})$$

이다.

(4) 피적분함수의 형태를 변형하면

$$\begin{aligned}\int_4^9 \frac{1}{x-\sqrt{x}}\,dx &= \int_4^9 \frac{x+\sqrt{x}}{(x-\sqrt{x})(x+\sqrt{x})}\,dx = \int_4^9 \frac{x+\sqrt{x}}{x^2-x}\,dx\\ &= \int_4^9 \frac{x}{x^2-x}\,dx + \int_4^9 \frac{\sqrt{x}}{x^2-x}\,dx\\ &= \int_4^9 \frac{x}{x(x-1)}\,dx + \int_4^9 \frac{\sqrt{x}}{x(x-1)}\,dx\\ &= \int_4^9 \frac{1}{x-1}\,dx + \int_4^9 \frac{1}{\sqrt{x}(x-1)}\,dx \qquad \text{(A.5.7)}\end{aligned}$$

이다. 여기서 식 (A.5.7)의 마지막 우변에 있는 첫 번째 적분의 연산 결과는

$$\int_4^9 \frac{1}{x-1}\,dx = [\ln(x-1)]_4^9 = \ln 8 - \ln 3 = \ln 2^3 - \ln 3 = 3\ln 2 - \ln 3 \qquad \text{(A.5.8)}$$

이고, 또한 두 번째 적분 결과를 얻기 위하여 $u = \sqrt{x}$ 로 치환하면

$$du = \frac{1}{2}x^{-\frac{1}{2}}\,dx = \frac{1}{2\sqrt{x}}\,dx = \frac{1}{2u}\,dx$$

이고, 또한 $x = 4$ 일 때 $u = 2$ 이고, $x = 9$ 일 때 $u = 3$ 이다. 그러므로

$$\begin{aligned}\int_4^9 \frac{1}{\sqrt{x}(x-1)}\,dx &= \int_2^3 \frac{1}{u(u^2-1)}\cdot(2u)\,du = 2\int_2^3 \frac{1}{u^2-1}\,du \\ &= 2\cdot\left(-\frac{1}{2}\right)\int_2^3\left(\frac{1}{u+1}-\frac{1}{u-1}\right)du \\ &= -\left[\ln(u+1)-\ln(u-1)\right]_2^3 = \ln 3 - \ln 2 \qquad \text{(A.5.9)}\end{aligned}$$

이다. 따라서 식 (A.5.8) 과 (A.5.9) 의 연산 결과를 식 (A.5.7) 에 대입하면

$$\int_4^9 \frac{1}{x-\sqrt{x}}\,dx = \int_4^9 \frac{1}{x-1}\,dx + \int_4^9 \frac{1}{\sqrt{x}(x-1)}\,dx = 2\ln 2$$

을 얻는다. □

2. $f(-x) = f(x)$ 이면

$$\int_{-a}^{a} f(x)\,dx = 2\int_0^a f(x)\,dx$$

임을 증명하여라.

【풀이】 $u = -x$ 라고 놓으면 $du = -dx$ 이고, 또한 $x = -a$ 일 때 $u = a$ 이고, $x = 0$ 일 때 $u = 0$ 이다. 그런데 문제의 조건에서 $f(-x) = f(x)$ 이므로

$$\int_{-a}^{0} f(-x)\,dx = -\int_a^0 f(u)\,du = \int_0^a f(u)\,du = \int_0^a f(x)\,dx$$

이다. 따라서

$$\begin{aligned}\int_{-a}^{a} f(x)\,dx &= \int_{-a}^{0} f(x)\,dx + \int_0^a f(x)\,dx = \int_{-a}^{0} f(-x)\,dx + \int_0^a f(x)\,dx \\ &= \int_0^a f(x)\,dx + \int_0^a f(x)\,dx = 2\int_0^a f(x)\,dx\end{aligned}$$

이 성립한다. □

3. 다음 정적분의 값을 구하여라.

(1) $\displaystyle\int_0^{\frac{\pi}{4}} \cos(\pi - x)\,dx$ (2) $\displaystyle\int_0^{\frac{\pi}{2}} \sin^4 x \cos x\,dx$

(3) $\displaystyle\int_0^{\frac{\pi}{2}} x\cos 2x\,dx$ (4) $\displaystyle\int_0^{\frac{\pi}{3}} \tan^3 x \sec x\,dx$

【풀이】 (1) $u = \pi - x$로 치환하면 $du = -dx$이고, 또한 $x = 0$일 때 $u = \pi$이고, $x = \pi/4$일 때 $u = 3\pi/4$이다. 따라서 구하는 정적분의 연산 결과는

$$\int_0^{\frac{\pi}{4}} \cos(\pi - x)\,dx = -\int_\pi^{\frac{3}{4}\pi} \cos u\,du = -[\sin u]_\pi^{\frac{3}{4}\pi}$$
$$= -\left(\sin\frac{3}{4}\pi - \sin\pi\right) = -\left(\frac{1}{\sqrt{2}} - 0\right) = -\frac{1}{\sqrt{2}}$$

이다.

(2) $u = \sin x$로 치환하면 $du = \cos x\,dx$이고, 또한 $x = 0$일 때 $u = 0$이고, $x = \pi/2$일 때 $u = 1$이다. 따라서 구하는 정적분의 연산 결과는

$$\int_0^{\frac{\pi}{2}} \sin^4 x \cos x\,dx = \int_0^1 u^4\,du = \left[\frac{1}{5}u^5\right]_0^1 = \frac{1}{5}$$

이다.

(3) $t = 2x$로 치환하면 $dt = 2\,dx$이고, 또한 $x = 0$일 때 $t = 0$이고, $x = \pi/2$일 때 $t = \pi$이다. 따라서

$$\int_0^{\frac{\pi}{2}} x\cos 2x\,dx = \frac{1}{4}\int_0^\pi t\cos t\,dt$$

이다. 다시 우변의 적분 결과를 얻기 위하여 $u = t$, $dv = \cos t\,dt$로 놓으면 $du = dt$, $v = \sin t$이므로 부분적분법에 따라

$$\int_0^\pi t\cos t\,dt = [uv]_0^\pi - \int_0^\pi v\,du = [t\sin t]_0^\pi - \int_0^\pi \sin t\,dt$$
$$= 0 - \int_0^\pi \sin t\,dt = [\cos t]_0^\pi = \cos\pi - \cos 0 = -2$$

이다. 따라서 구하는 정적분의 연산 결과는 다음과 같다.

$$\int_0^{\frac{\pi}{2}} x\cos 2x\,dx = \frac{1}{4}\int_0^\pi t\cos t\,dt = \frac{1}{4}\cdot(-2) = -\frac{1}{2}$$

(4) 주어진 적분은

$$\int_0^{\frac{\pi}{3}} \tan^3 x \sec x\,dx = \int_0^{\frac{\pi}{3}} \tan^2 x \tan x \sec x\,dx = \int_0^{\frac{\pi}{3}} (\sec^2 x - 1) \sec x \tan x\,dx$$

이다. 따라서 $u = \sec x$ 로 치환하면 $du = \sec x \tan x\,dx$ 이고, 또한 $x = 0$ 일 때 $u = 1$ 이고, $x = \pi/3$ 일 때 $u = 2$ 이다. 따라서 구하는 정적분의 연산 결과는

$$\int_0^{\frac{\pi}{3}} \tan^3 x \sec x\,dx = \int_0^{\frac{\pi}{3}} (\sec^2 x - 1) \sec x \tan x\,dx = \int_1^2 (u^2 - 1)\,du = \left[\frac{1}{3}u^3 - u\right]_1^2 = \frac{4}{3}$$

이다. □

4. 함수 f 가 연속일 때

$$\int_0^{\frac{\pi}{2}} f(\sin x)\,dx = \int_0^{\frac{\pi}{2}} f(\cos x)\,dx$$

임을 증명하여라.

【풀이】 $g(x) = f(\cos x)$ 라고 놓으면 $g(-x) = g(x)$ 이 성립한다. 또한 $u = x - \pi/2$ 라고 놓으면 $du = dx$ 이고, 또한 $x = 0$ 일 때 $u = -\pi/2$ 이고, $x = \pi/2$ 일 때 $u = 0$ 이다. 따라서

$$\int_0^{\frac{\pi}{2}} f(\sin x)\,dx = \int_{-\frac{\pi}{2}}^0 f\left(\sin\left(u + \frac{\pi}{2}\right)\right) du = \int_{-\frac{\pi}{2}}^0 f(\cos u)\,du$$

$$= \int_0^{\frac{\pi}{2}} f(\cos u)\,du = \int_0^{\frac{\pi}{2}} f(\cos x)\,dx$$

이 성립한다. □

연습문제(5.4)

1. 다음 정적분의 값을 구하여라.

(1) $\displaystyle\int_0^1 \frac{1}{1-x}\,dx$ (2) $\displaystyle\int_{-1}^1 \frac{1}{\sqrt{1-x^2}}\,dx$ (3) $\displaystyle\int_1^{\frac{\pi}{2}} \tan x\,dx$

(4) $\displaystyle\int_1^\infty \frac{1}{x\sqrt{x^2-1}}\,dx$ (5) $\displaystyle\int_1^\infty \frac{1}{x(1+x^2)}\,dx$ (6) $\displaystyle\int_{-\infty}^0 a^x\,dx \quad (a > 1)$

【풀이】 (1) $x \to 1^-$ 일 때 $\dfrac{1}{1-x} \to \infty$ 이므로

$$\int_0^1 \frac{1}{1-x}\,dx = \lim_{t\to 1^-}\int_0^t \frac{1}{1-x}\,dx = -\lim_{t\to 1^-}[\ln(1-x)]_0^t = -\lim_{t\to 1^-}(\ln(1-u) - \ln 1) = \infty$$

이다.

(2) 부록의 적분공식 (16) 번에 의하면

$$\int \frac{1}{\sqrt{a^2-u^2}}\,du = \sin^{-1}\frac{u}{a} + c$$

이다. 주어진 적분과 관련하여 $u = x$, $a = 1$ 로 대응시키고 피적분함수가 우함수임을 이용하면

$$\int_{-1}^1 \frac{1}{\sqrt{1-x^2}}\,dx = 2\int_0^1 \frac{1}{\sqrt{1-x^2}}\,dx = 2\lim_{t\to 1^-}\int_0^t \frac{1}{\sqrt{1-x^2}}\,dx = 2\lim_{t\to 1^-}\left[\sin^{-1}x\right]_0^t = \pi$$

이다.

(3) $x \to \pi/2$ 일 때 $\tan x \to \infty$ 이므로

$$\int_1^{\frac{\pi}{2}} \tan x\,dx = \lim_{t\to\frac{\pi}{2}^-}\int_1^t \tan x\,dx = \lim_{t\to\frac{\pi}{2}^-}[-\ln(\cos x)]_1^t$$

$$= \lim_{t\to\frac{\pi}{2}^-}(\ln(\cos 1) - \ln(\cos t)) = \infty$$

이다.

(4) $u = \sqrt{x^2-1}$ 로 치환하면

$$du = \frac{1}{2\sqrt{x^2-1}}\cdot 2x\,dx = \frac{x}{u}\,dx$$

이고, 또한 $x = 1$ 일 때 $u = 0$ 이고, $x = \infty$ 일 때 $u = \infty$ 이다. 따라서

$$\int_1^\infty \frac{1}{x\sqrt{x^2-1}}\,dx = \int_0^\infty \frac{1}{u^2+1}\,du = \lim_{t\to\infty}\int_0^t \frac{1}{u^2+1}\,du$$

$$= \lim_{t\to\infty}\left[\tan^{-1}u\right]_0^\infty = \lim_{t\to\infty}\left(\tan^{-1}t - \tan^{-1}0\right) = \frac{\pi}{2}$$

이다.

(5) 무한구간에서의 특이적분의 형태로

$$\int_1^\infty \frac{1}{x(1+x^2)}\,dx = \lim_{t\to\infty}\int_1^t \frac{1}{x(1+x^2)}\,dx$$
$$= \lim_{t\to\infty}\int_1^t \left(\frac{1}{x} - \frac{1}{2}\cdot\frac{2x}{1+x^2}\right)dx = \lim_{t\to\infty}\left[\ln x - \frac{1}{2}\ln(1+x^2)\right]_1^t$$
$$= \lim_{t\to\infty}\left(\ln\frac{t}{\sqrt{1+t^2}} + \frac{1}{2}\ln 2\right) = 0 + \frac{1}{2}\ln 2 = \frac{1}{2}\ln 2$$

이다.

(6) $a > 1$ 일 때

$$\int_{-\infty}^0 a^x\,dx = \lim_{t\to-\infty}\int_t^0 a^x\,dx = \lim_{t\to-\infty}\left[\frac{a^x}{\ln a}\right]_t^0 = \frac{1}{\ln a}\lim_{t\to-\infty}\left(a^0 - a^t\right) = \frac{1}{\ln a}(1-0) = \frac{1}{\ln a}$$

이다. □

연습문제(5.5)

1. 사다리꼴 공식을 사용하여 다음 정적분의 근삿값을 구하여라. 단, 주어진 n의 값은 각 정적분의 적분구간 전체를 n등분한 경우를 의미한다.

(1) $\displaystyle\int_0^2 \sqrt{1+x^2}\,dx,\quad n = 4$ (2) $\displaystyle\int_0^1 e^{-x^2}\,dx,\quad n = 10$

【풀이】 (1) 피적분함수 $y = f(x) = \sqrt{1+x^2}$ 에 대하여 적분구간 $[0, 2]$를 4등분한 경우이므로 각 소구간의 크기 h는 $h = (2-0)/4 = 1/2$ 이다. 따라서 각각의 i $(0 \le i \le 4)$ 에 대응하는 x_i 의 값과 또한 함숫값 y_i 를 $y_i = f(x_i)$ 로 놓고 표를 작성하면 다음과 같다.

i	0	1	2	3	4
x_i	0	$\frac{1}{2}$	1	$\frac{3}{2}$	2
y_i	1	$\sqrt{1+(1/2)^2}$	$\sqrt{2}$	$\sqrt{1+(3/2)^2}$	$\sqrt{5}$

따라서 사다리꼴 공식에 적용하면

$$\int_0^2 \sqrt{1+x^2}\,dx \approx \left(\frac{y_0+y_4}{2} + (y_1+y_2+y_3)\right)h$$
$$= \left(\frac{1+\sqrt{5}}{2} + \left(\sqrt{1+(1/2)^2} + \sqrt{2} + \sqrt{1+(3/2)^2}\right)\right)\cdot\frac{1}{2}$$
$$= \frac{1}{4}\left(1+2\sqrt{2}+2\sqrt{5}+\sqrt{13}\right)$$
$$\approx 2.97653.$$

(2) 피적분함수 $y = f(x) = e^{-x^2}$ 에 대해 적분구간 $[0, 1]$ 을 10등분한 경우이므로 각 소구간의 크기 h 는 $h = (1-0)/10 = 1/10$ 이다. 따라서 각각의 i $(0 \le i \le 10)$ 에 대응하는 x_i 의 값과 또한 함숫값 y_i 를 $y_i = f(x_i)$ 로 놓고 표를 작성하면 다음과 같다.

i	0	1	2	3	4	$\cdots$	8	9	10
x_i	0	0.1	0.2	0.3	0.4	$\cdots$	0.8	0.9	1
y_i	1	$e^{-(0.1^2)}$	$e^{-(0.2^2)}$	$e^{-(0.3^2)}$	$e^{-(0.4^2)}$	$\cdots$	$e^{-(0.8^2)}$	$e^{-(0.9^2)}$	e^{-1}

따라서 사다리꼴 공식에 적용하면

$$\int_0^1 e^{-x^2}\,dx \approx \left(\frac{y_0+y_{10}}{2} + (y_1+y_2+y_3+y_4+y_5+y_6+y_7+y_8+y_9)\right)h$$
$$= \left(\frac{1+e^{-1}}{2} + \left(e^{-(0.1^2)} + e^{-(0.2^2)} + \cdots + e^{-(0.8^2)} + e^{-(0.9^2)}\right)\right)\cdot\frac{1}{10}$$
$$\approx 2.63237$$

이다. □

2. 심프슨 공식을 사용하여 다음 정적분의 근삿값을 구하여라. 단, 주어진 n 의 값은 각 정적분의 적분구간 전체를 n 등분한 경우를 의미한다.

(1) $\displaystyle\int_0^1 e^{-x^2}\,dx, \quad n = 10$ (2) $\displaystyle\int_0^1 \frac{1}{1+x^2}\,dx, \quad n = 4$

【풀이】 (1) 피적분함수 $y = f(x) = e^{-x^2}$ 에 대해 적분구간 $[0, 1]$ 을 10등분한 경우이므로 각 소구간의 크기 h 는 $h = (1-0)/10 = 1/10$ 이다. 따라서 각각의 i $(0 \le i \le$

10) 에 대응하는 x_i 의 값과 또한 함숫값 y_i 를 $y_i = f(x_i)$ 로 놓고 표를 작성하면 다음과 같다.

i	0	1	2	3	4	$\cdots$	8	9	10
x_i	0	0.1	0.2	0.3	0.4	$\cdots$	0.8	0.9	1
y_i	1	$e^{-(0.1^2)}$	$e^{-(0.2^2)}$	$e^{-(0.3^2)}$	$e^{-(0.4^2)}$	$\cdots$	$e^{-(0.8^2)}$	$e^{-(0.9^2)}$	e^{-1}

따라서 심프슨 공식에 적용하면

$$\begin{aligned}\int_0^1 e^{-x^2}\,dx &\approx \frac{h}{3}(y_0 + 4(y_1 + y_3 + y_5 + y_7 + y_9) + 2(y_2 + y_4 + y_6 + y_8) + y_{10})\\ &= \frac{1}{30} + \frac{2}{15}\left(e^{-(0.1^2)} + e^{-(0.3^2)} + e^{-(0.5^2)} + e^{-(0.7^2)} + e^{-(0.9^2)}\right)\\ &\quad + \frac{1}{15}\left(e^{-(0.2^2)} + e^{-(0.4^2)} + e^{-(0.6^2)} + e^{-(0.8^2)}\right) + \frac{1}{30}e^{-1}\\ &\approx 0.746825.\end{aligned}$$

(2) 피적분함수 $y = f(x) = 1/(1 + x^2)$ 에 대해 적분구간 $[0, 1]$ 을 4 등분한 경우이므로 각 소구간의 크기 h 는 $h = (1 - 0)/4 = 1/4$ 이다. 따라서 각각의 i $(0 \le i \le 4)$ 에 대응하는 x_i 의 값과 또한 함숫값 y_i 를 $y_i = f(x_i)$ 로 놓고 표를 작성하면 다음과 같다.

i	0	1	2	3	4
x_i	0	1/4	1/2	3/4	1
y_i	1	$1/(1+0.25^2)$	$1/(1+0.5^2)$	$1/(1+0.75^2)$	1/2

따라서 심프슨 공식에 적용하면

$$\begin{aligned}\int_0^1 \frac{1}{1+x^2}\,dx &\approx \frac{h}{3}(y_0 + 4(y_1 + y_3) + 2y_2 + y_4)\\ &= \frac{1}{12}\left(1 + 4\left(\frac{1}{1+0.25^2} + \frac{1}{1+0.75^2}\right) + 2\frac{1}{1+0.5^2} + \frac{1}{2}\right)\\ &\approx 0.785392\end{aligned}$$

이다. □

3. 사다리꼴 공식과 심프슨 공식을 사용하여 다음 정적분의 근삿값을 구하여라. 단, 주어진 n의 값은 각 정적분의 적분구간 전체를 n등분한 경우를 의미한다.

(1) $\int_{-1}^{1} \sqrt{1+x^3}\,dx, \quad n = 8$ (2) $\int_{2}^{3} \frac{1}{\ln x}\,dx, \quad n = 10$

【풀이】 (1) 피적분함수 $y = f(x) = \sqrt{1+x^3}$ 에 대해 적분구간 $[-1, 1]$을 8등분한 경우이므로 각 소구간의 크기 h는 $h = (1-(-1))/8 = 1/4$ 이다. 따라서 각각의 i $(0 \le i \le 8)$ 에 대응하는 x_i 의 값과, 함숫값 y_i 를 $y_i = f(x_i)$ 로 놓고 표를 작성하면 다음과 같다.

i	0	1	2	3	4	5	6	7	8
x_i	-1	$-3/4$	$-1/2$	$-1/4$	0	$1/4$	$1/2$	$3/4$	1
y_i	0	$\sqrt{37/64}$	$\sqrt{7/8}$	$\sqrt{63/64}$	1	$\sqrt{65/64}$	$\sqrt{9/8}$	$\sqrt{91/64}$	$\sqrt{2}$

(i) [사다리꼴 공식 적용] 사다리꼴 공식에 적용하면

$$\int_{-1}^{1} \sqrt{1+x^3}\,dx \approx \left(\frac{y_0+y_8}{2} + (y_1+y_2+y_3+y_4+y_5+y_6+y_7)\right)h$$

$$= \left(\frac{0+\sqrt{2}}{2} + \left(\sqrt{\frac{37}{64}} + \sqrt{\frac{7}{8}} + \sqrt{\frac{63}{64}} + 1 + \sqrt{\frac{65}{64}} + \sqrt{\frac{9}{8}} + \sqrt{\frac{91}{64}}\right)\right) \cdot \frac{1}{4}$$

$$\approx 1.91397.$$

(ii) [심프슨 공식 적용] 심프슨 공식에 적용하면

$$\int_{-1}^{1} \sqrt{1+x^3}\,dx \approx \frac{h}{3}(y_0 + 4(y_1+y_3+y_5+y_7) + 2(y_2+y_4+y_6) + y_8)$$

$$= \frac{1}{12}\left(0 + 4\left(\sqrt{\frac{37}{64}} + \sqrt{\frac{63}{64}} + \sqrt{\frac{65}{64}} + \sqrt{\frac{91}{64}}\right) + 2\left(\sqrt{\frac{7}{8}} + 1 + \sqrt{\frac{9}{8}}\right) + \sqrt{2}\right)$$

$$\approx 1.93477.$$

(2) 피적분함수 $y = f(x) = 1/\ln x$ 에 대해 적분구간 $[2, 3]$을 10등분한 경우이므로 각 소구간의 크기 h는 $h = (3-2)/10 = 1/10$ 이다. 따라서 각각의 i $(0 \le i \le 10)$ 에 대응하는 x_i 의 값과 또한 함숫값 y_i 를 $y_i = f(x_i)$ 로 놓고 표를 작성하면 다음과 같다.

i	0	1	2	3	$\cdots$	8	9	10
x_i	2	2.1	2.2	2.3	$\cdots$	2.8	2.9	3
y_i	$1/\ln 2$	$1/\ln 2.1$	$1/\ln 2.2$	$1/\ln 2.3$	$\cdots$	$1/\ln 2.8$	$1/\ln 2.9$	$1/\ln 3$

(i) [사다리꼴 공식 적용] 사다리꼴 공식에 적용하면

$$\int_2^3 \frac{1}{\ln x}\,dx \approx \left(\frac{y_0+y_{10}}{2} + (y_1+y_2+y_3+y_4+y_5+y_6+y_7+y_8+y_9)\right)h$$

$$= \left(\frac{\frac{1}{\ln 2}+\frac{1}{\ln 3}}{2} + \left(\frac{1}{\ln 2.1}+\frac{1}{\ln 2.2}+\frac{1}{\ln 2.3}+\cdots+\frac{1}{\ln 2.8}+\frac{1}{\ln 2.9}\right)\right)\cdot\frac{1}{10}$$

$$\approx 1.11906.$$

(ii) [심프슨 공식 적용] 심프슨 공식에 적용하면

$$\int_2^3 \frac{1}{\ln x}\,dx \approx \frac{h}{3}(y_0 + 4(y_1+y_3+y_5+y_7+y_9) + 2(y_2+y_4+y_6+y_8) + y_{10})$$

$$= \frac{1}{30}\left(\frac{1}{\ln 2} + 4\left(\frac{1}{\ln 2.1}+\frac{1}{\ln 2.3}+\frac{1}{\ln 2.5}+\frac{1}{\ln 2.7}+\frac{1}{\ln 2.9}\right)\right.$$
$$\left. +2\left(\frac{1}{\ln 2.2}+\frac{1}{\ln 2.4}+\frac{1}{\ln 2.6}+\frac{1}{\ln 2.8}\right)+\frac{1}{\ln 3}\right)$$

$$\approx 1.11843$$

이다. □

4. 적분구간 전체를 4 등분한 경우에 심프슨 공식을 사용하여 $\int_1^2 \frac{1}{x}\,dx$ 의 근삿값을 소수점 아래 여덟째 자리까지 구하라.

【풀이】 피적분함수 $y = f(x) = 1/x$ 에 대하여 적분구간 $[1, 2]$ 를 4 등분한 경우이므로 각 소구간의 크기 h 는 $h = (2-1)/4 = 1/4$ 이다. 따라서 각각의 i $(0 \le i \le 4)$ 에 대응하는 x_i 의 값과 또한 함숫값 y_i 를 $y_i = f(x_i)$ 로 놓고 표를 작성하면 다음과 같다.

i	0	1	2	3	4
x_i	1	5/4	3/2	7/4	2
y_i	1	4/5	2/3	4/7	1/2

따라서 심프슨 공식에 적용하면

$$\int_1^2 \frac{1}{x}\,dx \approx \frac{h}{3}(y_0 + 4(y_1 + y_3) + 2y_2 + y_4) = \frac{1}{12}\left(1 + 4\left(\frac{4}{5} + \frac{4}{7}\right) + 2\cdot\frac{2}{3} + \frac{1}{2}\right) \approx 0.69325397$$

이다. □

5. 다음 표로 결정되는 곡선의 아래 부분의 넓이를 심프슨 공식을 사용하여 구하여라.

x	3.0	3.25	3.5	3.75	4.0	4.25	4.5	4.75	5.0
y	6.7	7.4	8.2	9.2	10.4	11.6	12.5	13.3	1.40

【풀이】 심프슨 공식과 관련한 문제에서 주어진 표를 구간 [3, 5]를 8등분한 경우에 각 소구간의 크기 h를 $h = (5 - 3)/8 = 1/4 = 0.25$로 간주하자. 이제 다음과 같은 표를 작성하자.

i	0	1	2	3	4	5	6	7	8
x_i	3.0	3.25	3.5	3.75	4.0	4.25	4.5	4.75	5.0
y_i	6.7	7.4	8.2	9.2	10.4	11.6	12.5	13.3	1.40

각각의 i $(0 \le i \le 8)$에 대응하는 (x_i, y_i)를 심프슨 공식에 적용하면

$$\begin{aligned}\int_{-1}^{1} \sqrt{1 + x^3}\,dx &\approx \frac{h}{3}(y_0 + 4(y_1 + y_3 + y_5 + y_7) + 2(y_2 + y_4 + y_6) + y_8)\\ &= \frac{0.25}{3}(6.7 + 4(7.4 + 9.2 + 11.6 + 13.3) + 2(8.2 + 10.4 + 12.5) + 1.40)\\ &\approx 19.6917\end{aligned}$$

와 같은 근삿값을 얻는다. □

제 6 장

정적분의 응용(연습문제 및 풀이)

연습문제(6.1)

1. 다음 주어진 곡선과 x축으로 둘러싸인 영역의 넓이 A를 구하여라.

(1) $y = -x^2 + 6x$　　(2) $y = x^2 - 9$　　(3) $y = x^2 - 4x - 5$

(4) $y = x(x^2 - x - 2)$　　(5) $y = x^4 - 16$　　(6) $y = x\sqrt{1 - x^2}$

【풀이】 (1) $A = \int_0^6 (-x^2 + 6x)\,dx = 36$

(2) $A = \int_{-3}^3 (x^2 - 9)\,dx = 18$

(3) $A = -\int_{-1}^5 (x^2 - 4x - 5)\,dx = 36$

(4) $A = \int_{-1}^0 x(x^2 - x - 2)\,dx - \int_0^2 x(x^2 - x - 2)\,dx = \frac{37}{12}$

(5) $A = -\int_{-2}^2 (x^4 - 16)\,dx = \frac{256}{5}$

(6) $A = 2\int_0^1 x\sqrt{1-x^2}\,dx = \dfrac{2}{3}$ □

2. 두 곡선 $y = x^2$ 과 $y^2 = 27x$ 로 둘러싸인 영역의 면적 A 를 구하여라.

【풀이】 $A = \int_0^3 \left(3\sqrt{3x} - x^2\right) dx = 9$ □

3. 곡선 $y = x^2 - 4x + 3$ 과 직선 $y = x - 1$ 로 둘러싸인 영역의 면적 A 를 구하여라.

【풀이】 $A = \int_1^4 ((x-1) - (x^2 - 4x + 3))\,dx = \dfrac{9}{2}$ □

4. 포물선 $y^2 = 2x + 6$ 과 직선 $y = x - 1$ 로 둘러싸인 영역의 면적 A 를 구하여라.

【풀이】 $A = \int_{1-\sqrt{5}}^{1+\sqrt{5}} ((y-1) - (\frac{1}{2}y^2 - 3))\,dx = \dfrac{10\sqrt{5}}{3}$ □

연습문제(6.2)

1. 문제에서 주어진 영역을 x축을 회전축으로 하여 회전시켜 얻어지는 회전체의 체적 V를 구하여라.

(1) 원 $x^2 + y^2 = r^2$ 의 내부에서 제1사분면에 놓인 영역

(2) 직선 $x + 2y = 1$ 과 두 좌표축으로 둘러싸인 영역

(3) 원 $x^2 + y^2 = r^2$ 과 직선 $x = h$ $(0 < h < r)$ 로 둘러싸인 영역 중에서 작은 부분

【풀이】 (1) $V = \pi\int_0^r y^2\,dx = \pi\int_0^r (r^2 - x^2)\,dx = \dfrac{2}{3}\pi r^3$

(2) $V = \pi\int_0^1 y^2\,dx = \pi\int_0^1 \dfrac{1}{4}(1-x)^2\,dx = \dfrac{\pi}{12}$

(3) $V = \pi\int_h^r y^2\,dx = \pi\int_h^r (r^2 - x^2)\,dx = \dfrac{\pi}{3}(2r^3 - 3r^2h + h^3)$ □

2. 다음 문제에서 주어진 영역을 y축을 회전축으로 하여 회전시켜 얻어지는 회전체의 체적 V를 구하여라.

(1) 타원 $x^2/a^2 + y^2/b^2 = 1$의 내부에서 제1사분면에 놓인 영역

(2) 포물선 $y = x^2$과 직선 $y = 2x$로 둘러싸인 영역

(3) 두 원 $x^2 + y^2 = a^2$과 $(x - a)^2 + y^2 = a^2$으로 둘러싸인 영역

【풀이】 (1) $V = \pi \int_0^b x^2\, dy = \frac{a^2}{b^2}\pi \int_0^b (b^2 - y^2)\, dx = \frac{2}{3}a^2 b\pi$

(2) $V = \pi \int_0^4 (y - \frac{1}{4}y^2)\, dy = \frac{8\pi}{3}$

(3) 구하는 회전체의 체적 V는

$$V = \pi \int_{-\sqrt{3}a/2}^{\sqrt{3}a/2} \left(\left(a^2 - y^2\right) - \left(a - \sqrt{a^2 - y^2}\right)^2 \right) dy$$

$$= \pi \left(2 \tan^{-1} \left(\frac{\sqrt{3}\sqrt{a^2}}{a} \right) a^3 + \frac{1}{2}\sqrt{3}\left(\left(a^2\right)^{3/2} - 2a^3 \right) \right)$$

이다. □

3. 포물선 $y = x^2$과 직선 $x = 2$ 그리고 x축으로 둘러싸인 영역을 직선 $x = 2$를 회전축으로 하여 회전시켜 얻어지는 회전체의 체적 V를 구하여라.

【풀이】 회전체의 단면적은 $A(y) = \pi(\sqrt{y} - 2)^2 \ (0 \le y \le 4)$이다. 따라서 구하는 회전체의 체적 V는 다음과 같다.

$$V = \pi \int_0^4 (\sqrt{y} - 2)^2\, dy = \frac{8\pi}{3}$$ □

4. 원 $x^2 + y^2 = 1$의 내부 영역을 직선 $y = 4$를 회전축으로 하여 회전시켜 얻어지는 회전체의 체적 V를 구하여라.

【풀이】 구하는 회전체의 체적 V는 다음과 같다.

$$V = \pi \int_{-1}^{1} \left(\left(-4 - \sqrt{1 - x^2}\right)^2 - \left(-4 + \sqrt{1 - x^2}\right)^2 \right) dx = 8\pi^2$$ □

연습문제(6.3)

1. 곡선 $y = 3x\sqrt{x} - 1$ 의 $x = 0$ 에서 $x = 1$ 까지에 대응하는 호의 길이 L을 구하여라.

【풀이】 $L = \int_0^1 \sqrt{1 + y'^2}\,dx = \frac{1}{2}\int_0^1 \sqrt{4 + 81x}\,dx = \frac{1}{243}(85\sqrt{85} - 8)$ □

2. 곡선 $x = y^2$ 에 대하여 점 $(0, 0)$ 에서 $(1, 1)$ 까지에 대응하는 호의 길이 L을 구하여라.

【풀이】 [참 고] 한 곡선 $x = f(y)$ $(c \le y \le d)$ 이고, $g'(y)$ 가 연속이면 호의 길이 L은

$$L = \int_c^d \sqrt{1 + (g'(y))^2}\,dy = \int_c^d \sqrt{1 + \left(\frac{dx}{dy}\right)^2}\,dy$$

와 같다. 따라서 구하는 호의 길이 L은

$$L = \int_0^1 \sqrt{1 + (g'(y))^2}\,dy = \int_0^1 \sqrt{1 + 4y^2}\,dy = \frac{\sqrt{5}}{2} + \frac{\ln\left(\sqrt{5} + 2\right)}{4}$$

이다. □

3. 곡선 $y = x^{2/3}$ 의 $x = 0$ 에서 $x = 1$ 까지에 대응하는 호의 길이 L을 구하여라.

【풀이】 $L = \int_0^1 \sqrt{1 + y'^2}\,dx = \frac{1}{2}\int_0^1 \sqrt{1 + \frac{4}{9}x^{-2/3}}\,dx = \frac{1}{27}\left(-8 + 13\sqrt{13}\right)$ □

4. 곡선 $x^{2/3} + y^{2/3} = 1$ 의 $x = 0$ 에서 $x = 1$ 까지에 대응하는 호의 길이 L을 구하여라.

【풀이】 $L = \int_0^1 \sqrt{1 + y'^2}\,dx = \frac{1}{2}\int_0^1 x^{-1/3}\,dx = \frac{3}{2}$ □

연습문제(6.4)

1. $f(x) = x^2$ 은 구간 [1, 4] 에서 연속이다. 평균값의 정리를 만족시키는 c 를 찾아라.

【풀이】 적분의 평균값의 정리에 의해

$$\int_1^4 x^2\,dx = f(c)(4-1) \qquad (1 \le c \le 4)$$

인 c 를 구하면 $c = \sqrt{7}$ 이다. □

2. 다음 함수의 평균값을 구하여라.

(1) $y = a\sin x\ (0 \le x \le \pi)$ 에서 y 및 y^2 의 x 에 관한 평균값

(2) 반원 $y = \sqrt{a^2 - x^2}$ 위의 점에서 지름에 내린 수선의 x 에 관한 평균값

【풀이】 (1) 함수 y 와 y^2 의 x 에 관한 평균값 M_1 과 M_2 는 각각

$$M_1 = \frac{1}{\pi - 0}\int_0^\pi a\sin x\,dx = \frac{a}{\pi}\int_0^\pi \sin x\,dx = \frac{a}{\pi}[-\cos x]_0^\pi = \frac{2a}{\pi},$$

$$\begin{aligned} M_2 &= \frac{1}{\pi - 0}\int_0^\pi a^2\sin^2 x\,dx = \frac{a^2}{\pi}\int_0^\pi \sin^2 x\,dx = \frac{a^2}{\pi}\int_0^\pi \frac{1-\cos 2x}{2}\,dx \\ &= \frac{a^2}{2\pi}\int_0^\pi (1-\cos 2x)\,dx = \frac{a^2}{2\pi}\left[x - \frac{1}{2}\sin 2x\right]_0^\pi = \frac{a^2}{2} \end{aligned}$$

이다.

(2) 반원 위의 임의의 한 점 (x, y) 에서 지름에 내린 수선의 길이 h 를 x 에 관한 함수로 나타내면

$$h(x) = \sqrt{(x-x)^2 + (y-0)^2} = \sqrt{y^2} = |y| = y = \sqrt{a^2 - x^2} \qquad (-a \le x \le a)$$

이다. 따라서 구하는 평균값 M 은

$$M = \frac{1}{a-(-a)}\int_{-a}^a h(x)\,dx = \frac{1}{a-(-a)}\int_{-a}^a \sqrt{a^2 - x^2}\,dx = \frac{a^2\pi}{2}$$

이다. □

연습문제(6.5)

1. 엔진오일을 교환하기 위하여 무게 1000 kg 의 자동차를 2 m 들어 오렸다면 이 자동차에 대해서 한 일은 얼마인가? (단, $g = 9.8\,\mathrm{m/s^2}$)

【풀이】 작용된 힘은 중력에 의한 힘과 같고 방향은 반대이므로

$$F = m \cdot g = 1000 \times 9.8 = 9800\,\mathrm{N}$$

이다. 여기서 힘의 단위 N 은 뉴턴($\mathrm{N} = \mathrm{kg \cdot m/s^2}$)을 의미한다. 따라서 일은

$$W = F \cdot s = 9800 \times 2 = 19600\,\mathrm{J}$$

이다. 여기서 일의 단위 J 는 뉴턴·미터로서 줄(joule)을 의미한다. □

2. 높이가 10 m 이고 밑면의 반지름이 6 m 인 거꾸로 세워진 직원뿔모양의 물통이 있다. 이 물통에 높이 8 m 인 지점까지 물이 채워져 있다. 이 물통의 물 전부를 물통의 윗면까지 퍼 올려서 비우는 데 필요로 하는 일은 얼마인가? (단, 물의 밀도는 $1000\,\mathrm{kg/m^3}$ 이고, 물을 끌어 올리는 데 필요한 힘에 영향을 주는 중력은 무시하기로 한다.)

【풀이】 밑면의 반지름이 6 m 인 거꾸로 세워진 직원뿔모양의 물통이 위로부터 x m 떨어진 곳에서의 물통의 반지름은 $3(10-x)/5$ m 이다. 따라서 위로부터 x m 떨어진 곳에서의 물통의 단면적 $A(x)$ 는

$$A(x) = \frac{9}{25}\pi(10-x)^2$$

이고, 물통의 윗면까지 퍼 올려야 할 거리는 $s(x) = x$ 이므로 물통의 물 전부를 물통의 윗면까지 퍼 올려서 비우는 데 필요로 하는 일 W 는

$$W = \int_2^{10} 1000x\left(\frac{9}{25}\pi(10-x)^2\right)dx = 360\pi\int_2^{10} x(10-x)^2\,dx = 245760\pi$$

이다. □

3. 용수철을 본래의 길이 10 cm 로부터 15 cm 의 길이로 잡아 늘리는데 필요로 하는 힘은 40 N 이다. 이때 이 용수철의 길이를 15 cm 에서 18 cm 로 잡아 늘일 때 행해진 일은 얼마인가?

【풀이】 훅의 법칙에 따르면 용수철을 본래의 길이로부터 x m 만큼 잡아 늘리는데 필요로 하는 힘은 $F(x) = kx$ 이다. 그런데 이 용수철을 10 cm 로부터 15 cm 까지 잡아 늘일 때 늘어난 길이는 5 cm = 0.05 m 이다. 이것은 $F(0.05) = 40$ 임을 의미한다. 따라서 $0.05k = 40$ 으로부터 $k = 800$ 임을 알 수 있다. 그러므로 $F(x) = 800x$ 이며, 용수철을 15 cm 에서 18 cm 로 잡아 늘일 때 행해진 일은

$$W = \int_{0.15}^{0.18} 800x\,dx = 3.96\text{ J}$$

이다. □

제 7 장

좌표공간과 좌표계(연습문제 및 풀이)

연습문제(7.1)

1. 우리나라의 각 지점에서 매 시각마다 기온, 기압과 습도를 기록한다면, 이 기록은 몇 차원 공간의 점으로 이해 할 수 있는가?

【풀이】 매 시각에 따른 기온, 기압, 습도를 독립변수로 갖는 삼차원 공간 $\mathbb{R}^3$ 의 점으로 이해할 수 있다. □

2. 다음 식은 삼차원 공간 $\mathbb{R}^3$ 에서 어떤 도형을 나타내는가?

(1) $x^2 + y^2 = 1$　　(2) $x + y + z = 0$　　(3) $y = \sin x$

【풀이】 (1) 삼차원 공간 $\mathbb{R}^3$ 에서 $x^2 + y^2 = 1$ 이 나타내는 도형은

$$\{(x, y, z) \in \mathbb{R}^3 \mid x^2 + y^2 = 1\}$$

을 의미한다. 따라서 xy-평면에서 원점을 중심으로 반지름이 1 인 원을 z축으로 확장시킨 원기둥이다.

(2) 삼차원 공간 $\mathbb{R}^3$ 에서 $x+y+z=0$ 이 나타내는 도형은 원점 (0, 0, 0) 을 품으면서 벡터 (1, 1, 1) 에 수직인 평면이다.

(3) 삼차원 공간 $\mathbb{R}^3$ 에서 $y = \sin x$ 가 나타내는 도형은

$$\{(x, y, z) \in \mathbb{R}^3 \mid y = \sin x\}$$

을 의미한다. 즉, xy-평면 위의 곡선 $y = \sin x$ 를 z축으로 확장시킨 곡면이다. □

3. 좌표 평면의 한 점 (a_1, a_2) 와 삼차원 공간의 한 점 (a_3, a_4, a_5) 가 주어졌을 때 이에 대응하여 오차원 실공간 $\mathbb{R}^5$ 의 한 점이 반드시 대응함을 설명하여라. 또 거꾸로 오차원 공간의 한 점 $(b_1, b_2, b_3, b_4, b_5)$ 에 대응하여 각각 이차원과 삼차원 공간의 점이 주어짐을 설명하여라.

【풀이】 $((a_1, a_2), (a_3, a_4, a_5)) \longmapsto (a_1, a_2, a_3, a_4, a_5)$ 은 $\mathbb{R}^2 \times \mathbb{R}^3$ 에서 $\mathbb{R}^5$ 로의 일대일 대응이다. □

4. 차수가 3 이하인 다항식 전체의 집합

$$P_3 = \{a_0 + a_1 x + a_2 x^2 + a_3 x^3 \mid a_0, a_1, a_2, a_3 \in \mathbb{R}\}$$

과 4 차원 좌표공간 $\mathbb{R}^4$ 사이의 일대일 대응관계를 기술하여라.

【풀이】 $a_0 + a_1 x + a_2 x^2 + a_3 x^3 \longmapsto (a_0, a_1, a_2, a_3)$ 은 P_3 으로부터 $\mathbb{R}^4$ 로의 일대일 대응이다. □

5. 다음 2×2 행렬 전체의 집합

$$\left\{ \begin{pmatrix} a_{11} & a_{12} \\ a_{21} & a_{22} \end{pmatrix} \;\middle|\; a_{11}, a_{12}, a_{21}, a_{22} \in \mathbb{R} \right\}$$

은 몇 차원 공간의 점들과 일대일 대응을 할 수 있는가?

【풀이】 $\begin{pmatrix} a_{11} & a_{12} \\ a_{21} & a_{22} \end{pmatrix} \longmapsto (a_{11}, a_{12}, a_{21}, a_{22})$ 은 2×2 행렬들의 집합에서 $\mathbb{R}^4$ 로의 일대일 대응이다. □

연습문제(7.2)

1. 다음과 같이 극좌표로 주어진 점의 직교좌표를 구하여라.

(1) $(\sqrt{2}, \pi/4)$ (2) $(1, \pi/2)$ (3) $(2\sqrt{3}, \pi/3)$ (4) $(5, \tan^{-1}(4/3))$

【풀이】 [참 고] 극좌표 (r, θ) 에 대응하는 직교좌표를 (x, y) 라 할 때, 이들 사이에는 관계식

$$x = r\cos\theta, \quad y = r\sin\theta, \quad x^2 + y^2 = r^2$$

이 성립한다.

(1) 극좌표 $(\sqrt{2}, \pi/4)$ 에 대응하는 직교좌표를 (x, y) 라 할 때,

$$x = \sqrt{2}\cos\frac{\pi}{4} = \sqrt{2}\cdot\frac{1}{\sqrt{2}} = 1, \quad y = \sqrt{2}\sin\frac{\pi}{4} = \sqrt{2}\cdot\frac{1}{\sqrt{2}} = 1$$

이다. 따라서 주어진 극좌표에 대응하는 직교좌표는 $(1, 1)$ 이다.

(2) 극좌표 $(1, \pi/2)$ 에 대응하는 직교좌표를 (x, y) 라 할 때,

$$x = 1\cos\frac{\pi}{2} = 1\cdot 0 = 0, \quad y = 1\sin\frac{\pi}{2} = 1\cdot 1 = 1$$

이다. 따라서 주어진 극좌표에 대응하는 직교좌표는 $(0, 1)$ 이다.

(3) 극좌표 $(2\sqrt{3}, \pi/3)$ 에 대응하는 직교좌표를 (x, y) 라 할 때,

$$x = 2\sqrt{3}\cos\frac{\pi}{3} = 2\sqrt{3}\cdot\frac{1}{2} = \sqrt{3}, \quad y = 2\sqrt{3}\sin\frac{\pi}{3} = 2\sqrt{3}\cdot\frac{\sqrt{3}}{2} = 3$$

이다. 따라서 주어진 극좌표에 대응하는 직교좌표는 $(\sqrt{3}, 3)$ 이다.

(4) $\theta = \tan^{-1}(4/3)$ 라고 놓으면 $\tan\theta = 4/3$ $(-\pi/2 < \theta < \pi/2)$ 이 성립한다. 그러므로 이를 만족하는 θ는 삼각비로부터 $\cos\theta = 3/5$, $\sin\theta = 4/5$ 임을 알 수 있다. 따라서 극좌표 $(5, \tan^{-1}(4/3))$ 에 대응하는 직교좌표를 (x, y) 라 할 때

$$x = 5\cos\theta = 5 \cdot \frac{3}{5} = 3, \qquad y = 5\sin\theta = 5 \cdot \frac{4}{5} = 4$$

이다. 따라서 주어진 극좌표에 대응하는 직교좌표는 (3, 4) 이다. □

2. 극좌표로 주어진 다음 점을 직교좌표 평면 위에 나타내어라.

(1) $(3, \pi/4)$ (2) $(2, \pi/2)$ (3) $(2, 5\pi/4)$ (4) $(1, 0)$

【풀이】 (1) x축의 양의 방향과 $\pi/4$ 만큼 회전했을 때 원점으로부터 크기 3 만큼 떨어진 곳에 위치한 점이다.

(2) x축의 양의 방향과 $\pi/2$ 만큼 회전했을 때 원점으로부터 크기 2 만큼 떨어진 곳에 위치한 점이다.

(3) x축의 양의 방향과 $5\pi/4$ 만큼 회전했을 때 원점으로부터 크기 2 만큼 떨어진 곳에 위치한 점이다.

(4) x축상의 점으로 x축의 양의 방향으로 원점으로부터 크기 1 만큼 떨어진 곳에 위치한 점이다. □

3. 다음에서 동일한 점을 나타내는 극좌표를 골라라.

(1) $(3, \pi/4)$ (2) $(-3, \pi/4)$ (3) $(3, -\pi/4)$

(4) $(-3, -\pi/4)$ (5) $(3, 5\pi/4)$ (6) $(-3, 5\pi/4)$

【풀이】 주어진 각각의 좌표를 극좌표계에 나타내 보면 (1) 번과 (6) 번이 동일한 위치를 나타내고, 또한 (2) 번과 (5) 번이 동일한 위치를 나타내고 있음을 알 수 있다. □

4. 극좌표로 주어진 다음의 극방정식을 직교방정식으로 바꾸어 나타내어라.

(1) $r\sin\theta = 4$ (2) $r(\sin\theta + 2\cos\theta) = 2$

(3) $r\cos(\theta - \pi/3) = 3$ (4) $\tan\theta = 2$

【풀이】 [참 고] 극좌표 (r, θ)에 대응하는 직교좌표를 (x, y)라 할 때, 이들 사이에는 관계식

$$x = r\cos\theta, \qquad y = r\sin\theta, \qquad x^2 + y^2 = r^2$$

이 성립한다. 이러한 관계식을 이용하여 극방정식을 직교방정식으로 변환할 수 있다.

(1) 극좌표 (r, θ)에 대응하는 직교좌표를 (x, y)라 할 때 $y = r\sin\theta$이므로 주어진 극방정식 $r\sin\theta = 4$에 대응하는 직교방정식은 $y = 4$이다.

(2) 극좌표 (r, θ)에 대응하는 직교좌표를 (x, y)라 할 때 $x = r\cos\theta$, $y = r\sin\theta$이므로 주어진 극방정식 $r(\sin\theta + 2\cos\theta) = 2$에 대응하는 직교방정식은 $y + 2x = 2$이다.

(3) 극좌표 (r, θ)에 대응하는 직교좌표를 (x, y)라 할 때 $x = r\cos\theta$, $y = r\sin\theta$이다. 또한 주어진 극방정식의 좌변을 정리하면

$$\begin{aligned} r\cos\left(\theta - \frac{\pi}{3}\right) &= r\left(\cos\theta\cos\frac{\pi}{3} + \sin\theta\sin\frac{\pi}{3}\right) \\ &= r\left(\frac{1}{2}\cos\theta + \frac{\sqrt{3}}{2}\sin\theta\right) = \frac{1}{2}r\cos\theta + \frac{\sqrt{3}}{2}r\sin\theta \end{aligned}$$

이므로 주어진 극방정식에 대응하는 직교방정식은

$$\frac{1}{2}x + \frac{\sqrt{3}}{2}y = 3 \qquad \text{또는} \qquad x + \sqrt{3}y = 6$$

이다.

(4) 극좌표 (r, θ)에 대응하는 직교좌표를 (x, y)라 할 때 $x = r\cos\theta$, $y = r\sin\theta$이므로 $\cos\theta = x/r$, $\sin\theta = y/r$이다. 그런데 주어진 극방정식 $\tan\theta = 2$로부터 $\sin\theta = 2\cos\theta$이므로 대응하는 직교방정식은

$$\frac{y}{r} = 2\frac{x}{r} \quad \text{로부터} \quad y = 2x$$

이다. □

5. 극좌표로 주어진 두 점 (r_1, θ_1)와 (r_2, θ_2) 사이의 거리를 구하여라. 또 두 점 (r_1, θ_1)와 $(r_2, \pi - \theta_1)$ 사이의 거리를 구하고 앞의 거리와 비교하여라.

【풀이】 극좌표 (r_1, θ_1)에 대응하는 직교좌표를 (x_1, y_1)라 놓고, 극좌표 (r_2, θ_2)에 대응하는 직교좌표를 (x_2, y_2)라 놓자. 그러면

$$(x_1, y_1) = (r_1\cos\theta_1, r_1\sin\theta_1), \qquad (x_2, y_2) = (r_2\cos\theta_2, r_2\sin\theta_2)$$

이다. 따라서 직교좌표상의 두 점 (x_1, y_1)와 (x_2, y_2) 사이의 거리를 L이라고 하면,

$$\begin{aligned}
L &= \sqrt{(x_2 - x_1)^2 + (y_2 - y_1)^2} \\
&= \sqrt{(r_2\cos\theta_2 - r_1\cos\theta_1)^2 + (r_2\sin\theta_2 - r_1\sin\theta_1)^2} \\
&= \sqrt{r_2^2\cos^2\theta_2 + r_1^2\cos^2\theta_1 - 2r_1r_2\cos\theta_1\cos\theta_2 + r_2^2\sin^2\theta_2 + r_1^2\sin^2\theta_1 - 2r_1r_2\sin\theta_1\sin\theta_2} \\
&= \sqrt{r_1^2(\cos^2\theta_1 + \sin^2\theta_1) + r_2^2(\cos^2\theta_2 + \sin^2\theta_2) - 2r_1r_2(\cos\theta_1\cos\theta_2 + \sin\theta_1\sin\theta_2)} \\
&= \sqrt{r_1^2 + r_2^2 - 2r_1r_2\cos(\theta_1 - \theta_2)}
\end{aligned}$$

이다. 그리고 두 점 (r_1, θ_1)와 $(r_2, \pi - \theta_1)$ 사이의 거리를 L^*라고 놓으면,

$$\begin{aligned}
L^* &= \sqrt{r_1^2 + r_2^2 - 2r_1r_2\cos(\theta_1 - (\pi - \theta_1))} = \sqrt{r_1^2 + r_2^2 - 2r_1r_2\cos(2\theta_1 - \pi)} \\
&= \sqrt{r_1^2 + r_2^2 + 2r_1r_2\cos 2\theta_1}
\end{aligned}$$

이다. □

6. 평면에서의 직선의 방정식 $ax + by = c$를 극방정식으로 나타내어라.

【풀이】 직교좌표 (x, y)에 대응하는 극좌표를 (r, θ)라 할 때 $x = r\cos\theta,\ y = r\sin\theta$이므로 직교방정식 $ax + by = c$에 대응하는 극방정식은 $ar\cos\theta + br\sin\theta = c$이다. □

7. 극좌표가 각각 $(1, \pi/6)$와 $(3, 3\pi/4)$인 두 점 사이의 거리를 구하여라.

【풀이】 [문제 5]의 풀이 결과로부터 극좌표로 주어진 두 점 (r_1, θ_1)와 (r_2, θ_2) 사이의 거리 L은

$$L = \sqrt{r_1^2 + r_2^2 - 2r_1r_2\cos(\theta_1 - \theta_2)}$$

임을 알았다. 따라서 극좌표가 각각 $(1, \pi/6)$ 와 $(3, 3\pi/4)$ 인 두 점 사이의 거리 L은

$$L = \sqrt{1^2 + 3^2 - 2 \cdot 1 \cdot 3\cos\left(\frac{\pi}{6} - \frac{3\pi}{4}\right)} = \sqrt{10 - 6\cos\frac{7\pi}{12}}$$

이다. 또 다른 방법으로 주어진 극좌표에 대응하는 직교좌표를 얻어 계산한다면, 극좌표 $(1, \pi/6)$ 에 대응하는 직교좌표는 $(\sqrt{3}/2, 1/2)$ 이고, 극좌표 $(3, 3\pi/4)$ 에 대응하는 직교좌표는 $(-3/\sqrt{2}, 3/\sqrt{2})$ 이므로 직교좌표상의 두 점 $(\sqrt{3}/2, 1/2)$ 와 $(-3/\sqrt{2}, 3/\sqrt{2})$ 사이의 거리 L은

$$L = \sqrt{\left(\frac{\sqrt{3}}{2} + \frac{3}{\sqrt{2}}\right)^2 + \left(\frac{1}{2} - \frac{3}{\sqrt{2}}\right)^2}$$

이다. □

8. 극좌표로 주어진 다음 곡선의 교점을 구하여라.

(1) $\begin{cases} r = 2\cos\theta \\ r = 2\sin\theta \end{cases}$ (2) $\begin{cases} r = 4\cos\theta \\ r = 4(1 - \cos\theta) \end{cases}$

【풀이】 (1) 극방정식 $r = 2\cos\theta$ 의 양변에 r를 곱하면 $r^2 = 2r\cos\theta$ 이므로 대응하는 직교방정식은 $(x-1)^2 + y^2 = 1$ 이다. 또한 극방정식 $r = 2\sin\theta$ 의 양변에 r를 곱하면 $r^2 = 2r\sin\theta$ 이므로 대응하는 직교방정식은 $x^2 + (y-1)^2 = 1$ 이다. 따라서 두 곡선의 교점은 직교좌표상의 원점과 제1사분면의 좌표임을 알 수 있다. 그런데 주어진 두 극방정식을 연립하여 풀면 $\cos\theta = \sin\theta$ 로부터 제1사분면에 존재하는 교점에서의 θ는 $\theta = \pi/4$ 이고, 이에 관계하는 교점에서의 r의 값은 $r = 2\cos(\pi/4) = 2 \cdot (1/\sqrt{2}) = \sqrt{2}$ 이다. 따라서 구하는 두 곡선의 교점에서의 극좌표는 각각 극점과 $(\sqrt{2}, \pi/4)$ 이다. 또한 이들에 대응하는 직교좌표는 각각 $(0, 0)$, $(1, 1)$ 이다.

(2) 극방정식 $r = 4\cos\theta$ 의 양변에 r를 곱하면 $r^2 = 4r\cos\theta$ 이므로 대응하는 직교방정식은 $(x-2)^2 + y^2 = 4$ 이다. 또한 극방정식 $r = 4(1 - \cos\theta)$ 는 x축에 대칭이면서 $0 \le \theta \le \pi/2$ 에서 r의 값은 점차 증가한다. 따라서 두 극방정식의 그래프의 교점은 극점, 제1사분면, 그리고 제1사분면에 존재하는 교점의 x축 대칭인 점이다. 그런데 주어진 두 극방정식을 연립하여 풀면

$$4\cos\theta = 4(1 - \cos\theta), \qquad \cos\theta = 1 - \cos\theta, \qquad 2\cos\theta = 1$$

이므로 제1사분면에 존재하는 교점에서의 편각 θ는 $\theta = \pi/3$ 이고, 이에 관계하는 교점에서의 r의 값은 $r = 4\cos(\pi/3) = 4 \cdot (1/2) = 2$ 이다. 따라서 구하는 두 곡선의 교점에서의 극좌표는 각각 극점, $(2, \pi/3)$, $(2, -\pi/3)$ 이다. 또한 이들에 대응하는 직교좌표는 각각 $(0, 0)$, $(1, \sqrt{3})$, $(1, -\sqrt{3})$ 이다. □

연습문제(7.3)

1. 극좌표로 주어진 다음 곡선의 개형을 그려라.

(1) $r = \sin\theta$ (2) $r = \cos\theta$ (3) $r = \dfrac{\theta}{2}$ (4) $r = -2\sin\theta$

【풀이】 (1) $r = \sin\theta$의 양변에 r을 곱하면 $r^2 = r\sin\theta$이다. 그런데 $x^2 + y^2 = r^2$ 이고 $y = r\sin\theta$ 이므로 $x^2 + y^2 = y$를 얻는다. 따라서 주어진 극방정식에 대응하는 직교방정식은 $x^2 + (y - 1/2)^2 = (1/2)^2$ 이다.

(2) $r = \cos\theta = \sin(\pi/2 - \theta)$ 이므로 (1)의 그래프를 x축에 관하여 대칭이동 시킨 후에 $\pi/2$ 만큼 회전하면 주어진 극방정식의 그래프가 얻어진다.

(3) $-4\pi \le \theta \le 4\pi$ 까지의 그래프만을 나타내면 아래와 같다.

(4) $r = -2\sin\theta$의 양변에 r을 곱하면 $r^2 = -2r\sin\theta$이다. 그런데 $x^2 + y^2 = r^2$ 이고 $y = r\sin\theta$ 이므로 $x^2 + y^2 = -2y$를 얻는다. 따라서 주어진 극방정식에 대응하는 직교방정식은 $x^2 + (y + 1)^2 = 1$ 이다.

각 문제의 곡선의 개형은 다음과 같다. □

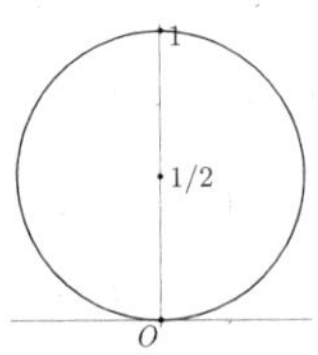

(1) $r = \sin\theta$

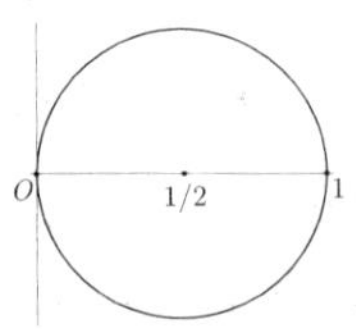

(2) $r = \cos\theta$

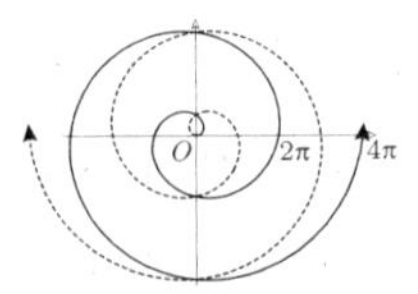

(3) $r = \theta/2$

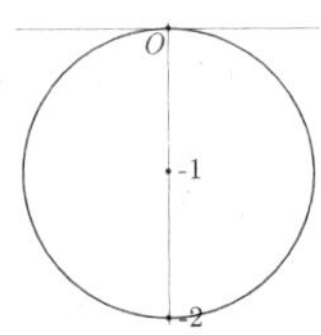

(4) $r = -2\sin\theta$

2. 극좌표로 주어진 다음 곡선의 개형을 그려라.

(1) $r = \sin\left(\theta + \dfrac{\pi}{4}\right)$ (2) $r = \sin\left(\theta + \dfrac{\pi}{2}\right)$ (3) $r = \sin\left(\theta + \dfrac{3}{4}\pi\right)$ (4) $r = \sin(\theta + \pi)$

【풀이】 각 문제의 곡선의 개형은 다음과 같다. □

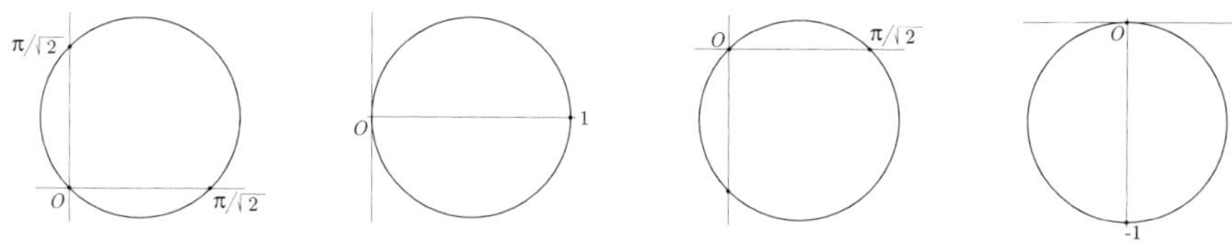

(1) $r = \sin(\theta + \pi/4)$ (2) $r = \sin(\theta + \pi/2)$ (3) $r = \sin(\theta + 3\pi/4)$ (4) $r = \sin(\theta + \pi)$

3. 극좌표 $r = \sin 2\theta$ 로 주어진 곡선의 개형을 그려라.

【풀이】 문제의 곡선의 개형은 다음과 같다. □

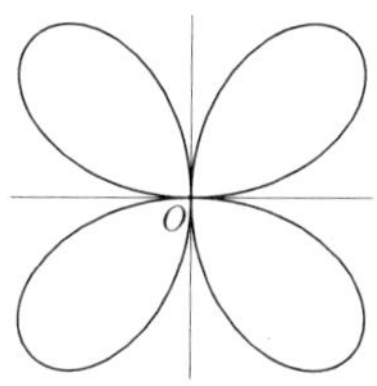

$r = \sin 2\theta$

4. 극좌표 $r = 2\cos 3\theta$ 로 주어진 곡선의 개형을 그려라.

【풀이】 문제의 곡선의 개형은 다음과 같다. □

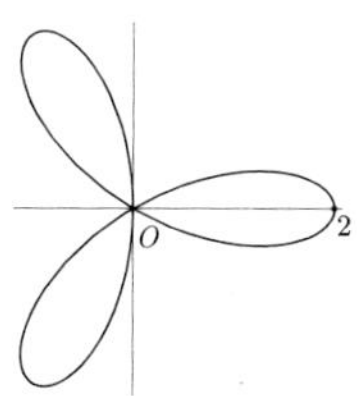

$r = 2\cos 3\theta$

5. 극좌표로 주어진 다음 곡선의 개형을 그려라.

(1) $r = 1 + \sin\dfrac{\theta}{2}$ (2) $r = 1 - 3\cos\theta$

【풀이】 문제의 곡선의 개형은 다음과 같다. □

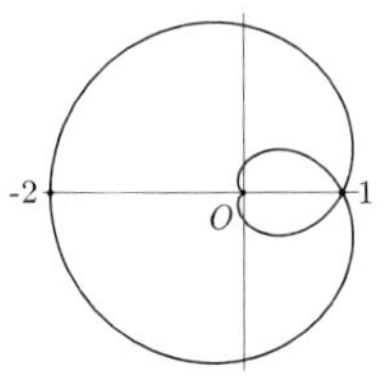

(1) $r = 1 + \sin(\theta/2)$

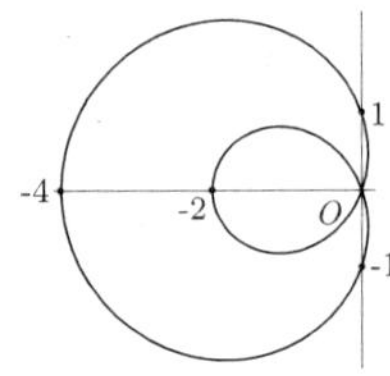

(2) $r = 1 - 3\cos\theta$

6. 극좌표로 주어진 다음 곡선의 개형을 그려라.

(1) $r = \dfrac{1}{\sin\theta}$ (2) $r = \dfrac{2}{2 - \cos\theta}$

【풀이】 문제의 곡선의 개형은 다음과 같다. □

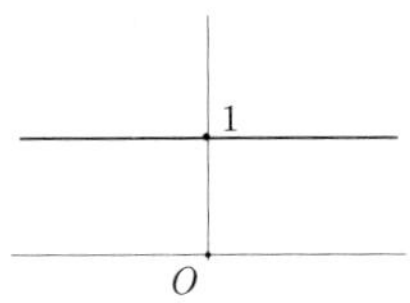

(1) $r = 1/\sin\theta$

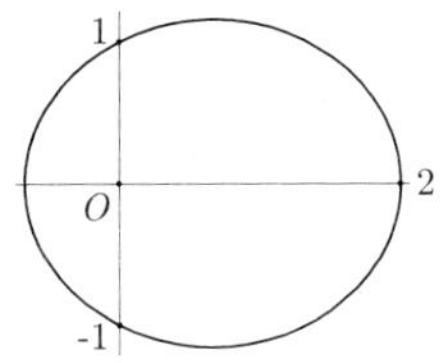

(2) $r = 2/(2 - \cos\theta)$

7. 다음 극방정식을 직교방정식으로 바꾸고 그래프의 개형을 그려라.

(1) $r = 2(1 - \sin\theta)$ (2) $r = \cos\theta$ (3) $r = \theta$

(4) $r^2 = \dfrac{1}{\theta}$ (5) $r = \dfrac{1}{\theta}$ (6) $r = \sqrt{\theta}$

【풀이】 극좌표로 주어진 각 문제에 대응하는 직교좌표의 방정식은 관계식 $x = r\cos\theta$, $y = r\sin\theta$, $x^2 + y^2 = r^2$, $\theta = \tan^{-1}(y/x)$ 들을 이용하여 변형하면 다음과 같다.

(1) $r = 2(1 - \sin\theta)$, $\quad r = 2 - 2\sin\theta$, $\quad x^2 + y^2 - 2\sqrt{x^2 + y^2} + 2x = 0$

(2) $r = \cos\theta$, $\quad x^2 + y^2 = x$, $\quad \left(x - \dfrac{1}{2}\right)^2 + y^2 = \dfrac{1}{4}$

(3) $r = \theta$, $\quad \sqrt{x^2 + y^2} = \tan^{-1}\dfrac{y}{x}$

(4) $r^2 = \dfrac{1}{\theta}$, $\quad x^2 + y^2 = \dfrac{1}{\tan^{-1}\frac{y}{x}}$, $\quad (x^2 + y^2)\tan^{-1}\dfrac{y}{x} = 1$

(5) $r = \dfrac{1}{\theta}$, $\quad \sqrt{x^2+y^2} = \dfrac{1}{\tan^{-1}(y/x)}$, $\quad \sqrt{x^2+y^2}\tan^{-1}\dfrac{y}{x} = 1$

(6) $r = \sqrt{\theta}$, $\quad r^2 = \theta$, $\quad x^2+y^2 = \dfrac{1}{\tan^{-1}(y/x)}$

또한 각 문제의 곡선의 개형은 다음과 같다. □

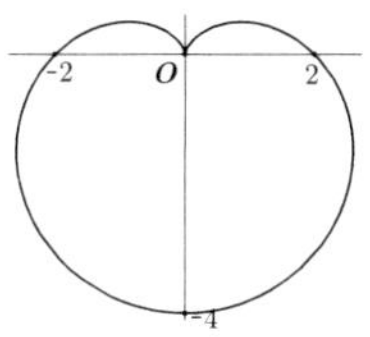

(1) $r = 2(1-\sin\theta)$

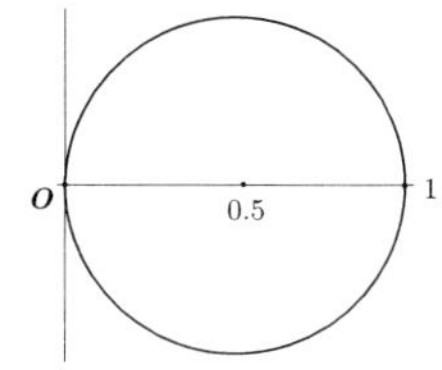

(2) $r = \cos\theta$

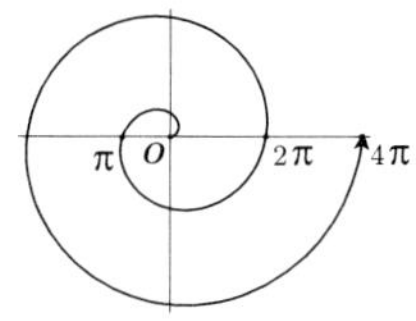

(3) $r = \theta$

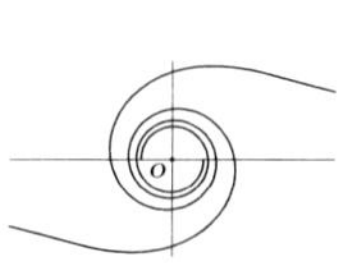

(4) $r^2 = \dfrac{1}{\theta}$

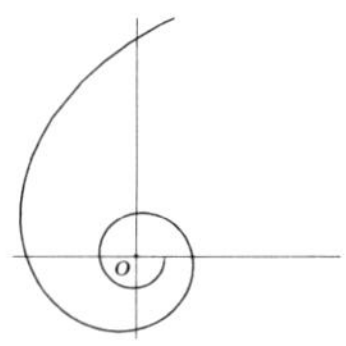

(5) $r = \dfrac{1}{\theta}$ $(r>0)$

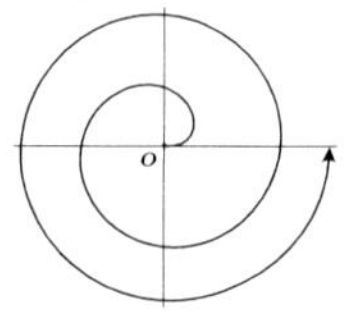

(6) $r = \sqrt{\theta}$

8. 직교좌표계에서 중심이 $(R\cos\theta_0, R\sin\theta_0)$ 이고, 반지름의 길이가 r_0 인 원의 방정식은 극좌표계로는

$$r^2 - 2rR\cos(\theta - \theta_0) + R^2 - r_0^2 = 0$$

임을 보여라.

【풀이】 직교좌표계에서 중심이 $(R\cos\theta_0, R\sin\theta_0)$ 이고 반지름의 길이가 r_0 이므로 원주상의 한 점에 대한 직교좌표를 (x, y) 라고 놓으면 두 점 사이의 거리공식으로부터

$$(x - R\cos\theta_0)^2 + (y - R\sin\theta_0)^2 = r_0^2$$

을 얻는다(그림 참조). 따라서 이를 정리하여 극방정식으로 변형하면

$$\begin{aligned}(x^2+y^2) - 2R(x\cos\theta_0 + y\sin\theta_0) + R^2(\cos^2\theta_0 + \sin^2\theta_0) &= r_0^2 \\ r^2 - 2rR(\cos\theta\cos\theta_0 + \sin\theta\sin\theta_0) + R^2 &= r_0^2 \\ r^2 - 2rR\cos(\theta - \theta_0) + R^2 &= r_0^2\end{aligned}$$

$$r^2 - 2rR\cos(\theta - \theta_0) + R^2 - r_0^2 = 0$$

을 얻는다. □

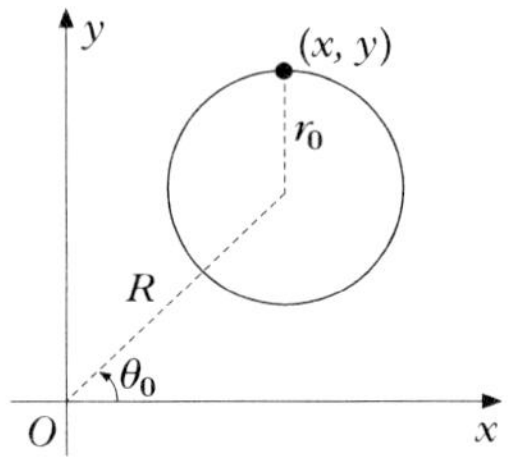

9. 극좌표로 주어진 다음 곡선의 교점을 구하여라.

(1) $\begin{cases} r = \sin\theta \\ r = -\cos\theta \end{cases}$ (2) $\begin{cases} r = \cos\theta \\ r = 2 + \cos\theta \end{cases}$ (3) $\begin{cases} r = 4\cos\theta \\ r = 4(1 - \cos\theta) \end{cases}$

【풀이】 (1) 극방정식 $r = \sin\theta$의 양변에 r를 곱하면 $r^2 = r\sin\theta$이므로 대응하는 직교방정식은 $x^2 + (y - 1/2)^2 = 1/4$이다. 또한 $r = -\cos\theta$의 양변에 r를 곱하면 $r^2 = -r\cos\theta$이므로 대응하는 직교방정식은 $(x + 1/2)^2 + y^2 = 1/4$이다. 따라서 두 극방정식의 그래프의 교점은 극점과 직교좌표상의 제2사분면에 존재한다. 그런데 주어진 두 극방정식을 연립하여 풀면

$$\sin\theta = -\cos\theta, \quad \sin\theta + \cos\theta = 0, \quad \sin 2\theta = -1$$

이므로 제2사분면에 존재하는 교점에서의 편각 θ는 $\theta = 3\pi/4$이고, 교점에서의 r의 값은 $r = \sin(3\pi/4) = 1/\sqrt{2}$이다. 따라서 구하는 두 곡선의 교점에서의 극좌표는 각각 극점과 $(1/\sqrt{2}, 3\pi/4)$이다. 또한 이들에 대응하는 직교좌표는 각각 $(0, 0)$, $(-1/2, 1/2)$이다.

(2) 극방정식 $r = \cos\theta$의 그래프는 극방정식 $r = 2 + \cos\theta$의 그래프에 완전히 포함되므로 두 그래프 사이에 교점은 존재하지 않는다.

(3) 극방정식 $r = 4\cos\theta$의 양변에 r를 곱하면 $r^2 = 4r\cos\theta$이므로 대응하는 직교방정식은 $(x - 2)^2 + y^2 = 4$이다. 또한 극방정식 $r = 4(1 - \cos\theta)$는 x축에 대칭이면서 $0 \le \theta \le \pi/2$에서 r의 값은 점차 증가한다. 따라서 두 극방정식의 그래프의 교점은

극점, 제1사분면, 그리고 제1사분면에 존재하는 교점의 x축 대칭인 점이다. 그런데 주어진 두 극방정식을 연립하여 풀면

$$4\cos\theta = 4(1-\cos\theta), \qquad \cos\theta = 1-\cos\theta, \qquad 2\cos\theta = 1$$

이므로 제1사분면에 존재하는 교점에서의 편각 θ는 $\theta = \pi/3$ 이고, 이에 관계하는 교점에서의 r의 값은 $r = 4\cos(\pi/3) = 4\cdot(1/2) = 2$ 이다. 따라서 구하는 두 곡선의 교점에서의 극좌표는 각각 극점, $(2, \pi/3)$, $(2, -\pi/3)$ 이다. 또한 이들에 대응하는 직교좌표는 각각 $(0, 0)$, $(1, \sqrt{3})$, $(1, -\sqrt{3})$ 이다. □

연습문제(7.4)

1. 직교좌표로 주어진 다음 점들에 대응하는 원기둥좌표와 구면좌표를 구하여라.

(1) $(1, \sqrt{3}, 0)$ (2) $(-1, 0, -1)$

【풀이】 (1) (i) 주어진 직교좌표에 대응하는 원기둥좌표:

식 (7.21) 로부터 구하는 원기둥좌표의 각 성분은

$$\begin{cases} r = \sqrt{1+3} = 2, \\ \tan\theta = \dfrac{\sqrt{3}}{1} = \sqrt{3}, \qquad \text{따라서} \qquad \theta = \dfrac{\pi}{3} + 2n\pi, \\ z = 0 \end{cases}$$

이다. 따라서 직교좌표에 대응하는 하나의 원기둥좌표는 $(2, \pi/3, 0)$ 이다.

(ii) 주어진 직교좌표에 대응하는 구면좌표:

식 (7.27) 로부터

$$\rho = \sqrt{x^2+y^2+z^2} = \sqrt{1+3+0} = 2$$

가 얻어지므로, 식 (7.26) 에 의해

$$\begin{cases} \cos\phi = \dfrac{z}{\rho} = \dfrac{0}{2} = 0 \ \text{ 으로부터 } \ \phi = \dfrac{\pi}{2} \\[2ex] \cos\theta = \dfrac{x}{\rho\sin\phi} = \dfrac{1}{2\cdot 1} = \dfrac{1}{2} \ \text{ 로부터 } \ \theta = \dfrac{\pi}{3} \end{cases}$$

를 얻는다. 따라서 직교좌표에 대응하는 구면좌표는 $(2, \pi/2, \pi/3)$ 이다.

(2) (i) 주어진 직교좌표에 대응하는 원기둥좌표:

식 (7.21) 로부터 구하는 원기둥좌표의 각 성분은

$$\begin{cases} r = \sqrt{(-1)^2 + 0^2} = 1, \\[1ex] \tan\theta = \dfrac{0}{-1} = 0, \qquad \text{따라서} \qquad \theta = n\pi, \\[1ex] z = -1 \end{cases}$$

이다. 따라서 직교좌표에 대응하는 하나의 원기둥좌표는 $(1, \pi, -1)$ 이다.

(ii) 주어진 직교좌표에 대응하는 구면좌표:

식 (7.27) 로부터

$$\rho = \sqrt{x^2 + y^2 + z^2} = \sqrt{2}$$

가 얻어지므로, 식 (7.26) 에 의해

$$\begin{cases} \cos\phi = \dfrac{z}{\rho} = \dfrac{-1}{\sqrt{2}} = -\dfrac{1}{\sqrt{2}} \ \text{ 으로부터 } \ \phi = \dfrac{3\pi}{4} \\[2ex] \cos\theta = \dfrac{x}{\rho\sin\phi} = \dfrac{-1}{\sqrt{2}\cdot\frac{1}{\sqrt{2}}} = -1 \ \text{ 로부터 } \ \theta = \pi \end{cases}$$

를 얻는다. 따라서 직교좌표에 대응하는 구면좌표는 $(\sqrt{2}, 3\pi/4, \pi)$ 이다. □

2. 원기둥좌표로 주어진 다음 점들에 대응하는 직교좌표를 구하여라.

(1) $(2, \pi/4, 1)$ (2) $(3, 0, -6)$

【풀이】 (1) 식 (7.20) 으로부터 구하는 직교좌표의 각 성분은

$$x = 2\cos\frac{\pi}{4} = \sqrt{2}, \qquad y = 2\sin\frac{\pi}{4} = \sqrt{2}, \qquad z = 1$$

이다. 따라서 주어진 점의 직교좌표는 $(\sqrt{2}, \sqrt{2}, 1)$ 이다.

(2) 식 (7.20) 으로부터 구하는 직교좌표의 각 성분은

$$x = 3\cos 0 = 3, \qquad y = 2\sin 0 = 0, \qquad z = -6$$

이다. 따라서 주어진 점의 직교좌표는 $(3, 0, -6)$ 이다. □

3. 구면좌표로 주어진 다음 점들에 대응하는 원기둥좌표를 구하여라.

(1) $(2, 0, 0)$ (2) $(8, \pi/6, \pi/2)$

【풀이】 (1) 먼저 주어진 구면좌표와 관련해 식 (7.26) 으로부터

$$x = 2\sin 0\cos 0 = 0, \qquad y = 2\sin 0\sin 0 = 0, \qquad z = 2\cos 0 = 2$$

을 얻는다. 그러므로 주어진 구면좌표에 대응하는 직교좌표는 $(0, 0, 2)$ 이다. 따라서 이에 대응하는 원기둥좌표는 $(0, 0, 2)$ 이다.

(2) 먼저 주어진 구면좌표와 관련해 식 (7.26) 으로부터

$$x = 8\sin\frac{\pi}{6}\cos\frac{\pi}{2} = 0, \qquad y = 8\sin\frac{\pi}{6}\sin\frac{\pi}{2} = 4, \qquad z = 8\cos\frac{\pi}{6} = 4\sqrt{3}$$

을 얻는다. 그러므로 주어진 구면좌표에 대응하는 직교좌표는 $(0, 4, 4\sqrt{3})$ 이다. 따라서 이에 대응하는 원기둥좌표는 $(4, \pi/2, 4\sqrt{3})$ 이다. □

4. 다음 직교좌표계로 표시된 부분을 원기둥좌표계와 구면좌표계로 나타내어라.

(1) $x^2 + y^2 = z^2$ (2) $1 \le x^2 + y^2 + z^2 \le 4$

【풀이】 (1) (i) 원기둥좌표 방정식:

식 (7.21) 로부터 $r^2 = x^2 + y^2$ 이므로 주어진 직교방정식은 원기둥좌표 방정식

$$r^2 = z^2$$

에 대응한다.

(ii) 구면좌표 방정식:

식 (7.27) 로부터 $\rho^2 = x^2 + y^2 + z^2$ 이므로 $\rho^2 = 2z^2$ 을 얻는다. 또한 식 (7.26) 에서 $z = \rho\cos\phi$ 이므로 $\rho^2 = 2\rho^2\cos^2\phi$ 을 얻는다. 따라서 주어진 직교방정식에 대응하는 구면좌표 방정식은

$$2\cos^2\phi = 1$$

이다.

(2) (i) 원기둥좌표 부등식:

식 (7.21) 로부터 $r^2 = x^2 + y^2$ 이므로 주어진 직교부등식은 원기둥좌표 부등식

$$1 \le r^2 + z^2 \le 4$$

에 대응한다.

(ii) 구면좌표 부등식:

식 (7.27) 로부터 $\rho^2 = x^2 + y^2 + z^2$ 이므로 직교부등식은 구면좌표 부등식

$$1 \le \rho^2 \le 4$$

에 대응한다. □

5. 직교좌표계에서 원뿔 $x^2 + y^2 \le z^2$ 과 공 $x^2 + y^2 + z^2 \le z$ 의 공통부분으로 이루어진 영역을 다음 각각의 좌표계로 나타내어라.

(1) 원기둥좌표계 (2) 구면좌표계

【풀이】 (1) $0 \le r \le z,\ \ 0 \le \theta \le 2\pi,\ \ 0 \le z \le 1/2$, 그리고

$0 \le r \le \sqrt{z - z^2},\ \ 0 \le \theta \le 2\pi,\ \ 1/2 \le z \le 1$

(2) $0 \le \rho \le \cos\phi,\ \ 0 \le \phi \le \pi/4,\ \ 0 \le \theta \le 2\pi$ □

6. 구면좌표계로 표시된 두 점 $(1, \pi/6, \pi/4)$, $(1, \pi/3, \pi/4)$ 사이의 거리를 구하라.

【풀이】 대응하는 직교좌표는 각각 $(\sqrt{2}/4, \sqrt{2}/4, \sqrt{3}/2)$, $(\sqrt{6}/4, \sqrt{6}/4, 1/2)$ 이다. 따라서 이들 사이의 거리는 $(3 - \sqrt{3})/2\sqrt{2}$ 이다. □

7. 다음 주어진 직교방정식을 원기둥좌표 방정식과 구면좌표 방정식으로 나타내어라.

(1) $x^2 + y^2 + z^2 = 16$ (2) $x^2 + y^2 - z^2 = 16$

(3) $x^2 + y^2 = 2z$ (4) $y^2 + z^2 = 1$

【풀이】 (1) 원기둥좌표 방정식: $r^2 + z^2 = 16$, 구면좌표 방정식: $\rho = 4$

(2) 원기둥좌표 방정식: $r^2 - z^2 = 16$, 구면좌표 방정식: $\rho^2(\sin^2\phi - \cos^2\phi) = 16$

(3) 원기둥좌표 방정식: $r^2 = 2z$, 구면좌표 방정식: $\rho^2 \sin^2\phi = 2\cos\phi$

(4) 원기둥좌표 방정식: $r^2\cos^2\theta + z^2 = 1$,
구면좌표 방정식: $\rho^2(\sin^2\phi\sin^2\theta + \cos^2\phi) = 1$ □

8. 직교방정식 $x^2 - y^2 - z^2 = 1$ 에 대응하는 구면좌표계에서의 방정식을 구하여라.

【풀이】 직교좌표 (x, y, z) 와 구면좌표 (ρ, ϕ, θ) 사이의 관계식

$$x = \rho\sin\phi\cos\theta, \quad y = \rho\sin\phi\sin\theta, \quad z = \rho\cos\phi$$

을 대입한 후에 정리하여 나타내면 구면좌표계에서의 방정식은

$$\rho^2(\sin^2\phi(\cos^2\theta - \sin^2\theta) - \cos^2\phi) = 1$$

이다. □

9. 런던의 경도는 0° 이고 위도는 북위 51.5° 이며, 청주의 경도는 동경 127.5° 이고 위도는 북위 36.6° 이다. 청주와 런던의 (지표를 따르는 최단) 거리는 얼마인가? 단, 지구는 반지름의 길이가 6,373 km 인 구로 간주한다(계산기 또는 수표를 사용하는 문제로서 부록의 삼각함수표[1)]를 이용한다).

【풀이】 주어진 정보로부터 런던과 청주의 위치에 대응하는 구면좌표를 각각 A, B 라고 하면, 이들은 각각

$$A(6373,\ 90° - 51.5°,\ 0°) = A(6373,\ 38.5°,\ 0°)$$

1) 삼각함수표(486쪽, 부록 삼각함수표 참조)

$$B(6373,\ 90^\circ - 36.6^\circ,\ 127.5^\circ) = B(6373,\ 53.4^\circ,\ 127.5^\circ)$$

와 같다. 따라서 이들에 대응하는 직교좌표를 얻기 위하여 근삿값으로써

$$\sin 38.5^\circ \approx 0.62, \quad \cos 38.5^\circ \approx 0.78, \quad \sin 53.4^\circ \approx 0.55,$$
$$\cos 53.4^\circ \approx 0.60, \quad \sin 127.5^\circ \approx 0.79, \quad \cos 127.5^\circ \approx -0.61$$

을 택한 경우에, 각각에 대응하는 직교좌표는

$$\begin{aligned}
&A(6373,\ 38.5^\circ,\ 0^\circ)\\
&= A(6373 \times \sin 38.5^\circ \times \cos 0^\circ,\ 6373 \times \sin 38.5^\circ \times \sin 0^\circ,\ 6373 \times \cos 38.5^\circ)\\
&\approx A(3951.26,\ 0,\ 4970.94),\\
&B(6373,\ 53.4^\circ,\ 127.5^\circ)\\
&= B(6373 \times \sin 53.4^\circ \times \cos 127.5^\circ,\ 6373 \times \sin 53.4^\circ \times \sin 127.5^\circ,\ 6373 \times \cos 53.4^\circ)\\
&\approx B(-2138.14,\ 2769.07,\ 3823.8)
\end{aligned}$$

와 같다. 따라서 직교좌표계의 원점을 O라 하고 벡터 $\overrightarrow{OA}$와 $\overrightarrow{OB}$가 이루는 끼인각을 α라고 하면, 공간벡터에 관한 내적연산으로부터

$$\cos\alpha = \frac{\overrightarrow{OA} \cdot \overrightarrow{OB}}{|\overrightarrow{OA}|\,|\overrightarrow{OB}|} \approx 0.32$$

을 얻는다. 따라서 $\cos\alpha \approx 0.32$을 만족하는 α의 근삿값으로써 $\alpha \approx 1.25$을 택했을 때, 지표를 따르는 두 지점 사이의 최단거리 d는

$$d = 2\pi \times 6376 \times \frac{1.25}{2\pi} = 1.25 \times 6373 = 7966.25\ (\text{km})$$

임을 알 수 있다. □

연습문제(7.5)

1. 매개변수 방정식

$$x = \cos t, \qquad y = -\sin t \qquad (0 \le t \le 2\pi)$$

의 그래프의 개형을 그려라.

【풀이】 주어진 매개변수 방정식에서 매개변수 t를 소거하면 직교방정식

$$x^2 + y^2 = \cos^2 t + \sin^2 t = 1$$

을 얻는다. 따라서 주어진 매개변수 방정식의 그래프는 원점을 중심으로 반지름이 1인 원으로 직교좌표 $(1, 0)$을 시작으로 t가 0에서 2π까지 증가함에 따라 시계방향으로 원주 위를 움직이는 그래프임을 알 수 있다. □

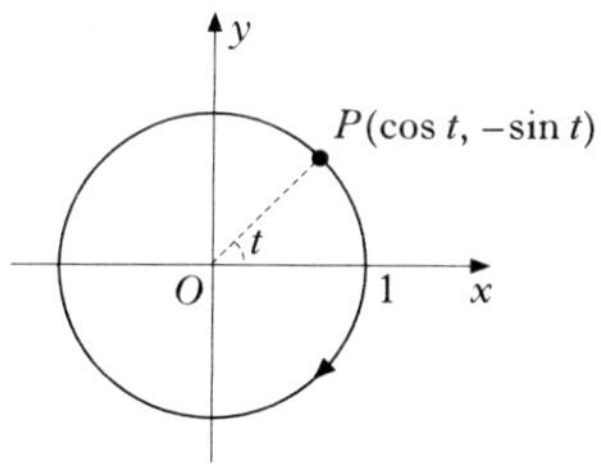

2. 다음 매개변수 방정식으로 주어진 곡선의 개형을 그려라.

(1) $x = 2t, \quad y = t^2$ (2) $x = t^2, \quad y = t^3$

【풀이】 그래프의 개형을 그리는 것은 생략하고 매개변수 t를 소거한 형태의 직교방정식만을 구하도록 한다.

(1) $x = 2t$이므로 $t = x/2$이다. 따라서 $y = t^2 = (x/2)^2 = x^2/4$이다. 따라서 매개변수 t를 소거한 형태의 방정식은 $y = x^2/4$이다.

(2) $x = t^2$이므로 $t = \pm\sqrt{x}$이다. 따라서 $y = t^3 = (\pm\sqrt{x})^3 = \pm x^{3/2}$이다. 따라서 매개변수 t를 소거한 형태의 방정식은 $y = \pm x^{3/2}$이다. □

3. 다음 매개변수 방정식으로 주어진 곡선의 개형을 그리고, t를 소거한 형태의 직교방정식을 구하여라.

(1) $x = t, \quad y = t^2$ (2) $x = t^2, \quad y = t^4$

(3) $x = \sqrt{t}, \quad y = \dfrac{1}{t}$ (4) $x = 2 - t, \quad y = t^2 + 1$

【풀이】 그래프의 개형을 그리는 것은 생략하고 매개변수 t를 소거한 형태의 직교방정식만을 구하도록 한다.

(1) $x = t$이므로 $y = t^2 = x^2$이다. 따라서 매개변수 t를 소거한 형태의 방정식은 $y = x^2$이다.

(2) $x = t^2$이므로 $y = t^4 = (t^2)^2 = x^2 \ (x \geq 0)$이다. 따라서 매개변수 t를 소거한 형태의 방정식은 $y = x^2 \ (x \geq 0)$이다.

(3) $x = \sqrt{t}$이므로 $x^2 = t$이다. 따라서 $y = 1/t = 1/x^2 \ (x > 0)$이다. 따라서 매개변수 t를 소거한 형태의 방정식은 $y = 1/x^2 \ (x > 0)$이다.

(4) $x = 2 - t$로부터 $t = 2 - x$이다. 따라서 $y = t^2 - 1 = (2 - x)^2 + 1$이다. 따라서 매개변수 t를 소거한 형태의 방정식은 $y = (2 - x)^2 + 1$이다. □

4. 다음 매개변수 방정식으로 주어진 곡선의 개형을 그리고, t를 소거한 형태의 직교방정식을 구하여라.

(1) $x = 2\cos^3 t, \quad y = 2\sin^3 t$ (2) $x = 2 - 3\cos \pi t, \quad y = 3 + 7\sin \pi t$

【풀이】 그래프의 개형을 그리는 것은 생략하고 매개변수 t를 소거한 형태의 직교방정식만을 구하도록 한다.

(1) $x = 2\cos^3 t$, $y = 2\sin^3 t$이므로

$$x^{\frac{2}{3}} + y^{\frac{2}{3}} = 2^{\frac{2}{3}}(\cos^2 t + \sin^2 t) = 2^{\frac{2}{3}} \cdot 1 = 2^{\frac{2}{3}}$$

이다. 따라서 매개변수 t를 소거한 형태의 방정식은

$$x^{\frac{2}{3}} + y^{\frac{2}{3}} = 2^{\frac{2}{3}}$$

이다.

(2) $\cos \pi t = \dfrac{2-x}{3}$, $\sin \pi t = \dfrac{y-3}{7}$ 이므로 삼각공식 $\cos^2 \pi t + \sin^2 \pi t = 1$ 로부터

$$\left(\frac{2-x}{3}\right)^2 + \left(\frac{y-3}{7}\right)^2 = \cos^2 \pi t + \sin^2 \pi t = 1$$

이다. 따라서 매개변수 t를 소거한 형태의 방정식은

$$\left(\frac{2-x}{3}\right)^2 + \left(\frac{y-3}{7}\right)^2 = 1$$

이다. □

5. 매개변수 방정식 $x = t+1$, $y = 2t^2+1$ 의 개형을 그리고, t를 소거한 형태의 방정식을 구하여라. 또한 새로운 매개변수 s를 사용하여 $x = 2s-1$ 이라고 할 때 y의 식을 구하여라.

【풀이】 그래프의 개형을 그리는 것은 생략하고 매개변수를 소거한 형태의 방정식과 새로운 매개변수 s를 사용한 형태의 관계식만을 구하도록 한다. 먼저 $x = t+1$ 이므로 $t = x-1$ 이다. 따라서 매개변수 t를 소거한 형태의 방정식은

$$y = 2t^2 + 1 = 2(x-1)^2 + 1$$

이다. 또한 여기에 $x = 2s-1$ 를 대입하면 새로운 매개변수 s를 사용한 방정식은

$$y = 2(x-1)^2 + 1 = 2((2s-1)-1)^2 + 1 = 8(s-1)^2 + 1$$

이다. □

6. 반지름이 a 인 원을 반지름이 똑같이 a 인 고정된 원둘레로 굴릴 때, 움직이는 원의 한 고정점 P가 그리는 점의 자취를 매개변수를 사용하여 표현하여라.

【풀이】 반지름이 a 인 고정된 원 C_1 의 중심을 직교좌표의 원점 $(0, 0)$ 에 위치시키고, 이 원주를 따라 움직이는 같은 크기를 갖는 원 C_2 의 중심을 직교좌표의 $(2a, 0)$ 에 위치시키자. 그리고 원 C_2 상의 한 고정점 F를 직교좌표상의 점 $(a, 0)$ 라고 하자. 이제 원 C_2 가 일정한 만큼 원 C_1 의 원주를 따라 반시계 방향으로 움직였을 때 고정점 F가

위치한 곳의 좌표를 $P(x, y)$ 라고 놓고, 이때 두 원의 접점을 G 라고 놓자. 또한 움직인 상태의 원의 중심 C 로부터 점 P 를 지나 x 축과 만나는 점을 $B(b, 0)$, 점 C 에서 x 축에 내린 수선의 발을 $H(h, 0)$, 점 P 에서 선분 CH 에 내린 수선의 발을 D, 점 P 에서 x 축에 내린 수선의 발을 $T(x, 0)$ 라 놓자(그림 참조).

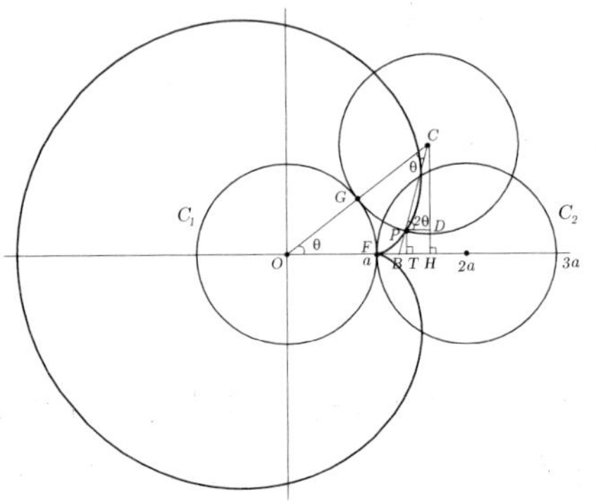

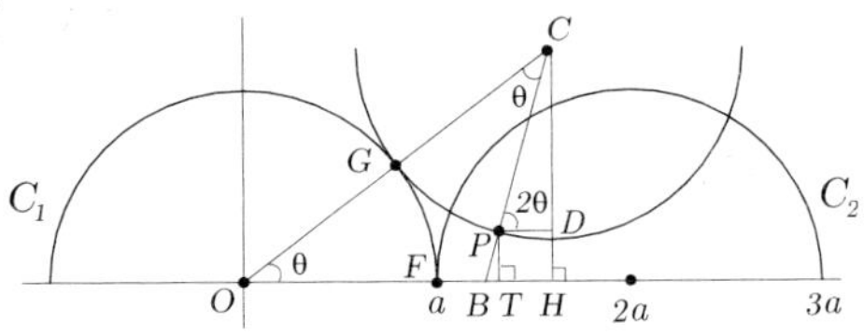

이때 점 P 는 편의상 P 의 x 좌표가 부등호 $0 < b < x < h$ 을 만족시키는 위치에 있는 경우에 대하여 생각하자. 그러면 원 C_1 의 중심 $O(0, 0)$ 와 움직인 상태의 원의 중심 C 를 이으면 길이 $2a$ 인 선분이 생겨나고, 이 선분의 중점은 두 원의 접점인 점 G 를 지난다. 그러면 원호 FG 와 원호 PG 의 길이가 같으므로 각 $\angle GCP$ 와 $\angle FOG$ 는 같다. 따라서 각 $\angle GCP$ 를 θ 라고 놓으면 $\angle GCP = \angle FOG = \theta$ 이므로 삼각형 $\triangle OCB$ 는 이등변삼각형이다. 따라서 $\angle CBH = 2\theta$ 이고, 또한 $\angle CPD = 2\theta$ 이다. 따라서

$$x = |OH| - |TH| = |OC| \cdot \cos\theta - |CP| \cdot \cos 2\theta = 2a\cos\theta - a\cos 2\theta$$

이고,

$$y = |CH| - |CD| = |OC| \cdot \sin\theta - |CP| \cdot \sin 2\theta = 2a\sin\theta - a\sin 2\theta$$

이다. 그러므로 구하는 매개변수 방정식은

$$x = 2a\cos\theta - a\cos 2\theta, \qquad y = 2a\sin\theta - a\sin 2\theta$$

이다. □

7. 매개변수 방정식으로 주어진 다음 곡선의 개형을 그리고, 매개변수를 소거하여 직교좌표로 주어진 방정식을 구하여라.

(1) $x = 2t - 1, \quad y = 2 - t$ (2) $x = 2t + 1, \quad y = t^2 - 1$

(3) $x = 3\cos\theta, \quad y = 2\sin\theta$ (4) $x = e^t, \quad y = e^{-t} + 1$

(5) $x = \cosh t, \quad y = \sinh t$ (6) $x = \cos t, \quad y = \cos 2t$

【풀이】 곡선의 개형을 그리는 것은 생략하고 매개변수를 소거한 형태의 직교방정식만을 구하도록 한다.

(1) $x = 2t - 1$ 이므로 $t = (x + 1)/2$ 이다. 그러므로

$$y = 2 - t = 2 - \frac{x+1}{2} = \frac{1}{2}(-x - 1 + 4) = \frac{1}{2}(3 - x)$$

이다. 따라서 매개변수 t를 소거한 형태의 직교방정식은 다음과 같다.

$$y = \frac{1}{2}(3 - x)$$

(2) $x = 2t + 1$ 이므로 $t = (x - 1)/2$ 이다. 그러므로

$$y = t^2 - 1 = \left(\frac{x-1}{2}\right)^2 - 1 = \frac{1}{4}(x - 1)^2 - 1$$

이다. 따라서 매개변수 t를 소거한 형태의 직교방정식은 다음과 같다.

$$y = \frac{1}{4}(x - 1)^2 - 1$$

(3) $x = 3\cos\theta$ 로부터 $\cos\theta = x/3$ 이고, 또한 $y = 2\sin\theta$ 로부터 $\sin\theta = y/2$ 이다. 그러므로 삼각공식 $\cos^2\theta + \sin^2\theta = 1$ 로부터

$$\left(\frac{x}{3}\right)^2 + \left(\frac{y}{2}\right)^2 = \cos^2\theta + \sin^2\theta = 1$$

이다. 따라서 매개변수 θ를 소거한 형태의 직교방정식은 다음과 같다.

$$4x^2 + 9y^2 = 36$$

(4) $x = e^t$ 이므로 $e^{-t} = x^{-1}$ 이다. 그러므로 $y = e^{-t} + 1 = x^{-1} + 1$ 이다. 따라서 매개변수

t를 소거한 형태의 직교방정식은 다음과 같다.

$$y = \frac{1}{x} + 1$$

(5) 쌍곡선 함수의 성질 $\cosh^2 t - \sinh^2 t = 1$ 로부터

$$x^2 - y^2 = \cosh^2 t - \sinh^2 t = 1$$

이다. 따라서 매개변수 t를 소거한 형태의 직교방정식은 다음과 같다.

$$x^2 - y^2 = 1$$

(6) $x = \cos t$ 이므로 삼각공식으로부터

$$y = \cos 2t = 2\cos^2 t - 1 = 2x^2 - 1$$

이다. 따라서 매개변수 t를 소거한 형태의 직교방정식은

$$y = 2x^2 - 1$$

이다. □

8. 타원 $x^2/a^2 + y^2/b^2 = 1$ 의 매개변수 표현이

$$x = a\cos t, \qquad y = b\sin t \qquad (0 \le t \le 2\pi)$$

임을 보여라.

【풀이】 (i) $a > b > 0$ 일 때:

원점을 중심으로 반지름이 a 인 원의 방정식 $x^2 + y^2 = a^2$ 으로부터 중심각 t에 대응하는 원주상의 점을 (x_0, y_0) 라 하자. 또한 이 점으로부터 x축에 수선의 발을 내렸을 때, 타원 $x^2/a^2 + y^2/b^2 = 1$ $(a > b > 0)$ 와의 교점을 (x, y) 라 하자. 그러면

$$x_0 = a\cos t, \qquad y_0 = a\sin t \qquad (0 \le t \le 2\pi)$$

이다. 따라서 타원 $x^2/a^2 + y^2/b^2 = 1$ $(a > b > 0)$의 매개변수 표현은

$$x = x_0 = a\cos t, \qquad y = \frac{b}{a}y_0 = \frac{b}{a}a\sin t = b\sin t \qquad (0 \le t \le 2\pi)$$

이다(그림 (a) 참조). 타원 $x^2/a^2 + y^2/b^2 = 1$ $(b > a > 0)$의 경우에도 위와 유사한 방법에 의해 유도된 매개변수 표현은 위에서와 같다(그림 (b) 참조).

(ii) $b > a > 0$ 일 때:
원점을 중심으로 반지름이 b인 원의 방정식 $x^2 + y^2 = b^2$으로부터 중심각 t에 대응하는 원주상의 점을 (x_0, y_0)라 하자. 또한 이 점으로부터 y축에 수선의 발을 내렸을 때, 타원 $x^2/a^2 + y^2/b^2 = 1$ $(b > a > 0)$와의 교점을 (x, y)라 하자. 그러면

$$x_0 = a\cos t, \qquad y_0 = a\sin t \qquad (0 \le t \le 2\pi)$$

이다. 따라서 타원 $x^2/a^2 + y^2/b^2 = 1$ $(b > a > 0)$의 매개변수 표현은

$$x = \frac{a}{b}x_0 = \frac{a}{b}b\cos t = a\cos t, \qquad y = y_0 = b\sin t \qquad (0 \le t \le 2\pi)$$

이다(그림 (b) 참조).

따라서 (i)과 (ii)로부터 모든 경우에 타원 $x^2/a^2 + y^2/b^2 = 1$의 매개변수 표현은

$$x = a\cos t, \qquad y = b\sin t \qquad (0 \le t \le 2\pi)$$

임을 알 수 있다. □

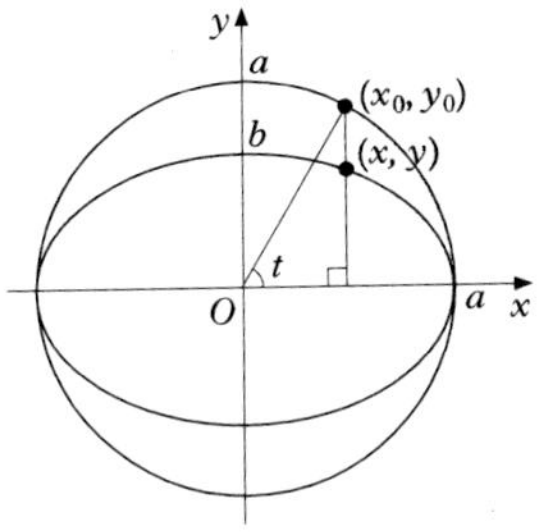

(a)

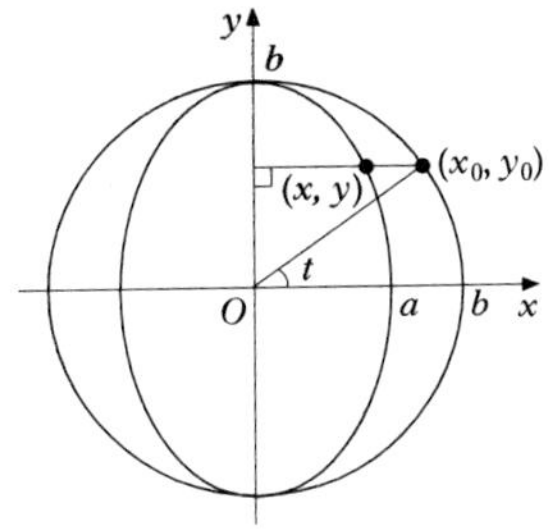

(b)

연습문제(7.6)

1. 다음 곡선의 개형을 그리고, 그 곡선으로 둘러싸인 부분의 넓이를 구하여라.

(1) $r = \sin\theta$ (2) $r = 2 + \cos\theta$ (3) $r = 1 + \sin\theta$ (4) $r = \sin\theta - 2$

【풀이】 [참 고] 극방정식의 그래프

$$r = f(\theta)$$

와 동경 $\theta = \alpha$ 와 $\theta = \beta$ $(\alpha < \beta \leq a + 2\pi)$ 로 둘러싸인 영역의 면적을 S 라고 하면

$$S = \frac{1}{2}\int_{\alpha}^{\beta} r^2\, d\theta = \frac{1}{2}\int_{\alpha}^{\beta} (f(\theta))^2\, d\theta$$

이다. (단, $r = f(\theta)$ 는 $[\alpha, \beta]$ 에서 양의 연속함수이다.) 다음 각 문제들에 대하여 곡선의 개형을 그리는 것은 생략하도록 한다.

(1) 주어진 극방정식의 양변에 r 를 곱하면 $r^2 = r\sin\theta$ 이다. 그러므로 주어진 극방정식에 대응하는 직교방정식은

$$x^2 + y^2 = y, \qquad x^2 + \left(y - \frac{1}{2}\right)^2 = \frac{1}{4}$$

이다. 따라서 주어진 극방정식의 그래프는 반지름이 1/2 인 원이므로 구하는 면적을 S 라고 놓으면

$$S = \pi\left(\frac{1}{2}\right)^2 = \frac{1}{4}\pi$$

이다. 또 다른 풀이 방법으로 극좌표계에서의 넓이 공식을 적용하여 풀면, 주어진 극방정식의 그래프는 주기가 π 이므로

$$S = \frac{1}{2}\int_0^{\pi} r^2\, d\theta = \frac{1}{2}\int_0^{\pi} \sin^2\theta\, d\theta = \frac{1}{2}\cdot\frac{1}{2}\int_0^{\pi}(1 - \cos 2\theta)\, d\theta = \frac{1}{4}\left[\theta - \frac{1}{2}\sin 2\theta\right]_0^{\pi} = \frac{1}{4}\pi$$

이다.

(2) 주어진 극방정식은 주기가 2π 이므로 구하는 면적을 S 라고 놓으면,

$$S = \frac{1}{2}\int_0^{2\pi} r^2\, d\theta = \frac{1}{2}\int_0^{2\pi} (2 + \cos\theta)^2\, d\theta = \frac{1}{2}\int_0^{2\pi}\left(4 + 4\cos\theta + \cos^2\theta\right)\, d\theta$$

$$= \frac{1}{2}\int_0^{2\pi}\left(4 + 4\cos\theta + \frac{1+\cos 2\theta}{2}\right) d\theta = \frac{1}{2}\int_0^{2\pi}\left(\frac{9}{2} + 4\cos\theta + \frac{1}{2}\cos 2\theta\right) d\theta$$

$$= \frac{1}{2}\left[\frac{9}{2}\theta + 4\sin\theta + \frac{1}{2}\cdot\frac{1}{2}\sin 2\theta\right]_0^{2\pi} = \frac{9}{2}\pi$$

이다.

(3) 주어진 극방정식은 주기가 2π 이므로 구하는 면적을 S 라고 놓으면,

$$S = \frac{1}{2}\int_0^{2\pi} r^2\, d\theta = \frac{1}{2}\int_0^{2\pi}(1+\sin\theta)^2\, d\theta = \frac{1}{2}\int_0^{2\pi}\left(1 + 2\sin\theta + \sin^2\theta\right) d\theta$$

$$= \frac{1}{2}\int_0^{2\pi}\left(\frac{3}{2} + 2\sin\theta - \frac{1}{2}\cos 2\theta\right) d\theta = \frac{1}{2}\left[\frac{3}{2}\theta - 2\cos\theta - \frac{1}{2}\cdot\frac{1}{2}\sin 2\theta\right]_0^{2\pi} = \frac{3}{2}\pi$$

이다.

(4) 주어진 극방정식은 주기가 2π 이므로 구하는 면적을 S 라고 놓으면,

$$S = \frac{1}{2}\int_0^{2\pi} r^2\, d\theta = \frac{1}{2}\int_0^{2\pi}(\sin\theta - 2)^2\, d\theta = \frac{1}{2}\int_0^{2\pi}\left(\sin^2\theta - 4\sin\theta + 4\right) d\theta$$

$$= \frac{1}{2}\int_0^{2\pi}\left(\frac{1-\cos 2\theta}{2} - 4\sin\theta + 4\right) d\theta = \frac{1}{2}\left[\frac{9}{2}\theta - \frac{1}{2}\cdot\frac{1}{2}\sin 2\theta + 4\cos\theta\right]_0^{2\pi} = \frac{9}{2}\pi$$

이다. □

2. 두 곡선

$$r = 2 - \cos\theta, \qquad r = 3\cos\theta$$

의 공통 내부점들로 이루어진 영역의 넓이를 구하여라.

【풀이】 두 극방정식에 의해 둘러싸인 공통부분은 직교좌표상의 제1사분면과 제4사분면에 존재하고, 두 그래프는 모두 x축에 대칭이다(그림 참조).

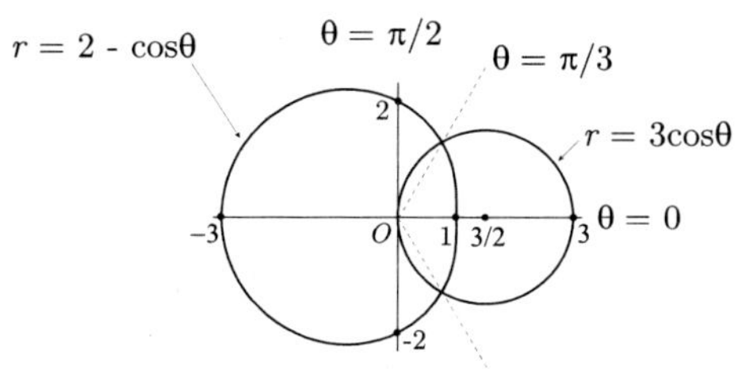

따라서 구하는 부분의 넓이는 제1사분면의 공통부분에 대응하는 면적을 2 배하면 얻을 수 있다. 그런데 두 극방정식을 연립하여 풀면 $2 - \cos\theta = 3\cos\theta$ 로부터 $\cos\theta = 1/2$ 이므로 제1사분면에서의 교점의 편각은 $\theta = \pi/3$ 이다. 따라서 구하는 공통부분의 넓이를 S 라고 놓으면

$$S = 2\cdot\frac{1}{2}\left(\int_0^{\frac{\pi}{3}}(2-\cos\theta)^2\,d\theta + \int_{\frac{\pi}{3}}^{\frac{\pi}{2}}(3\cos\theta)^2\,d\theta\right)$$

$$= \int_0^{\frac{\pi}{3}}(4-4\cos\theta+\cos^2\theta)\,d\theta + \int_{\frac{\pi}{3}}^{\frac{\pi}{2}}9\cos^2\theta\,d\theta \tag{A.7.1}$$

이다. 그런데 식 (A.7.1) 의 마지막 우변에 있는 첫 번째 적분 결과는

$$\int_0^{\frac{\pi}{3}}(4-4\cos\theta+\cos^2\theta)\,d\theta = \int_0^{\frac{\pi}{3}}\left(4-4\cos\theta+\frac{1+\cos 2\theta}{2}\right)d\theta$$

$$= \int_0^{\frac{\pi}{3}}\left(\frac{9}{2}-4\cos\theta+\frac{1}{2}\cos 2\theta\right)d\theta$$

$$= \left[\frac{9}{2}\theta-4\sin\theta+\frac{1}{2}\cdot\frac{1}{2}\sin 2\theta\right]_0^{\frac{\pi}{3}} = \frac{3\pi}{2}-2\sqrt{3}+\frac{\sqrt{3}}{8} \tag{A.7.2}$$

이고, 두 번째 적분 결과는

$$\int_{\frac{\pi}{3}}^{\frac{\pi}{2}}9\cos^2\theta\,d\theta = \int_{\frac{\pi}{3}}^{\frac{\pi}{2}}9\cdot\frac{1+\cos 2\theta}{2}\,d\theta = \frac{9}{2}\int_{\frac{\pi}{3}}^{\frac{\pi}{2}}(1+\cos 2\theta)\,d\theta$$

$$= \frac{9}{2}\left[\theta+\frac{1}{2}\sin 2\theta\right]_{\frac{\pi}{3}}^{\frac{\pi}{2}} = \frac{3\pi}{4}-\frac{9\sqrt{3}}{8} \tag{A.7.3}$$

이다. 따라서 식 (A.7.2) 와 (A.7.3) 의 연산 결과를 식 (A.7.1) 에 대입하면

$$S = \int_0^{\frac{\pi}{3}}(4-4\cos\theta+\cos^2\theta)\,d\theta + \int_{\frac{\pi}{3}}^{\frac{\pi}{2}}9\cos^2\theta\,d\theta$$

$$= \left(\frac{3\pi}{2}-2\sqrt{3}+\frac{\sqrt{3}}{8}\right)+\left(\frac{3\pi}{4}-\frac{9\sqrt{3}}{8}\right) = \frac{9}{4}\pi-3\sqrt{3}$$

이다. □

3. 원 $r = 3\cos\theta$ 의 내부이고 심장형 $r = 1+\cos\theta$ 의 외부로 둘러싸인 부분의 넓이를 구하여라.

【풀이】 두 극방정식은 모두 x축에 대칭이고, 또한 $3\cos\theta = 1 + \cos\theta$로부터 $\cos\theta = 1/2$ 이므로 제1사분면에서의 교점의 편각은 $\theta = \pi/3$ 이다. 따라서 구하는 면적을 S라고 놓으면,

$$S = 2\left(\frac{1}{2}\int_0^{\frac{\pi}{3}}\left((3\cos\theta)^2 - (1+\cos\theta)^2\right)d\theta\right) = \int_0^{\frac{\pi}{3}}\left(9\cos^2\theta - 1 - 2\cos\theta - \cos^2\theta\right)d\theta$$

$$= \int_0^{\frac{\pi}{3}}\left(8\cos^2\theta - 2\cos\theta - 1\right)d\theta = \int_0^{\frac{\pi}{3}}\left(8\cdot\frac{1+\cos 2\theta}{2} - 2\cos\theta - 1\right)d\theta$$

$$= \int_0^{\frac{\pi}{3}}(3 + 4\cos 2\theta - 2\cos\theta)\,d\theta = \left[3\theta + 4\cdot\frac{1}{2}\sin 2\theta - 2\sin\theta\right]_0^{\frac{\pi}{3}}$$

$$= [3\theta + 2\sin 2\theta - 2\sin\theta]_0^{\frac{\pi}{3}} = 3\cdot\frac{\pi}{3} + 2\sin\frac{2}{3}\pi - 2\sin\frac{\pi}{3} = \pi + 2\cdot\frac{\sqrt{3}}{2} - 2\cdot\frac{\sqrt{3}}{2} = \pi$$

이다. □

4. 다음 곡선의 개형을 그리고, 그 곡선으로 둘러싸인 부분의 넓이를 구하여라.

(1) $r = 5\sin\theta$ (2) $r^2 = \sin 2\theta$ (3) $r = \sqrt{1-\cos\theta}$ (4) $r = \tan\theta$

【풀이】 다음 각 문제들에 대하여 곡선의 개형을 그리는 것은 생략하도록 한다.

(1) 주어진 극방정식의 양변에 r를 곱하면 $r^2 = 5r\sin\theta$ 이다. 그러므로 주어진 극방정식에 대응하는 직교방정식은

$$x^2 + y^2 = 5y, \quad x^2 + \left(y - \frac{5}{2}\right)^2 = \frac{25}{4}$$

이다. 따라서 주어진 극방정식의 그래프는 직교좌표 상에서 (0, 5/2)를 중심으로 반지름이 5/2 인 원이다. 따라서 구하는 면적을 S라고 놓으면

$$S = \pi\left(\frac{5}{2}\right)^2 = \frac{25}{4}\pi$$

이다. 또 다른 방법으로 주어진 극방정식의 그래프는 주기가 π이므로

$$S = \frac{1}{2}\int_0^{\pi} r^2\,d\theta = \frac{1}{2}\int_0^{\pi} 25\sin^2\theta\,d\theta = \frac{25}{2}\int_0^{\pi}\frac{1-\cos 2\theta}{2}\,d\theta = \frac{25}{4}\left[\theta - \frac{1}{2}\sin 2\theta\right]_0^{\pi} = \frac{25}{4}\pi$$

이다.

(2) 주어진 극방정식의 그래프는 2 개의 꽃잎모양의 곡선으로 직교좌표상의 원점에 대칭이므로 직교좌표상의 제1사분면에 대응하는 부분의 면적을 2 배하면 원하는 넓이를 얻을 수 있다. 따라서 제1사분면에 대응하는 편각 θ의 범위가 $0 \le \theta \le \pi/2$ 이므로 구하는 면적을 S라고 놓으면

$$S = 2 \cdot \frac{1}{2} \int_0^{\frac{\pi}{2}} r^2 \, d\theta = \int_0^{\frac{\pi}{2}} \sin 2\theta \, d\theta = \left[-\frac{1}{2} \cos 2\theta \right]_0^{\frac{\pi}{2}} = -\frac{1}{2} (\cos \pi - \cos 0) = 1$$

이다.

(3) 주어진 극방정식의 그래프는 x축에 대칭이고 주기는 2π인 심장형 모양의 그래프이다. 따라서 구하는 면적을 S라고 놓으면

$$S = 2 \cdot \frac{1}{2} \int_0^{\pi} r^2 \, d\theta = \int_0^{\pi} (1 - \cos \theta) \, d\theta = [\theta - \sin \theta]_0^{\pi} = \pi$$

이다.

(4) 주어진 극방정식의 그래프는 주기가 π이며, θ의 범위 $-\pi/2 < \theta < \pi/2$ 에서 그래프를 그려보면 $\theta = \pm \pi/2$ 에서 수평점근선을 갖는 형태로 (r, θ) 대신에 $(-r, -\theta)$를 대응시켜도 $r = \tan \theta$에 변함이 없으므로 y축에 대칭임을 알 수 있다. 주어진 곡선은 수평점근선을 갖기 때문에 둘러싸인 영역이 존재하지 않는다. 따라서 구하는 면적을 S라 할 때 적분을 통하여 면적을 계산하면, 면적 S는 유한 확정 값으로 정의되지 않는다. 실제적인 연산 결과는

$$S = \frac{1}{2} \int_{-\frac{\pi}{2}}^{\frac{\pi}{2}} r^2 \, d\theta = \frac{1}{2} \int_{-\frac{\pi}{2}}^{\frac{\pi}{2}} \tan^2 \theta \, d\theta = \int_0^{\frac{\pi}{2}} (1 + \sec^2 \theta) \, d\theta$$

$$= \lim_{t \to \frac{\pi}{2}^-} \int_0^t (1 + \sec^2 \theta) \, d\theta = \lim_{t \to \frac{\pi}{2}^-} [\theta + \tan \theta]_0^t = \lim_{t \to \frac{\pi}{2}^-} (t + \tan t) = \infty$$

이다. 따라서 구하는 면적 S는 정의되지 않는다. □

5. 다음 곡선의 개형을 그리고, 그 곡선으로 둘러싸인 부분의 넓이를 구하여라. (단, a는 양의 상수를 의미한다.)

(1) $r^2 = a^2 \cos 2\theta$ (2) $r = a(2 - \cos \theta)$ (3) $r^2 = a(1 + \cos 2\theta)$

(4) $r = 2a \sin 3\theta$ (5) $r^2 = 2a^2 \sin 3\theta$ (6) $r^2 = 2a^2 \sin 2\theta$

【풀이】 (1) 주어진 극방정식의 그래프는 2 개의 꽃잎모양의 곡선으로 x축과 y축에 대칭이므로 직교좌표상의 제1사분면에 대응하는 부분의 면적을 4 배하면 원하는 넓이를 얻을 수 있다. 따라서 제1사분면에 대응하는 편각 θ의 범위가 $0 \le \theta \le \pi/4$ 이므로 구하는 면적을 S라고 놓으면

$$S = 4 \cdot \frac{1}{2} \int_0^{\frac{\pi}{4}} r^2 \, d\theta = 2 \int_0^{\frac{\pi}{4}} a^2 \cos 2\theta \, d\theta = 2a^2 \int_0^{\frac{\pi}{4}} \cos 2\theta \, d\theta$$

$$= 2a^2 \left[\frac{1}{2} \sin 2\theta \right]_0^{\frac{\pi}{4}} = a^2 \left(\sin \frac{\pi}{2} - \sin 0 \right) = a^2$$

이다(그림 참조).

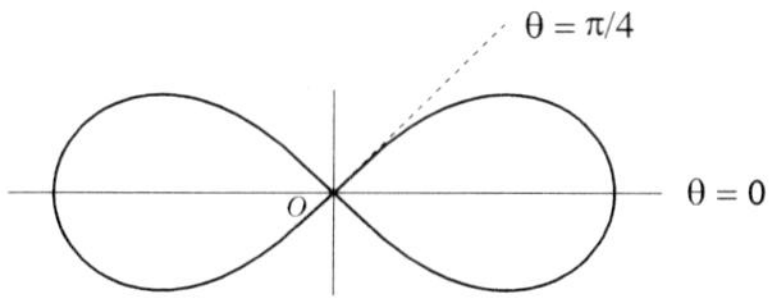

(2) 주어진 극방정식의 그래프는 주기가 2π 이고, 또한 x축에 대칭이므로 직교좌표상의 제1사분면과 제2사분면에 대응하는 부분의 면적을 2 배하면 원하는 넓이를 얻을 수 있다(그림 참조).

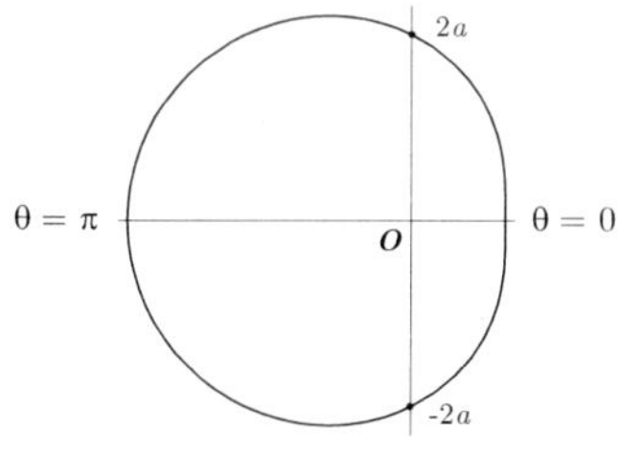

따라서 제1사분면과 제2사분면에 대응하는 편각 θ의 범위가 $0 \le \theta \le \pi$ 이므로 구하는 면적을 S라고 놓으면

$$S = 2 \cdot \frac{1}{2} \int_0^{\pi} r^2 \, d\theta = \int_0^{\pi} a^2 (2 - \cos\theta)^2 \, d\theta = a^2 \int_0^{\pi} (4 - 4\cos\theta + \cos^2\theta) \, d\theta$$

$$= a^2 \int_0^{\pi} \left(4 - 4\cos\theta + \frac{1}{2}(1 + \cos 2\theta) \right) d\theta = a^2 \left[4\theta - 4\sin\theta + \frac{1}{2}\left(\theta + \frac{1}{2}\sin 2\theta \right) \right]_0^{\pi}$$

$$= a^2 \left(4\pi - 4\sin\pi + \frac{1}{2}\left(\pi + \frac{1}{2}\sin 2\pi \right) \right) = \frac{9}{2}\pi a^2$$

이다.

(3) 주어진 극방정식의 그래프는 x축과 y축에 대칭이므로 직교좌표상의 제1사분면에 대응하는 부분의 면적을 4 배하면 원하는 넓이를 얻을 수 있다(그림 참조).

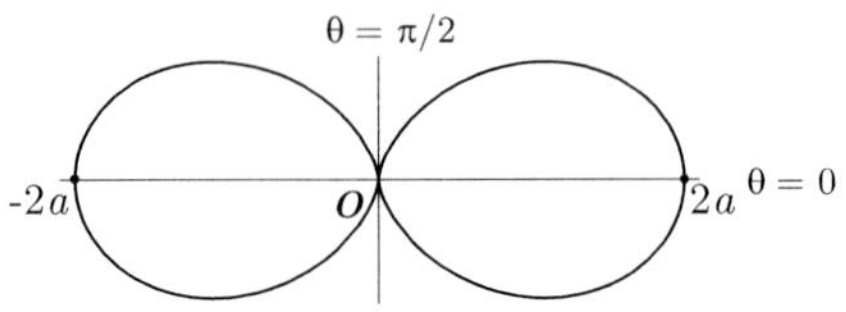

따라서 제1사분면에 대응하는 편각 θ의 범위가 $0 \le \theta \le \pi/2$ 이므로 구하는 면적을 S라고 놓으면

$$S = 4 \cdot \frac{1}{2} \int_0^{\frac{\pi}{2}} r^2 \, d\theta = 2 \int_0^{\frac{\pi}{2}} a(1 + \cos 2\theta) \, d\theta = 2a \left[\theta + \frac{1}{2} \sin 2\theta \right]_0^{\frac{\pi}{2}} = \pi a$$

이다.

(4) 주어진 극방정식의 그래프는 3 개의 꽃잎모양의 곡선으로 그 중에 1 개의 꽃잎이 직교좌표상의 제1사분면에 존재한다(그림 참조).

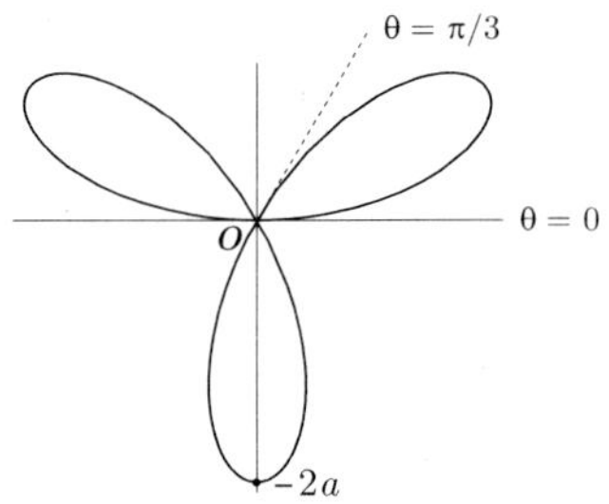

따라서 제1사분면에 대응하는 꽃잎의 넓이를 구하여 3 배하면 원하는 넓이를 얻을 수 있다. 그런데 제1사분면에 대응하는 편각 θ의 범위가 $0 \le \theta \le \pi/3$ 이므로 구하는 면적을 S라고 놓으면

$$\begin{aligned} S &= 3 \cdot \frac{1}{2} \int_0^{\frac{\pi}{3}} r^2 \, d\theta = \frac{3}{2} \int_0^{\frac{\pi}{3}} (2a \sin 3\theta)^2 \, d\theta = \frac{3}{2} \int_0^{\frac{\pi}{3}} 4a^2 \sin^2 3\theta \, d\theta \\ &= 6a^2 \int_0^{\frac{\pi}{3}} \frac{1 - \cos 6\theta}{2} \, d\theta = 3a^2 \int_0^{\frac{\pi}{3}} (1 - \cos 6\theta) \, d\theta \\ &= 3a^2 \left[\theta - \frac{1}{6} \sin 6\theta \right]_0^{\frac{\pi}{3}} = 3a^2 \left(\frac{\pi}{3} - \frac{1}{6} \sin 2\pi \right) = \pi a^2 \end{aligned}$$

이다.

(5) 주어진 극방정식의 그래프 $r^2 = 2a^2 \sin 3\theta$는 4 개의 꽃잎모양의 곡선으로 (r, θ) 대

신에 $(-r, \pi-\theta)$를 대입해도 방정식은 변함이 없다. 따라서 주어진 극방정식은 직교좌표상의 x축에 대칭인 그래프이다. 또한 (r, θ) 대신에 $(r, \pi-\theta)$를 대입해도 방정식은 변함이 없다. 따라서 주어진 극방정식은 직교좌표상의 y축에 대해서도 대칭인 그래프이다. 즉, 주어진 극방정식은 직교좌표상의 x축과 y축에 동시에 대칭인 그래프이다(그림 참조).

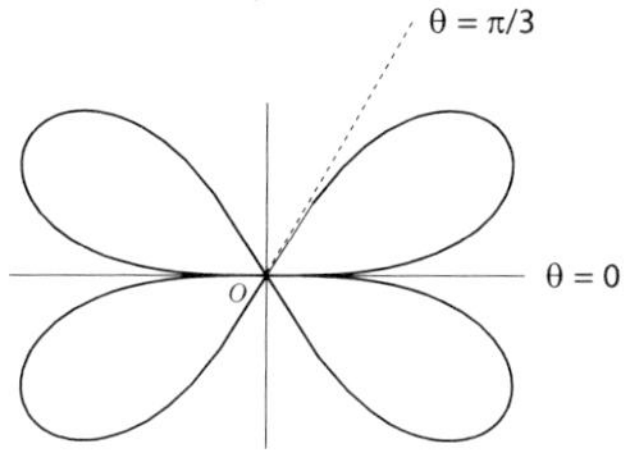

따라서 제1사분면에 대응하는 꽃잎의 넓이를 구하여 4 배하면 원하는 넓이를 얻을 수 있다. 그런데 제1사분면에 대응하는 편각 θ의 범위가 $0 \le \theta \le \pi/3$ 이므로 구하는 면적을 S라고 놓으면

$$S = 4 \cdot \frac{1}{2}\int_0^{\frac{\pi}{3}} r^2\, d\theta = 2\int_0^{\frac{\pi}{3}} 2a^2 \sin 3\theta\, d\theta = 4a^2 \int_0^{\frac{\pi}{3}} \sin 3\theta\, d\theta = 4a^2\left[-\frac{1}{3}\cos 3\theta\right]_0^{\frac{\pi}{3}} = \frac{8}{3}a^2$$

이다.

(6) 구하는 면적을 S라고 놓으면

$$S = 4\int_0^{\frac{\pi}{2}} \frac{1}{2}\cdot 2a^2 \sin 2\theta\, d\theta = 4a^2\int_0^{\frac{\pi}{2}} 2\sin\theta\cos\theta\, d\theta = 2a^2\int_0^{\frac{\pi}{2}} (1+\cos\theta)\, d\theta = 4a^2$$

이다. □

6. 다음에서 주어진 두 곡선의 공통 내부점들로 이루어진 영역의 넓이를 구하여라.

(1) $r = \sin\theta, \quad r = \cos\theta$ (2) $r = 2, \quad r = 3 + 2\sin\theta$

(3) $r = 1 - \cos\theta, \quad r = \dfrac{3}{2}$ (4) $r^2 = 2\sin 2\theta, \quad r = 1$

【풀이】 [참 고] 두 개의 극방정식의 그래프

$$r_1 = f(\theta), \quad r_2 = g(\theta)$$

가 $[\alpha, \beta]$ 에서 $f(\theta) \geq g(\theta) \geq 0$ 를 만족하는 연속함수일 때 동경 반직선 $\theta = \alpha$ 와 $\theta = \beta$ $(\alpha < \beta \leq a + 2\pi)$ 로 둘러싸인 영역의 면적을 S 라고 하면

$$S = \frac{1}{2}\int_{\alpha}^{\beta}(r_1^2 - r_2^2)\,d\theta = \frac{1}{2}\int_{\alpha}^{\beta}\left((f(\theta))^2 - (g(\theta))^2\right)d\theta$$

이다.

(1) 극방정식 $r = \cos\theta$ 의 양변에 r 를 곱하면 $r^2 = r\cos\theta$ 이고, $r = \sin\theta$ 의 양변에 r 를 곱하면 $r^2 = r\sin\theta$ 이다. 그러므로 각각의 극방정식에 대응하는 직교방정식은

$$\left(x - \frac{1}{2}\right)^2 + y^2 = \frac{1}{4}, \qquad x^2 + \left(y - \frac{1}{2}\right)^2 = \frac{1}{4}$$

이다. 따라서 구하는 공통부분의 면적을 S 라고 놓으면

$$S = 2\left(\frac{1}{2}\int_{\frac{\pi}{4}}^{\frac{\pi}{2}}\cos^2\theta\,d\theta\right) = \int_{\frac{\pi}{4}}^{\frac{\pi}{2}}\frac{1 + \cos 2\theta}{2}\,d\theta = \frac{1}{2}\int_{\frac{\pi}{4}}^{\frac{\pi}{2}}(1 + \cos 2\theta)\,d\theta$$

$$= \frac{1}{2}\left[\theta + \frac{1}{2}\sin 2\theta\right]_{\frac{\pi}{4}}^{\frac{\pi}{2}} = \frac{1}{8}(\pi - 2)$$

이다.

(2) 두개의 극방정식을 연립해서 풀면 $3 + 2\sin\theta = 2$ 로부터 $\sin\theta = -1/2$ 이다. 따라서 교점에서의 편각은 $\theta = 7\pi/6$ 와 $\theta = 11\pi/6$ 이고, 공통부분의 영역은 원의 극방정식 $r = 2$ 중에서 편각 θ 의 범위가 $7\pi/6 \leq \theta \leq 11\pi/6$ 인 부분에서만 원의 방정식이 다른 극방정식의 밖으로 돌출되어 있다. 또한 두 그래프는 직교좌표상의 y 축에 대칭이다. 따라서 구하는 공통부분의 면적을 S 라고 놓으면

$$S = 2\left(\frac{1}{2}\int_{\frac{\pi}{2}}^{\frac{7\pi}{6}}2^2\,d\theta + \frac{1}{2}\int_{\frac{7\pi}{6}}^{\frac{3\pi}{2}}(3 + 2\sin\theta)^2\,d\theta\right)$$

$$= \int_{\frac{\pi}{2}}^{\frac{7\pi}{6}}4\,d\theta + \int_{\frac{7\pi}{6}}^{\frac{3\pi}{2}}(3 + 2\sin\theta)^2\,d\theta = \frac{19\pi}{3} - \frac{11\sqrt{3}}{2}$$

이다.

(3) 주어진 두개의 극방정식은 모두 x 축에 대칭이고 주기는 2π 이다. 따라서 구하는 공통부분의 면적을 S 라고 놓으면 면적 S 는 제1사분면과 제2사분면의 공통부분을

두 배 하면 얻어지므로

$$
\begin{aligned}
S &= 2\cdot\frac{1}{2}\left(\int_0^{\frac{2}{3}\pi}(1-\cos\theta)^2\,d\theta + \int_{\frac{2}{3}\pi}^{\pi}\left(\frac{3}{2}\right)^2 d\theta\right)\\
&= \int_0^{\frac{2}{3}\pi}(1-2\cos\theta+\cos^2\theta)\,d\theta + \frac{9}{4}\int_{\frac{2}{3}\pi}^{\pi} d\theta\\
&= \int_0^{\frac{2}{3}\pi}\left(1-2\cos\theta+\frac{1}{2}(1+\cos 2\theta)\right) d\theta + \frac{9}{4}\int_{\frac{2}{3}\pi}^{\pi} d\theta\\
&= \int_0^{\frac{2}{3}\pi}\left(\frac{3}{2}-2\cos\theta+\frac{1}{2}\cos 2\theta\right) d\theta + \frac{9}{4}\int_{\frac{2}{3}\pi}^{\pi} d\theta\\
&= \left[\frac{3}{2}\theta-2\sin\theta+\frac{1}{4}\sin 2\theta\right]_0^{\frac{2}{3}\pi} + \frac{9}{4}[\theta]_{\frac{2}{3}\pi}^{\pi}\\
&= \pi-\sqrt{3}-\frac{\sqrt{3}}{8}+\frac{3}{4}\pi = \frac{7}{4}\pi-\frac{9}{8}\sqrt{3}
\end{aligned}
$$

이다.

(4) 주어진 극방정식의 그래프 $r^2 = 2\sin 2\theta$는 2 개의 꽃잎모양의 곡선으로 직교좌표상의 원점에 대칭이고, $r = 1$는 직교좌표상의 원점을 중심으로 반지름이 1 인 원이다. 따라서 직교좌표상의 제1사분면에 대응하는 공통부분의 면적을 2 배하면 원하는 넓이를 얻을 수 있다. 그런데 두 극방정식을 연립하여 풀면 $2\sin 2\theta = 1$로부터 제1사분면에서의 교점에 대응하는 편각은 $\theta = \pi/12$, $\theta = 5\pi/12$ 임을 알 수 있다. 따라서 구하는 면적을 S라고 놓으면

$$
S = 2\cdot\frac{1}{2}\left(\int_0^{\frac{\pi}{12}} 2\sin 2\theta\,d\theta + \int_{\frac{\pi}{12}}^{\frac{5\pi}{12}} d\theta + \int_{\frac{5\pi}{12}}^{\frac{\pi}{2}} 2\sin 2\theta\,d\theta\right) \tag{A.7.4}
$$

이다. 그런데 식 (A.7.4) 의 우변에 있는 첫 번째 적분 결과는

$$
\int_0^{\frac{\pi}{12}} 2\sin 2\theta\,d\theta = 2\left[-\frac{1}{2}\cos 2\theta\right]_0^{\frac{\pi}{12}} = -\left(\cos\frac{\pi}{6}-\cos 0\right) = -\frac{\sqrt{3}}{2}+1 \tag{A.7.5}
$$

이고, 두 번째 적분 결과는

$$
\int_{\frac{\pi}{12}}^{\frac{5\pi}{12}} d\theta = [\theta]_{\frac{\pi}{12}}^{\frac{5\pi}{12}} = \frac{\pi}{3} \tag{A.7.6}
$$

이며, 세 번째 적분 결과는

$$\int_{\frac{5\pi}{12}}^{\frac{\pi}{2}} 2\sin 2\theta\, d\theta = \left[-2\cdot\frac{1}{2}\cos 2\theta\right]_{\frac{5\pi}{12}}^{\frac{\pi}{2}} = -\left(\cos\pi - \cos\frac{5\pi}{6}\right) = 1 - \frac{\sqrt{3}}{2} \tag{A.7.7}$$

이다. 따라서 식 (A.7.5), (A.7.6), (A.7.7) 의 연산 결과를 식 (A.7.4) 에 대입하면

$$S = 2\cdot\frac{1}{2}\left(\left(1-\frac{\sqrt{3}}{2}\right)+\frac{\pi}{3}+\left(1-\frac{\sqrt{3}}{2}\right)\right) = 2-\sqrt{3}+\frac{\pi}{3}$$

이다. □

7. 다음 주어진 곡선의 내부 고리 부분의 넓이를 구하여라.

(1) $r = 1 + 2\sin\theta$　　(2) $r = 2 + 4\cos\theta$

【풀이】 (1) 내부 고리를 생성하는 편각의 범위는 $7\pi/6$ 에서 $11\pi/6$ 까지이다. 따라서 구하는 면적을 S 라고 놓으면

$$\begin{aligned}
S &= \frac{1}{2}\int_{\frac{7}{6}\pi}^{\frac{11}{6}\pi}(1+2\sin\theta)^2\,d\theta = \frac{1}{2}\int_{\frac{7}{6}\pi}^{\frac{11}{6}\pi}(1+2\sin\theta)^2\,d\theta\\
&= \frac{1}{2}\int_{\frac{7}{6}\pi}^{\frac{11}{6}\pi}\left(1+4\sin\theta+4\cdot\frac{1-\cos 2\theta}{2}\right)^2 d\theta = \frac{1}{2}\int_{\frac{7}{6}\pi}^{\frac{11}{6}\pi}(3+4\sin\theta-2\cos 2\theta)\,d\theta\\
&= \frac{1}{2}\left[3\theta-4\cos\theta-2\cdot\frac{1}{2}\sin 2\theta\right]_{\frac{7}{6}\pi}^{\frac{11}{6}\pi} = \pi-\frac{3}{2}\sqrt{3}
\end{aligned}$$

이다.

(2) 내부 고리를 생성하는 편각의 범위는 $2\pi/3$ 에서 $4\pi/3$ 까지이고, 또한 그래프가 x 축에 대칭이므로 구하는 면적을 S 라고 놓으면

$$\begin{aligned}
S &= 2\cdot\frac{1}{2}\int_{\frac{2}{3}\pi}^{\pi} r^2\,d\theta = \int_{\frac{2}{3}\pi}^{\pi}(2+4\cos\theta)^2\,d\theta = 4\int_{\frac{2}{3}\pi}^{\pi}(1+2\cos\theta)^2\,d\theta\\
&= 4\int_{\frac{2}{3}\pi}^{\pi}(1+4\cos\theta+4\cos^2\theta)\,d\theta = 4\int_{\frac{2}{3}\pi}^{\pi}\left(1+4\cos\theta+4\cdot\frac{1+\cos 2\theta}{2}\right)d\theta\\
&= 4\int_{\frac{2}{3}\pi}^{\pi}(3+4\cos\theta+2\cos 2\theta)\,d\theta = 4\left[3\theta+4\sin\theta+2\cdot\frac{1}{2}\sin 2\theta\right]_{\frac{2}{3}\pi}^{\pi}
\end{aligned}$$

$$= 4\left(\pi - \frac{3}{2}\sqrt{3}\right) = 4\pi - 6\sqrt{3}$$

이다. □

연습문제(7.7)

1. 다음 θ의 범위에서 극방정식으로 주어진 곡선의 길이를 구하여라.

(1) $r = a(1 - \cos\theta) \quad (0 \leq \theta \leq 2\pi)$ (2) $r = e^{-\theta} \quad (0 \leq \theta \leq \infty)$

【풀이】 (1) 구하는 곡선의 길이를 L이라고 하면

$$L = \int_0^{2\pi} \sqrt{r^2 + \left(\frac{dr}{d\theta}\right)^2}\, d\theta = \int_0^{2\pi} \sqrt{a^2(1 - \cos\theta)^2 + a^2\sin^2\theta}\, d\theta$$

$$= \int_0^{2\pi} \sqrt{2}a\sqrt{1 - \cos\theta}\, d\theta = \int_0^{2\pi} 2a\sin\frac{\theta}{2}\, d\theta = 8a.$$

(2) 구하는 곡선의 길이를 L이라고 하면

$$L = \int_0^{\infty} \sqrt{r^2 + \left(\frac{dr}{d\theta}\right)^2}\, d\theta = \int_0^{\infty} \sqrt{e^{-2\theta} + e^{-2\theta}}\, d\theta = \sqrt{2}\int_0^{\infty} e^{-\theta}\, d\theta = \sqrt{2}$$

이다. □

2. 다음 θ의 범위에서 극방정식으로 주어진 곡선의 길이를 구하여라.

(1) $r = 3\theta^2 \quad (1 \leq \theta \leq 2)$ (2) $r = e^{\theta} \quad (0 \leq \theta \leq 2)$

(3) $r = \sin 2\theta \quad (0 \leq \theta \leq \pi)$ (4) $r = 2 + \cos\theta \quad (0 \leq \theta \leq 2\pi)$

【풀이】 (1) 구하는 곡선의 길이를 L이라고 놓으면

$$L = \int_1^2 \sqrt{9\theta^4 + 36\theta^2}\, d\theta = 3\int_1^2 \theta\sqrt{\theta^2 + 4}\, d\theta = 8^{3/2} - 5^{3/2}.$$

(2) 구하는 곡선의 길이를 L 이라고 놓으면

$$L = \int_0^2 \sqrt{e^{2\theta} + e^{2\theta}}\, d\theta = \sqrt{2}\int_0^2 e^{\theta}\, d\theta = \sqrt{2}\Big[e^{\theta}\Big]_0^2 = \sqrt{2}(e^2 - 1).$$

(3) 구하는 곡선의 길이를 L 이라고 놓으면

$$L = \int_0^{\pi} \sqrt{\sin^2 2\theta + 4\cos^2 2\theta}\, d\theta = \int_0^{\pi} \sqrt{1 + \cos^2 2\theta}\, d\theta = \frac{5\pi}{2}.$$

(4) 구하는 곡선의 길이를 L 이라고 놓으면

$$L = \int_0^{2\pi} \sqrt{(2 + \cos\theta)^2 + \sin^2\theta}\, d\theta = \int_0^{2\pi} \sqrt{5 + 4\cos\theta}\, d\theta = 10\pi$$

이다. □

3. $0 \le t \le 2\pi$ 일 때, 사이클로이드

$$x = t - \sin t, \qquad y = 1 - \cos t$$

의 길이를 구하여라.

【풀이】 구하는 곡선의 길이를 L 이라고 하면

$$L = \int_0^{2\pi} \sqrt{(1 - \cos t)^2 + \sin^2 t}\, dt = 8$$

이다. □

4. 매개변수 $x = \sin^2 t,\ y = \cos^2 t\ (0 \le t \le 2\pi)$ 로 주어진 곡선의 길이를 구하여라.

【풀이】 구하는 곡선의 길이를 L 이라고 하면

$$L = \int ds = \int_0^{2\pi} \sqrt{dx^2 + dy^2}\, dt = \int_0^{2\pi} \sqrt{2}\,|\sin 2t|\, dt = 4\int_0^{\pi/2} \sqrt{2}\sin 2t\, dt = 4\sqrt{2}$$

이다. □

5. 다음 극좌표로 주어진 곡선의 개형을 그리고, 그 곡선의 길이를 구하여라.

(1) $r = \theta^2 \quad (0 \le \theta \le 2\pi)$ (2) $r = e^{2\theta} \quad (0 \le \theta \le 2\pi)$

(3) $r = 2^\theta \quad (0 \le \theta \le 2\pi)$ (4) $r = 1 + \cos\theta \quad (0 \le \theta \le 2\pi)$

【풀이】 (1) 구하는 곡선의 길이를 L 이라고 하면

$$L = \int_0^{2\pi} \theta\sqrt{\theta^2 + 4}\, d\theta = \frac{8}{3}\left((\pi^2 + 1)^{3/2} - 1\right).$$

(2) 구하는 곡선의 길이를 L 이라고 하면

$$L = \int_0^{2\pi} \sqrt{(e^{2\theta})^2 + (2e^{2\theta})^2}\, d\theta = \frac{\sqrt{5}}{2}(e^{4\pi} - 1).$$

(3) 구하는 곡선의 길이를 L 이라고 하면

$$L = \int_0^{2\pi} \sqrt{(2^\theta)^2 + (2^\theta \ln 2)^2}\, d\theta = \frac{1}{\ln 2}\sqrt{1 + \ln^2 2}(2^{2\pi} - 1).$$

(4) 구하는 곡선의 길이를 L 이라고 하면

$$L = \int_0^{2\pi} \sqrt{(1 + \cos\theta)^2 + (-\sin\theta)^2}\, d\theta = 8$$

이다. □

6. 다음 매개방정식으로 주어진 곡선의 길이를 구하여라.

(1) $x = t - 1, \quad y = \frac{1}{2}t^2 \quad (0 \le t \le \sqrt{3})$ (2) $x = e^t \sin t, \quad y = e^t \cos t \quad (0 \le t \le 2\pi)$

(3) $x = \cos^3 t, \quad y = \sin^3 t \quad (0 \le t \le 2\pi)$ (4) $x = \cos t, \quad y = \sin t \quad (0 \le t \le 4\pi)$

【풀이】 (1) 구하는 곡선의 길이를 L 이라고 하면

$$L = \int_0^{\sqrt{3}} \sqrt{1 + t^2}\, dt = \sqrt{3} + \frac{1}{2}\ln(2 + \sqrt{3}).$$

(2) 구하는 곡선의 길이를 L 이라고 하면

$$L = \int_0^{2\pi} \sqrt{(e^t \sin t + e^t \cos t)^2 + (e^t \cos t - e^t \sin t)^2}\, dt = \sqrt{2}\int_0^{2\pi} e^t\, dt = \sqrt{2}(e^{2\pi} - 1).$$

(3) 구하는 곡선의 길이를 L이라고 하면

$$L = \int_0^{2\pi} \sqrt{(3\cos^2 t(-\sin t))^2 + (3\sin^2 t\cos t)^2}\, dt = \frac{3}{2}\int_0^{2\pi} |\sin 2t|\, dt = 6.$$

(4) 구하는 곡선의 길이를 L이라고 하면

$$L = \int_0^{4\pi} \sqrt{\sin^2 t + \cos^2 t}\, dt = \int_0^{4\pi} dt = 4\pi$$

이다. □

7. $n = 4$일 때의 심프슨의 근사적분 공식을 이용하여 4개의 꽃잎 모양을 갖는 극방정식의 그래프 $r = \cos 2\theta$의 한 고리의 길이를 구하여라.

【풀이】 구하는 곡선의 길이를 L이라고 하면

$$L = 2\int_0^{\pi/4} \sqrt{\cos^2 2\theta + 4\sin^2 2\theta}\, d\theta \approx 2\cdot(1.211056) \approx 2.4221$$

이다. □

8. 매개방정식으로 주어진 다음 곡선을 y축을 회전축으로 회전시켰을 때 생겨나는 곡면의 겉넓이를 구하여라.

(1) $x = 3t^2, \quad y = 2t^3 \quad (0 \le t \le 5)$ (2) $x = e^t - t, \quad y = 4e^{\frac{t}{2}} \quad (0 \le t \le 1)$

【풀이】 (1) 매개변수 t를 소거하여 x를 y에 관한 함수로 나타내면

$$x = 3\left(\frac{y}{2}\right)^{2/3} \qquad (0 \le y \le 250)$$

을 얻는다. 따라서 y축을 회전축으로 회전시켰을 때 생겨나는 곡면의 겉넓이를 S라고 놓으면

$$\begin{aligned} S &= \int_0^{250} 2\pi x\sqrt{1 + \left(\frac{dx}{dy}\right)^2}\, dy \\ &= 2\pi\int_0^{250} 3\left(\frac{y}{2}\right)^{2/3}\sqrt{1 + \left(\frac{y}{2}\right)^{-2/3}}\, dy = \frac{24}{5}(1 + 949\sqrt{26})\pi. \end{aligned}$$

(2) 매개변수 t를 소거하여 x를 y에 관한 함수로 나타내면

$$x = \left(\frac{y}{4}\right)^2 - 2\ln\left(\frac{y}{4}\right) \qquad (4 \le y \le 4\sqrt{e})$$

을 얻는다. 따라서 y축을 회전축으로 회전시켰을 때 생겨나는 곡면의 겉넓이를 S라고 놓으면

$$\begin{aligned} S &= \int_4^{4\sqrt{e}} 2\pi x\sqrt{1+\left(\frac{dx}{dy}\right)^2}\,dy \\ &= 2\pi\int_4^{4\sqrt{e}} \left(\left(\frac{y}{4}\right)^2 - 2\ln\left(\frac{y}{4}\right)\right)\sqrt{1+\left(\frac{y^2-16}{8y}\right)^2}\,dy = (e^2+2e-6)\pi \end{aligned}$$

이다. □

9. 2개의 꽃잎모양의 곡선 $r^2 = \cos 2\theta$를 극축을 중심으로 회전하여 얻어지는 곡면의 넓이를 구하여라.

【풀이】 구하는 넓이를 S라고 놓으면

$$S = 2\int_0^{\pi/4} 2\pi\sqrt{\cos 2\theta + \frac{\sin^2 2\theta}{\cos 2\theta}}\,d\theta = 4\pi\int_0^{\pi/4}\sin\theta\,d\theta = 2\pi(2-\sqrt{2})$$

이다. □

제 8 장

수열과 급수(연습문제 및 풀이)

연습문제(8.1)

1. 주어진 a_n 을 일반항으로 갖는 수열 $\langle a_n \rangle$ 에 대하여 처음 다섯 개의 항을 쓰고, 수열이 수렴하는지 발산하는지를 밝혀라. 또한 수렴한다면 그 극한을 구하여라.

(1) $a_n = \dfrac{n}{3n-1}$ (2) $a_n = \dfrac{4n^2+2}{n^2+3n-1}$ (3) $a_n = \dfrac{n^3+3n^2+3n}{(n+1)^3}$ (4) $a_n = \dfrac{\sqrt{3n^2+2}}{2n+1}$

【풀이】 (1) 일반항 $a_n = n/(3n-1)$ 로부터

$$a_1 = 1/2, \quad a_2 = 2/5, \quad a_3 = 3/8, \quad a_4 = 4/11, \quad a_5 = 5/14$$

이다. 또한 주어진 수열에 대하여

$$\lim_{n\to\infty} a_n = \lim_{n\to\infty} \frac{n}{3n-1} = \frac{1}{3}$$

이다. 따라서 수열 $\langle a_n \rangle$ 은 수렴하고, 그 극한은 1/3 이다.

(2) 일반항 $a_n = (4n^2+2)/(n^2+3n-1)$ 로부터

$$a_1 = 2, \quad a_2 = 2, \quad a_3 = 38/17, \quad a_4 = 22/9, \quad a_5 = 34/13$$

이다. 또한 주어진 수열에 대하여

$$\lim_{n\to\infty} a_n = \lim_{n\to\infty} \frac{4n^2+2}{n^2+3n-1} = 4$$

이다. 따라서 수열 $\langle a_n \rangle$은 수렴하고, 그 극한은 4 이다.

(3) 일반항 $a_n = (n^3+3n^2+3n)/(n+1)^3$ 로부터

$$a_1 = 7/8, \quad a_2 = 26/27, \quad a_3 = 63/64, \quad a_4 = 124/125, \quad a_5 = 125/216$$

이다. 또한 주어진 수열에 대하여

$$\lim_{n\to\infty} a_n = \lim_{n\to\infty} \frac{n^3+3n^2+3n}{(n+1)^3} = 1$$

이다. 따라서 수열 $\langle a_n \rangle$은 수렴하고, 그 극한은 1 이다.

(4) 일반항 $a_n = \sqrt{3n^2+2}/(2n+1)$ 로부터

$$a_1 = \sqrt{5}/3, \quad a_2 = \sqrt{14}/5, \quad a_3 = \sqrt{29}/7, \quad a_4 = 5\sqrt{2}/9, \quad a_5 = \sqrt{77}/11$$

이다. 또한 주어진 수열에 대하여

$$\lim_{n\to\infty} a_n = \lim_{n\to\infty} \frac{\sqrt{3n^2+2}}{2n+1} = \frac{\sqrt{3}}{2}$$

이다. 따라서 수열 $\langle a_n \rangle$은 수렴하고, 그 극한은 $\sqrt{3}/2$ 이다. □

2. 다음 수열이 수렴하는지 발산하는지를 밝히고, 수렴한다면 그 극한을 구하여라.

(1) $\left\langle \dfrac{2n+3}{n+1} \right\rangle$ (2) $\langle (-1)^n + 1 \rangle$ (3) $\langle n(n-1) \rangle$

【풀이】 (1) 주어진 수열의 일반항을 $a_n = \dfrac{2n+3}{n+1}$ 라고 놓으면

$$\lim_{n\to\infty} a_n = \lim_{n\to\infty} \frac{2n+3}{n+1} = \lim_{n\to\infty}\left(2 + \frac{1}{n+1}\right) = \lim_{n\to\infty} 2 + \lim_{n\to\infty}\frac{1}{n+1} = 2 - 0 = 2$$

이다. 따라서 준 수열은 2 에 수렴한다.

(2) 주어진 수열의 일반항을 $a_n = (-1)^n + 1$ 이라고 놓으면

$$a_n = \begin{cases} 0, & (n : \text{홀수}) \\ 2, & (n : \text{짝수}) \end{cases}$$

이다. 따라서 준 수열은 수렴하지 않는다.

(3) 주어진 수열의 일반항을 $a_n = n(n-1)$ 이라고 놓으면

$$\lim_{n\to\infty} a_n = \lim_{n\to\infty} n(n-1) = \infty$$

이다. 따라서 준 수열은 양의 무한대로 발산한다. □

3. 수열 $\langle a_n \rangle$이

$$-1, \frac{2}{3}, -\frac{3}{5}, \frac{4}{7}, -\frac{5}{9}, \ldots$$

일 때, 이 수열의 일반항 a_n 을 구하여라.

【풀이】 주어진 수열의 일반항 a_n 은

$$a_n = (-1)^n \frac{n}{2n-1}.$$ □

4. 일반항 a_n 이 $a_n = 3n + 1$ 인 수열 $\langle a_n \rangle$ 에 대하여 수열

$$a_1 + a_2, \quad a_3 + a_4, \quad a_5 + a_6, \quad \ldots$$

의 일반항 b_n 을 구하여라.

【풀이】 수열 $\langle b_n \rangle$의 초항은 $b_1 = a_1 + a_2$, 두 번째 항은 $b_2 = a_3 + a_4$, 세 번째 항은 $b_3 = a_5 + a_6, \ldots$ 등을 갖는다. 따라서 구하는 수열 $\langle b_n \rangle$의 일반항은

$$b_n = a_{2n-1} + a_{2n} = (3 \cdot (2n-1) + 1) + (3 \cdot 2n + 1) = 6n - 3 + 1 + 6n + 1 = 12n - 1$$

이다. □

5. 다음 수열 중에서 어느 것이 위로 유계인지, 아래로 유계인지, 유계인지를 구분하여라.

(1) $\langle 1/(n+1) \rangle$ (2) $\langle (-1)^n/n \rangle$ (3) $\langle 3^{-n} \rangle$

【풀이】 (1) 준 수열에 의한 집합을 A라고 놓으면, 임의의 원소 $x \in A$에 대하여 $0 < x \leq 1/2$이므로 준 수열은 위로 유계인 동시에 아래로 유계이다. 따라서 준 수열은 유계수열이다.

(2) 준 수열에 의한 집합을 A라고 놓으면, 임의의 원소 $x \in A$에 대하여 $-1 \leq x \leq 1/2$이므로 준 수열은 위로 유계인 동시에 아래로 유계이다. 따라서 준 수열은 유계수열이다.

(3) 준 수열에 의한 집합을 A라고 놓으면, 임의의 원소 $x \in A$에 대하여 $0 < x \leq 1/3$이므로 준 수열은 위로 유계인 동시에 아래로 유계이다. 따라서 준 수열은 유계수열이다. □

6. 극한

$$\lim_{n\to\infty}\left(1 + \frac{1}{n}\right)^n = e \quad (n\text{은 자연수})$$

임을 이용하여, x가 실수인 경우에도 극한

$$\lim_{x\to\infty}\left(1 + \frac{1}{x}\right)^x = e, \quad \lim_{x\to-\infty}\left(1 + \frac{1}{x}\right)^x = e$$

이 성립함을 증명하여라.

【풀이】 (i) x가 양의 실수일 때

자연수 n을 적당히 취해

$$n \leq x < n + 1$$

라고 하면 $1/n \geq 1/x > 1/(n+1)$ 이므로

$$1 + \frac{1}{n} \geq 1 + \frac{1}{x} > 1 + \frac{1}{n+1}$$

이 성립한다. 따라서

$$\left(1 + \frac{1}{n}\right)^{n+1} > \left(1 + \frac{1}{x}\right)^{x} > \left(1 + \frac{1}{n+1}\right)^{n}$$

이므로

$$\lim_{x\to\infty}\left(1 + \frac{1}{n}\right)^{n+1} \geq \lim_{x\to\infty}\left(1 + \frac{1}{x}\right)^{x} \geq \lim_{x\to\infty}\left(1 + \frac{1}{n+1}\right)^{n}$$

이다. 한편 $x \to \infty$ 일 때 $n \to \infty$ 이고 $n+1 \to \infty$ 이므로

$$\lim_{x\to\infty}\left(1 + \frac{1}{n}\right)^{n+1} = \lim_{n\to\infty}\left(1 + \frac{1}{n}\right)^{n+1} = \lim_{n\to\infty}\left(1 + \frac{1}{n}\right)^{n}\left(1 + \frac{1}{n}\right) = e \cdot 1 = e$$

이고

$$\lim_{n\to\infty}\left(1 + \frac{1}{n+1}\right)^{n} = \lim_{(n+1)\to\infty}\left(1 + \frac{1}{n+1}\right)^{n+1}\left(1 + \frac{1}{n+1}\right)^{-1} = e \cdot 1 = e$$

이므로 수열에 대한 조임정리 8.1.3 에 의해

$$\lim_{x\to\infty}\left(1 + \frac{1}{x}\right)^{x} = e.$$

(ii) x가 음의 실수일 때

양의 실수 z에 대하여 $x = -z$ 이라고 놓으면 $x \to -\infty$ 일 때 $z \to \infty$ 이다. 또한

$$\left(1 + \frac{1}{x}\right)^{x} = \left(1 - \frac{1}{z}\right)^{-z} = \frac{1}{\left(1 - \frac{1}{z}\right)^{z}} = \left(\frac{z}{z-1}\right)^{z} = \left(1 + \frac{1}{z-1}\right)^{z}$$

$$= \left(1 + \frac{1}{z-1}\right)^{z-1}\left(1 + \frac{1}{z-1}\right)$$

이 성립한다. 따라서

$$\lim_{x\to-\infty}\left(1 + \frac{1}{x}\right)^{x} = \lim_{z\to\infty}\left(1 + \frac{1}{z-1}\right)^{z-1}\left(1 + \frac{1}{z-1}\right) = e \cdot 1 = e. \qquad \square$$

연습문제(8.2)

1. 다음 기하급수들의 수렴, 발산을 판정하고, 수렴하는 경우라면 그 합을 구하여라.

(1) $3 + \dfrac{3}{4} + \cdots + \dfrac{3}{4^{n-1}} + \cdots$

(2) $1 + \left(-\dfrac{1}{\sqrt{5}}\right) + \cdots + \left(-\dfrac{1}{\sqrt{5}}\right)^{n-1} + \cdots$

(3) $0.37 + 0.0037 + \cdots + \dfrac{37}{100^n} + \cdots$

(4) $\displaystyle\sum_{n=1}^{\infty} 2^{-n}3^{n-1}$

(5) $\displaystyle\sum_{n=1}^{\infty} (-1)^{n-1}$

(6) $\dfrac{2}{3} + \dfrac{2}{3^2} + \cdots + \dfrac{2}{3^n} + \cdots$

【풀이】 각 문제의 기하급수를

$$\sum_{k=1}^{\infty} ar^{k-1}$$

라고 놓고, 정리 8.2.1 을 이용하여 보이도록 하자.

(1) 주어진 급수에서의 a 와 r 은 각각 $a = 3$, $r = 1/4$ 에 대응한다. 그런데 $|r| = 1/4 < 1$ 이므로 정리 8.2.1 로부터 준 급수는 수렴하고, 급수의 합은 $a/(1-r) = 4$ 이다.

(2) 주어진 급수에서의 a 와 r 은 각각 $a = 1$, $r = -1/\sqrt{5}$ 에 대응한다. 그런데 $|r| = 1/\sqrt{5} < 1$ 이므로 정리 8.2.1 로부터 준 급수는 수렴하고, 급수의 합은

$$\frac{a}{1-r} = \frac{\sqrt{5}}{4}(\sqrt{5} - 1).$$

(3) 주어진 급수에서의 a 와 r 은 각각 $a = 0.37$, $r = 0.01$ 에 대응한다. 그런데 $|r| = 0.01 < 1$ 이므로 정리 8.2.1 로부터 준 급수는 수렴하고, 급수의 합은 $a/(1-r) = 37/99$ 이다.

(4) 주어진 급수에서의 a 와 r 은 각각 $a = 1/2$, $r = 3/2$ 에 대응한다. 그런데 $|r| = 3/2 > 1$ 이므로 정리 8.2.1 로부터 준 급수는 발산함을 알 수 있다.

(5) 주어진 급수에서의 a 와 r 은 각각 $a = 1$, $r = -1$ 에 대응한다. 그런데 $|r| = 1 \geq 1$ 이므로 정리 8.2.1 로부터 준 급수는 발산함을 알 수 있다.

(6) 주어진 급수에서의 a 와 r 은 각각 $a = 2/3$, $r = 1/3$ 에 대응한다. 그런데 $|r| = 1/3 < 1$ 이므로 정리 8.2.1 로부터 준 급수는 수렴하고, 급수의 합은 $a/(1-r) = 1$ 이다. □

2. 다음 급수의 수렴, 발산을 판정하여라.

(1) $\dfrac{1}{4\cdot 5}+\dfrac{1}{5\cdot 6}+\cdots+\dfrac{1}{(n+3)(n+4)}+\cdots$ (2) $\dfrac{5}{1\cdot 2}+\dfrac{5}{2\cdot 3}+\cdots+\dfrac{5}{n(n+1)}+\cdots$

(3) $3+\dfrac{3}{2}+\cdots+\dfrac{3}{n}+\cdots$ (4) $\displaystyle\sum_{n=1}^{\infty}\frac{3n}{5n-1}$

(5) $\displaystyle\sum_{n=1}^{\infty}\frac{1}{n\sqrt{e}}$ (6) $\displaystyle\sum_{n=1}^{\infty}\left(\frac{1}{8^n}+\frac{1}{n(n+1)}\right)$

【풀이】 (1) 급수

$$\sum b_n=\frac{1}{1\cdot 2}+\frac{1}{2\cdot 3}+\frac{1}{3\cdot 4}+\frac{1}{4\cdot 5}+\frac{1}{5\cdot 6}+\cdots+\frac{1}{n(n+1)}+\cdots$$

이 수렴함은 예제 8.2.1 에서 이미 확인했다. 또한 준 급수를 $\sum a_n$ 이라고 놓으면

$$\sum a_n=0+0+0+\frac{1}{4\cdot 5}+\frac{1}{5\cdot 6}+\cdots+\frac{1}{(n+3)(n+4)}+\cdots$$

과 같이 생각할 수 있다. 따라서 두 급수 $\sum a_n$, $\sum b_n$ 은 처음 세 개의 항을 제외하고는 나머지 항들이 모두 같다. 따라서 정리 8.2.4 에 의하면 두 급수 $\sum a_n$, $\sum b_n$ 은 동시에 수렴하거나 동시에 발산한다. 그런데 급수 $\sum b_n$ 이 수렴하므로 준 급수 $\sum a_n$ 도 수렴한다.

(2) 급수

$$\sum b_n=\frac{1}{1\cdot 2}+\frac{1}{2\cdot 3}+\frac{1}{3\cdot 4}+\frac{1}{4\cdot 5}+\frac{1}{5\cdot 6}+\cdots+\frac{1}{n(n+1)}+\cdots$$

이 수렴함은 예제 8.2.1 에서 이미 확인했다. 또한 준 급수를 $\sum a_n$ 이라고 놓으면

$$\sum_{n=1}^{\infty}a_n=\sum_{n=1}^{\infty}\frac{5}{n(n+1)}=5\sum_{n=1}^{\infty}\frac{1}{n(n+1)}=5\sum_{n=1}^{\infty}b_n$$

과 같이 나타낼 수 있다. 그런데 급수 $\sum b_n$ 이 수렴하므로 정리 8.2.5 에 의해 준 급수 $\sum a_n$ 도 역시 수렴한다.

(3) 준 급수를 변형하면

$$3+\frac{3}{2}+\cdots+\frac{3}{n}+\cdots=3\left(1+\frac{1}{2}+\cdots+\frac{1}{n}+\cdots\right)=3\sum_{n=1}^{\infty}\frac{1}{n}$$

와 같다. 이 수렴함은 예제 8.2.1 에서 이미 확인했다. 또한 준 급수를 $\sum a_n$ 이라고 놓으면

$$\sum_{n=1}^{\infty} a_n = \sum_{n=1}^{\infty} \frac{5}{n(n+1)} = 5\sum_{n=1}^{\infty} \frac{1}{n(n+1)} = 5\sum_{n=1}^{\infty} b_n$$

과 같이 나타낼 수 있다. 그런데 조화급수 $\sum 1/n$ 은 발산한다(예제 8.2.3 참조). 따라서 준 급수 역시 발산한다.

(4) 준 급수를 $\sum a_n$ 이라고 하면

$$\lim_{n\to\infty} a_n = \lim_{n\to\infty} \frac{3n}{5n-1} = \frac{3}{5} \neq 0$$

이다. 따라서 정리 8.2.3 의 발산판정법에 의해 준 급수는 발산함을 알 수 있다.

(5) 준 급수를 변형하면

$$\sum_{n=1}^{\infty} \frac{1}{n\sqrt{e}} = \frac{1}{\sqrt{e}} \sum_{n=1}^{\infty} \frac{1}{n}$$

와 같다. 그런데 조화급수 $\sum 1/n$ 은 발산한다(예제 8.2.3 참조). 따라서 준 급수 역시 발산한다.

(6) 급수

$$\sum_{n=1}^{\infty} \frac{1}{8^n}$$

은 초항이 1/8 이고 공비가 1/8 인 기하급수로서 1/7 에 수렴한다. 또한 급수

$$\sum_{n=1}^{\infty} \frac{1}{n(n+1)}$$

은 1 에 수렴한다(예제 8.2.1 참조). 따라서 정리 8.2.5 에 의해 주어진 급수도 수렴한다. □

3. 급수

$$\sum_{n=1}^{\infty} \frac{1}{4n^2-1}$$

이 수렴함을 보이고, 그 합을 구하여라.

【풀이】 준 급수의 일반항을 a_n 이라고 하면

$$a_n = \frac{1}{4n^2 - 1} = \frac{1}{(2n-1)(2n+1)}$$

이다. 그런데 일반항 a_n 을 부분분수화 하면

$$a_n = \frac{1}{(2n-1)(2n+1)} = \frac{1}{2}\left(\frac{1}{2n-1} - \frac{1}{2n+1}\right)$$

이므로 이를 이용하여 준 급수의 첫 항부터 n 번째 항까지의 부분합 S_n 을 간단히 하면

$$S_n = \frac{1}{2}\left(\left(1 - \frac{1}{3}\right) + \left(\frac{1}{3} - \frac{1}{5}\right) + \left(\frac{1}{5} - \frac{1}{7}\right) + \cdots + \left(\frac{1}{2n-1} - \frac{1}{2n+1}\right)\right) = \frac{1}{2}\left(1 - \frac{1}{2n+1}\right)$$

을 얻는다. 따라서

$$\lim_{n\to\infty} S_n = \lim_{n\to\infty} \frac{1}{2}\left(1 - \frac{1}{2n+1}\right) = \frac{1}{2}$$

이므로 준 급수는 수렴하고, 그 합은 1/2 이다. □

4. 급수

$$\sum_{n=1}^{\infty}\left(3\left(\frac{1}{8}\right)^n - 5\left(\frac{1}{3}\right)^n\right)$$

이 수렴함을 보이고, 그 합을 구하여라.

【풀이】 급수 $\sum(1/8)^n$ 은 초항이 1/8 이고 공비가 1/8 인 기하급수로서 1/7 에 수렴한다. 마찬가지로 급수 $\sum(1/3)^n$ 은 초항이 1/3 이고 공비가 1/3 인 기하급수로서 1/2 에 수렴한다. 따라서 정리 8.2.5 에 의해 준 급수도 역시 수렴하고, 급수의 합은

$$\sum_{n=1}^{\infty}\left(3\left(\frac{1}{8}\right)^n - 5\left(\frac{1}{3}\right)^n\right) = 3\sum_{n=1}^{\infty}\left(\frac{1}{8}\right)^n - 5\sum_{n=1}^{\infty}\left(\frac{1}{3}\right)^n = 3\cdot\frac{1}{7} - 5\cdot\frac{1}{2} = -\frac{29}{14}$$

이다. □

연습문제(8.3)

1. 적분판정법을 적용하여 다음 급수의 수렴, 발산을 판정하라.

(1) $\sum_{n=1}^{\infty} \frac{1}{n^2}$ (2) $\sum_{n=1}^{\infty} \frac{1}{\sqrt{n}}$ (3) $\sum_{n=1}^{\infty} \frac{1}{n^2+1}$

【풀이】 (1) 준 급수와 관련하여 함수 f 를

$$f(x) = \frac{1}{x^2}$$

로 놓으면 $[1, \infty)$ 에서 양의 값을 갖는 연속인 감소함수이다. 따라서 적분판정법을 적용하기 위한 가정을 모두 만족시킨다. 그런데

$$\int_1^{\infty} \frac{1}{x^2}\, dx = \lim_{t\to\infty} \int_1^t \frac{1}{x^2}\, dx = \lim_{t\to\infty}\left(1 - \frac{1}{t}\right) = 1$$

이므로 준 급수는 적분판정법에 의해 수렴하는 급수임을 알 수 있다.

(2) 준 급수와 관련하여 함수 f 를

$$f(x) = \frac{1}{\sqrt{x}}$$

로 놓으면 $[1, \infty)$ 에서 양의 값을 갖는 연속인 감소함수이다. 따라서 적분판정법을 적용하기 위한 가정을 모두 만족시킨다. 그런데

$$\int_1^{\infty} \frac{1}{\sqrt{x}}\, dx = \lim_{t\to\infty} \int_1^t \frac{1}{\sqrt{x}}\, dx = \lim_{t\to\infty} 2(\sqrt{t} - 1) = \infty$$

이므로 준 급수는 적분판정법에 의해 발산하는 급수임을 알 수 있다.

(3) 준 급수와 관련하여 함수 f 를

$$f(x) = \frac{1}{x^2+1}$$

로 놓으면 $[1, \infty)$ 에서 양의 값을 갖는 연속인 감소함수이다. 따라서 적분판정법을 적용하기 위한 가정을 모두 만족시킨다. 그런데

$$\int_1^{\infty} \frac{1}{x^2+1}\, dx = \lim_{t\to\infty} \int_1^t \frac{1}{x^2+1}\, dx = \lim_{t\to\infty}(\tan^{-1} t - \tan^{-1} 1) = \frac{\pi}{2} - \frac{\pi}{4} = \frac{\pi}{4}$$

이므로 준 급수는 적분판정법에 의해 수렴하는 급수임을 알 수 있다. □

2. 비교판정법을 적용하여 다음 급수의 수렴, 발산을 판정하라.

(1) $\sum_{n=1}^{\infty} \frac{1}{2^n + 1}$ (2) $\sum_{n=1}^{\infty} \frac{1}{n} \ln n^{\frac{1}{2}}$ (3) $\sum_{n=1}^{\infty} \frac{1}{n^n}$

【풀이】 (1) a_n, b_n 을 각각

$$a_n = \frac{1}{2^n + 1}, \qquad b_n = \frac{1}{2^n}$$

로 놓으면 모든 자연수 n 에 대하여 $b_n > a_n > 0$ 이 성립한다. 또한 급수 $\sum b_n$ 은 공비가 1/2 인 기하급수이므로 수렴한다. 따라서 비교판정법에 의해 준 급수는 수렴한다.

(2) a_n, b_n 을 각각

$$a_n = \frac{\ln n^{\frac{1}{2}}}{n}, \qquad b_n = \frac{1}{n}$$

로 놓으면 적당히 큰 자연수 n 에 대하여 $a_n > b_n > 0$ 이 성립한다. 또한 급수 $\sum b_n$ 은 조화급수로서 발산한다. 따라서 비교판정법에 의해 준 급수는 발산한다.

(3) a_n, b_n 을 각각

$$a_n = \frac{1}{n^n}, \qquad b_n = \frac{1}{2^n}$$

로 놓으면 3 보다 큰 모든 자연수 n 에 대하여 $b_n > a_n > 0$ 이 성립한다. 또한 급수 $\sum b_n$ 은 공비가 1/2 인 기하급수이므로 수렴한다. 따라서 비교판정법에 의해 준 급수는 수렴한다. □

3. 다음 급수의 수렴, 발산을 판정하라.

(1) $\sum_{n=1}^{\infty} \frac{1}{2^n - 1}$ (2) $\sum_{n=1}^{\infty} \frac{2n^2 + 3n}{\sqrt{5 + n^5}}$ (3) $\sum_{n=1}^{\infty} \frac{n^3}{3^n}$

(4) $\sum_{n=1}^{\infty} \frac{2^n}{n!}$ (5) $\sum_{n=1}^{\infty} \frac{(2n)!}{(n!)^2}$ (6) $\sum_{n=1}^{\infty} \frac{1}{n!}$

【풀이】 (1) a_n, b_n 을 각각

$$a_n = \frac{1}{2^n - 1}, \qquad b_n = \frac{1}{2^n}$$

로 놓으면

$$\lim_{n\to\infty}\frac{a_n}{b_n}=\lim_{n\to\infty}\frac{\frac{1}{2^n-1}}{\frac{1}{2^n}}=\lim_{n\to\infty}\frac{2^n}{2^n-1}=\lim_{n\to\infty}\frac{1}{1-\frac{1}{2^n}}=1>0$$

이 성립한다. 따라서 극한비교판정법에 의하면 급수 $\sum a_n$ 과 $\sum b_n$ 은 동시에 수렴하거나 동시에 발산한다. 그런데 급수 $\sum b_n$ 이 수렴하는 기하급수이므로 준 급수도 수렴한다.

(2) 주어진 급수에서 분자는 $2n^2$ 에 지배적이고 분모는 $\sqrt{n^5}=n^{5/2}$ 에 지배적이다. 따라서 a_n, b_n 을 각각

$$a_n=\frac{2n^2+3n}{\sqrt{5+n^5}},\qquad b_n=\frac{2n^2}{n^{\frac{5}{2}}}=\frac{2}{n^{\frac{1}{2}}}$$

로 놓으면

$$\lim_{n\to\infty}\frac{a_n}{b_n}=\lim_{n\to\infty}\frac{\frac{2n^2+3n}{\sqrt{5+n^5}}}{\frac{2}{n^{\frac{1}{2}}}}=\lim_{n\to\infty}\frac{2n^{\frac{5}{2}}+3n^{\frac{3}{2}}}{2\sqrt{5+n^5}}=\lim_{n\to\infty}\frac{2+\frac{3}{n}}{2\sqrt{\frac{5}{n^5}+1}}=1>0$$

이 성립한다. 따라서 극한비교판정법에 의하면 급수 $\sum a_n$ 과 $\sum b_n$ 은 동시에 수렴하거나 동시에 발산한다. 그런데 급수 $\sum b_n$ 은

$$\sum_{n=1}^{\infty}b_n=\sum_{n=1}^{\infty}\frac{2}{n^{\frac{1}{2}}}=2\sum_{n=1}^{\infty}\frac{1}{n^{\frac{1}{2}}}$$

로서 p-급수판정법에 의해 발산한다. 따라서 준 급수도 발산한다.

(3) a_n 을

$$a_n=\frac{n^3}{3^n}$$

로 놓으면 모든 자연수 n 에 대하여 $a_n>0$ 이므로 준 급수는 양항급수이고,

$$\lim_{n\to\infty}\frac{a_{n+1}}{a_n}=\lim_{n\to\infty}\frac{\frac{(n+1)^3}{3^{n+1}}}{\frac{n^3}{3^n}}=\lim_{n\to\infty}\frac{(n+1)^3}{3n^3}=\frac{1}{3}<1$$

이므로 비판정법에 위해 준 급수는 수렴한다.

(4) a_n 을

$$a_n=\frac{2^n}{n!}$$

로 놓으면 모든 자연수 n에 대하여 $a_n > 0$ 이므로 준 급수는 양항급수이고,

$$\lim_{n\to\infty}\frac{a_{n+1}}{a_n} = \lim_{n\to\infty}\frac{\frac{2^{n+1}}{(n+1)!}}{\frac{2^n}{n!}} = \lim_{n\to\infty}\frac{2}{n+1} = 0 < 1$$

이므로 비판정법에 위해 준 급수는 수렴한다.

(5) a_n 을

$$a_n = \frac{(2n)!}{(n!)^2}$$

로 놓으면 모든 자연수 n에 대하여 $a_n > 0$ 이므로 준 급수는 양항급수이고,

$$\lim_{n\to\infty}\frac{a_{n+1}}{a_n} = \lim_{n\to\infty}\frac{\frac{\left(2(n+1)\right)!}{\left((n+1)!\right)^2}}{\frac{(2n)!}{(n!)^2}} = \lim_{n\to\infty}\frac{(2n+2)(2n+1)}{(n+1)^2} = 4 > 1$$

이므로 비판정법에 위해 준 급수는 발산한다.

(6) a_n 을

$$a_n = \frac{1}{n!}$$

로 놓으면 모든 자연수 n에 대하여 $a_n > 0$ 이므로 준 급수는 양항급수이고,

$$\lim_{n\to\infty}\frac{a_{n+1}}{a_n} = \lim_{n\to\infty}\frac{\frac{1}{(n+1)!}}{\frac{1}{n!}} = \lim_{n\to\infty}\frac{1}{n+1} = 0 < 1$$

이므로 비판정법에 위해 준 급수는 수렴한다. □

연습문제(8.4)

1. 다음 급수들의 수렴, 발산을 판정하여라.

(1) $\displaystyle\sum_{n=1}^{\infty}(-1)^{n+1}\frac{2}{3n+1}$ (2) $\displaystyle\sum_{n=1}^{\infty}(-1)^{n+1}\frac{1}{\ln(n+1)}$ (3) $\displaystyle\sum_{n=1}^{\infty}(-1)^{n+1}\frac{\ln n}{n}$

(4) $\displaystyle\sum_{n=1}^{\infty}(-1)^{n+1}\frac{n}{\ln n+1}$ (5) $\displaystyle\sum_{n=1}^{\infty}(-1)^{n+1}\frac{n^2}{e^n}$ (6) $\displaystyle\sum_{n=1}^{\infty}(-1)^{n+1}\frac{3^{n+1}}{n^2}$

【풀이】 (1) 함수 f를 $f(x) = 2/(3x+1)$ 라고 놓으면

$$f'(x) = -\frac{6}{(3x+1)^2}$$

이다. 따라서 $x \in [1, \infty)$ 에 대하여 $f'(x) < 0$ 이므로 함수 f는 $[1, \infty)$ 에서 감소한다. 따라서 임의의 자연수 k에 대하여 $a_k = f(k)$ 라고 놓으면 $a_k \geq a_{k+1}$ 이고

$$\lim_{n\to\infty} a_n = \lim_{n\to\infty} \frac{2}{3n+1} = 0$$

이다. 따라서 정리 8.4.1 의 교대급수판정법에 의해 주어진 급수는 수렴한다.

(2) 함수 f를 $f(x) = 1/\ln(x+1)$ 라고 놓으면

$$f'(x) = -\frac{1}{(x+1)(\ln(x+1))^2}$$

이다. 따라서 $x \in [1, \infty)$ 에 대하여 $f'(x) < 0$ 이므로 함수 f는 $[1, \infty)$ 에서 감소한다. 따라서 임의의 자연수 k에 대하여 $a_k = f(k)$ 라고 놓으면 $a_k \geq a_{k+1}$ 이고

$$\lim_{n\to\infty} a_n = \lim_{n\to\infty} \frac{1}{\ln(x+1)} = 0$$

이다. 따라서 정리 8.4.1 의 교대급수판정법에 의해 주어진 급수는 수렴한다.

(3) 함수 f를 $f(x) = \ln x/x$ 라고 놓으면

$$f'(x) = \frac{1-\ln x}{x^2}$$

이다. 따라서 $x \in (1, \infty)$ 에 대하여 $f'(x) < 0$ 이므로 함수 f는 $(1, \infty)$ 에서 감소한다. 따라서 임의의 자연수 k에 대하여 $a_k = f(k)$ 라고 놓으면 $a_k \geq a_{k+1}$ 이고

$$\lim_{n\to\infty} a_n = \lim_{n\to\infty} \frac{\ln n}{n} = 0$$

이다. 따라서 정리 8.4.1 의 교대급수판정법에 의해 주어진 급수는 수렴한다.

(4) 주어진 급수는 교대급수이지만 극한

$$\lim_{n\to\infty} \frac{n}{1+\ln n} = \infty$$

이므로 교대급수판정법으로는 수렴성을 확인할 수 없다. 그러나 극한

$$\lim_{n\to\infty}(-1)^{n+1}\frac{n}{1+\ln n}$$

이 존재하지 않기 때문에 정리 8.2.3 의 발산판정법에 의해 준 급수는 발산한다.

(5) 함수 f 를 $f(x) = x^2/e^x$ 라고 놓으면

$$f'(x) = -\frac{x(x-2)}{e^x}$$

이다. 따라서 $x \in (2, \infty)$ 에 대하여 $f'(x) < 0$ 이므로 함수 f 는 $(2, \infty)$ 에서 감소한다. 따라서 임의의 자연수 k 에 대하여 $a_k = f(k)$ 라고 놓으면 $a_k \geq a_{k+1}$ 이다. 또한 로피탈의 정리 3.2.6 에 의해

$$\lim_{x\to\infty}\frac{x^2}{e^x} = \lim_{x\to\infty}\frac{2x}{e^x} = \lim_{x\to\infty}\frac{2}{e^x} = 0$$

이므로 정리 8.1.5 에 의해

$$\lim_{n\to\infty} a_n = \lim_{n\to\infty}\frac{n^2}{e^n} = 0$$

이다. 따라서 정리 8.4.1 의 교대급수판정법에 의해 주어진 급수는 수렴한다.

(6) 주어진 급수는 교대급수이지만 극한

$$\lim_{n\to\infty}\frac{3^{n+1}}{n^2} = \infty$$

이므로 교대급수판정법으로는 수렴성을 확인할 수 없다. 그러나 극한

$$\lim_{n\to\infty}(-1)^{n+1}\frac{3^{n+1}}{n^2}$$

이 존재하지 않기 때문에 정리 8.2.3 의 발산판정법에 의해 준 급수는 발산한다. □

2. 급수

$$\sum_{n=1}^{\infty}(-1)^{n-1}\frac{n^2}{2^n}$$

이 수렴함을 보여라.

【풀이】 함수 f를 $f(x) = \dfrac{x^2}{2^x}$ 라고 놓으면

$$f'(x) = -\frac{x(2 - x\ln 2)}{2^x}$$

이다. 따라서 $x \in [2, \infty)$에 대하여 $f'(x) < 0$이므로 함수 f는 $[2, \infty)$에서 감소한다. 따라서 임의의 자연수 k에 대하여 $a_k = f(k)$라고 놓으면 $a_k \geq a_{k+1}$이다. 또한 로피탈의 정리 3.2.6에 의해

$$\lim_{x\to\infty} \frac{x^2}{2^x} = \lim_{x\to\infty} \frac{2x}{2^x \ln 2} = \lim_{x\to\infty} \frac{2}{2^x(\ln 2)^2} = 0$$

이므로 정리 8.1.5에 의해

$$\lim_{n\to\infty} a_n = \lim_{n\to\infty} \frac{n^2}{2^n} = 0$$

이다. 따라서 정리 8.4.1의 교대급수판정법에 의해 주어진 급수는 수렴한다. □

3. 다음 각 급수의 합을 소수점 아래 세째 자리까지 정확하게 계산하려면 몇 번째 항까지 구해야 하는가?

(1) $\displaystyle\sum_{n=1}^{\infty}(-1)^{n+1}\frac{1}{n}$ (2) $\displaystyle\sum_{n=1}^{\infty}(-1)^{n-1}\frac{n+1}{5^n}$

【풀이】 (1) 주어진 교대급수를 $\sum(-1)^{n-1}a_n$ 라고 놓으면, 임의의 자연수 k에 대하여

$$a_k = \frac{1}{k} \geq \frac{1}{k+1} = a_{k+1}$$

이고 $\lim_{n\to\infty} a_n = \lim_{n\to\infty} 1/n = 0$이다. 따라서 정리 8.4.1의 교대급수판정법에 의해 준 급수는 수렴한다. 그런데

$$a_{10000} = 0.0001, \qquad a_{10001} < 0.0001$$

이므로 급수의 합을 S라고 놓으면 정리 8.4.2에 의해

$$|S - S_{9999}| \leq a_{10000} = 0.0001, \qquad |S - S_{10000}| \leq a_{10001} < 0.0001$$

이다. 따라서 0.0001 보다 작은 오차는 소수점 아래 세째 자리까지에는 영향을 미치지 않으므로 10000 번째 항까지 구하면 된다.

(2) 주어진 교대급수를 $\sum(-1)^{n-1}a_n$ 라고 놓으면, 임의의 자연수 k 에 대하여

$$a_k - a_{k+1} = \frac{k+1}{5^k} - \frac{k+2}{5^{k+1}} = \frac{4k+3}{5^{k+1}} > 0$$

이므로 $a_k > a_{k+1}$ 이다. 또한 로피탈의 정리 3.2.6 에 의해

$$\lim_{x\to\infty} \frac{x+1}{5^x} = \lim_{x\to\infty} \frac{1}{5^x \ln 5} = 0$$

이므로 정리 8.1.5 에 의해

$$\lim_{n\to\infty} a_n = \lim_{n\to\infty} \frac{n+1}{5^n} = 0$$

이다. 따라서 정리 8.4.1 의 교대급수판정법에 의해 준 급수는 수렴한다. 그런데

$$a_5 < 0.002, \qquad a_6 < 0.0004$$

이므로 급수의 합을 S 라고 놓으면 정리 8.4.2 에 의해

$$|S - S_4| \le a_5 < 0.002, \qquad |S - S_5| \le a_6 < 0.0004$$

이다. 따라서 0.0004 보다 작은 오차는 소수점 아래 세째 자리까지에는 영향을 미치지 않으므로 5 번째 항까지 구하면 된다. □

연습문제(8.5)

1. 다음 급수들의 절대수렴, 조건수렴, 발산을 판정하여라.

(1) $\displaystyle\sum_{n=1}^{\infty}(-1)^{n-1}\frac{3n+1}{2^n}$ (2) $\displaystyle\sum_{n=1}^{\infty}(-1)^{n-1}\frac{1}{n^2+1}$ (3) $\displaystyle\sum_{n=1}^{\infty}(-1)^{n}\frac{n^2+1}{n^3+1}$

(4) $\displaystyle\sum_{n=1}^{\infty}(-1)^{n-1}\frac{2}{n^3+e^n}$ (5) $\displaystyle\sum_{n=0}^{\infty}(-1)^{n}\frac{\sin n}{n\sqrt{n}}$ (6) $\displaystyle\sum_{n=1}^{\infty}(-1)^{n+1}\frac{n^n}{n!}$

(7) $\displaystyle\sum_{n=1}^{\infty}(-1)^{n+1}\frac{n^2}{2^n}$ (8) $\displaystyle\sum_{n=1}^{\infty}(-1)^{n+1}\frac{1}{\sqrt{n(n+1)}}$ (9) $\displaystyle\sum_{n=1}^{\infty}(-1)^{n+1}\frac{3^n}{n^2}$

【풀이】 (1) 주어진 급수를 $\sum a_n$ 이라고 하면

$$\lim_{n\to\infty}\left|\frac{a_{n+1}}{a_n}\right| = \lim_{n\to\infty}\frac{3n+4}{6n+2} = \frac{1}{2} < 1$$

이므로 정리 8.5.2 의 절대비판정법에 의해 급수 $\sum a_n$ 은 절대수렴한다.

(2) 주어진 급수를 $\sum a_n$ 이라고 하면

$$\lim_{n\to\infty}\left|\frac{a_{n+1}}{a_n}\right| = \lim_{n\to\infty}\frac{n^2+1}{n^2+2n+2} = 1$$

이므로 정리 8.5.2 의 절대비판정법에 의해 급수 $\sum a_n$ 의 수렴, 발산을 판정할 수 없다. 그런데

$$|a_n| = \frac{1}{n^2+1} < \frac{1}{n^2}$$

이고, 또한 급수 $\sum 1/n^2$ 은 수렴하는 p-급수이므로 $\sum |a_n|$ 도 수렴한다. 따라서 정리 8.3.4 의 비교판정법에 의해 급수 $\sum a_n$ 은 절대수렴한다.

(3) 주어진 급수를 $\sum a_n$ 이라 하고 $\sum b_n = \sum 1/n$ 이라 하자. 그러면

$$\lim_{n\to\infty}\frac{|a_n|}{b_n} = \lim_{n\to\infty}\frac{n^3+n}{n^3+1} = 1 > 0$$

이다. 그런데 $\sum b_n$ 은 조화급수로서 발산하므로 정리 8.3.6 의 극한비교판정법에 의해 $\sum |a_n|$ 도 발산한다. 그런데 함수 f 를 $f(x) = (x^2+1)/(x^3+1)$ 이라고 놓으면

$$f'(x) = -\frac{x(x^3+3x-2)}{(x^3+1)^2}$$

이다. 따라서 $x \in [1, \infty)$ 에 대하여 $f'(x) < 0$ 이므로 함수 f 는 $[1, \infty)$ 에서 감소한다. 따라서 임의의 자연수 k 에 대하여 $a_k = f(k)$ 라고 놓으면 $a_k \geq a_{k+1}$ 이고

$$\lim_{n\to\infty}\frac{n^2+1}{n^3+1} = 0$$

이다. 따라서 정리 8.4.1 의 교대급수판정법에 의해 급수 $\sum a_n$ 은 수렴한다. 따라서 급수 $\sum a_n$ 은 조건수렴한다.

(4) 주어진 급수를 $\sum a_n$ 이라고 하면

$$\lim_{n\to\infty}\left|\frac{a_{n+1}}{a_n}\right| = \lim_{n\to\infty}\frac{n^3+e^n}{(n+1)^3+e^{n+1}}$$

이다. 그런데 함수 $f(x) = (x^3+e^x)/((x+1)^3+e^{x+1})$ 는 모든 실수 $x \geq 1$ 에 대하여 정의되므로 극한

$$\lim_{n\to\infty}\frac{n^3+e^n}{(n+1)^3+e^{n+1}}$$

은 정리 8.1.5 에 의하여 극한 $\lim_{x\to\infty}(x^3+e^x)/((x+1)^3+e^{x+1})$ 가 존재하면 이것과 같다. 따라서 로피탈의 정리 3.2.6 에 의하여

$$\lim_{x\to\infty}\frac{x^3+e^x}{(x+1)^3+e^{x+1}} = \frac{1}{e} < 1$$

이므로

$$\lim_{n\to\infty}\frac{n^3+e^n}{(n+1)^3+e^{n+1}} = \frac{1}{e} < 1$$

이다. 따라서 정리 8.5.2 의 절대비판정법에 의해 급수 $\sum a_n$ 이 수렴하므로 급수 $\sum a_n$ 은 절대수렴한다.

(5) 주어진 급수를 $\sum a_n$ 이라 하자. 이때

$$|a_n| = \left|\frac{\sin n}{n\sqrt{n}}\right| = \frac{|\sin n|}{n^{3/2}} \leq \frac{1}{n^{3/2}}$$

이다. 그런데 $\sum 1/n^{3/2}$ 은 수렴하는 p-급수이므로 $\sum |a_n|$ 도 수렴한다. 따라서 급수 $\sum a_n$ 은 절대수렴한다.

(6) 주어진 급수를 $\sum a_n$ 이라고 하면

$$\lim_{n\to\infty}\left|\frac{a_{n+1}}{a_n}\right| = \lim_{n\to\infty}\left(1+\frac{1}{n}\right)^n = e > 1$$

이므로 정리 8.5.2 의 절대비판정법에 의해 급수 $\sum a_n$ 은 발산한다.

(7) 주어진 급수를 $\sum a_n$ 이라고 하면

$$\lim_{n\to\infty}\left|\frac{a_{n+1}}{a_n}\right| = \lim_{n\to\infty}\frac{(n+1)^2}{2n^2} = \frac{1}{2} < 1$$

이므로 정리 8.5.2 의 절대비판정법에 의해 급수 $\sum a_n$ 은 절대수렴한다.

(8) 주어진 급수를 $\sum a_n$ 이라 하고 $\sum b_n = \sum 1/n$ 이라 하자. 그러면

$$\lim_{n\to\infty}\frac{|a_n|}{b_n} = \lim_{n\to\infty}\frac{n}{n^2+n} = 1 > 0$$

이다. 그런데 $\sum b_n$ 은 조화급수로서 발산하므로 정리 8.3.6 의 극한비교판정법에 의해 $\sum |a_n|$ 도 발산한다. 그런데 함수 f 를 $f(x) = (x^2+1)/(x^3+1)$ 이라고 놓으면

$$f'(x) = -\frac{2x+1}{2\sqrt{(x^2+x)^3}}$$

이다. 따라서 $x \in [1, \infty)$ 에 대하여 $f'(x) < 0$ 이므로 함수 f 는 $[1, \infty)$ 에서 감소한다. 따라서 임의의 자연수 k 에 대하여 $a_k = f(k)$ 라고 놓으면 $a_k \geq a_{k+1}$ 이고

$$\lim_{n\to\infty}\frac{1}{\sqrt{n(n+1)}} = 0$$

이다. 따라서 정리 8.4.1 의 교대급수판정법에 의해 주어진 급수는 수렴한다. 따라서 주어진 급수는 조건수렴한다.

(9) 주어진 급수를 $\sum a_n$ 이라고 하면

$$\lim_{n\to\infty}\left|\frac{a_{n+1}}{a_n}\right| = \lim_{n\to\infty}\frac{3n^2}{(n+1)^2} = 3 > 1$$

이므로 정리 8.5.2 의 절대비판정법에 의해 급수 $\sum a_n$ 은 발산한다. □

연습문제(8.6)

1. 다음 멱급수들의 수렴구간을 결정하여라.

(1) $\dfrac{x}{1\cdot 2} - \dfrac{x^2}{2\cdot 3} + \dfrac{x^3}{3\cdot 4} - \dfrac{x^4}{4\cdot 5} + \cdots$

(2) $x - \dfrac{x^3}{3!} + \dfrac{x^5}{5!} - \dfrac{x^7}{7!} + \cdots$

(3) $x + 2x^2 + 3x^3 + 4x^4 + \cdots$

(4) $1 - x + \dfrac{x^2}{2} - \dfrac{x^3}{3} + \dfrac{x^4}{4} - \cdots$

(5) $1 - \dfrac{x}{1\cdot 3} + \dfrac{x^2}{2\cdot 4} - \dfrac{x^3}{3\cdot 5} + \dfrac{x^4}{4\cdot 6} + \cdots$

(6) $1 - \dfrac{x}{2} + \dfrac{x^2}{2^2} - \dfrac{x^3}{2^3} + \dfrac{x^4}{2^4} - \cdots$

(7) $\dfrac{x-1}{1} + \dfrac{(x-1)^2}{2} + \dfrac{(x-1)^3}{3} + \dfrac{(x-1)^4}{4} + \cdots$

(8) $1 + \dfrac{x+1}{2} - \dfrac{(x+1)^2}{2^2} + \dfrac{(x+1)^3}{2^3} + \dfrac{(x+1)^4}{2^4} + \cdots$

(9) $\dfrac{x+5}{1\cdot 2} + \dfrac{(x+5)^2}{2\cdot 3} + \dfrac{(x+5)^3}{3\cdot 4} + \dfrac{(x+5)^4}{4\cdot 5} + \cdots$

(10) $\displaystyle\sum_{n=1}^{\infty} \frac{(3x+1)^n}{7\cdot 2^n}$

【풀이】 (1) 주어진 멱급수에 대하여

$$a_n = (-1)^{n+1}\frac{x^n}{n(n+1)} \qquad (n \geq 1)$$

이라고 놓으면

$$\lim_{n\to\infty}\left|\frac{a_{n+1}}{a_n}\right| = \lim_{n\to\infty}\left|\frac{x^{n+1}}{(n+1)(n+2)}\cdot\frac{n(n+1)}{x^n}\right| = |x|\lim_{n\to\infty}\frac{n}{n+2} = |x|$$

을 얻는다. 따라서 정리 8.5.2의 절대비판정법으로부터 $|x| < 1$ 이면 주어진 급수가 절대수렴하므로 수렴한다. 즉, 개구간 $(-1, 1)$ 에서 주어진 멱급수는 수렴한다. 또한 $x = -1$ 일 때 준 급수는

$$-\left(\frac{1}{1\cdot 2} + \frac{1}{2\cdot 3} + \frac{1}{3\cdot 4} + \cdots + \frac{1}{n(n+1)} + \cdots\right)$$

가 되어 수렴하고(예제 8.2.1 참조), $x = 1$ 일 때 준 급수는

$$\frac{1}{1 \cdot 2} - \frac{1}{2 \cdot 3} + \frac{1}{3 \cdot 4} - \frac{1}{5 \cdot 6} + \cdots + \frac{1}{n(n+1)} + \cdots$$

가 되어 절대수렴하므로 수렴한다. 따라서 주어진 멱급수의 수렴구간은 폐구간 $[-1, 1]$ 이다.

(2) 주어진 멱급수에 대하여

$$a_n = (-1)^{n+1} \frac{x^{2n-1}}{(2n-1)!} \qquad (n \geq 1)$$

이라고 놓으면

$$\lim_{n \to \infty} \left| \frac{a_{n+1}}{a_n} \right| = \lim_{n \to \infty} \left| \frac{x^{2n+1}}{(2n+1)!} \cdot \frac{(2n-1)}{x^{2n-1}} \right| = x^2 \lim_{n \to \infty} \frac{1}{2n(2n+1)} = 0$$

을 얻는다. 따라서 모든 실수 x 에 대하여

$$\lim_{n \to \infty} \left| \frac{a_{n+1}}{a_n} \right| < 1$$

이므로 정리 8.5.2 의 절대비판정법에 의해 모든 실수 x 에 대하여 주어진 멱급수는 수렴한다. 따라서 주어진 멱급수의 수렴구간은 $(-\infty, \infty)$ 이다.

(3) 주어진 멱급수에 대하여

$$a_n = nx^n \qquad (n \geq 1)$$

이라고 놓으면

$$\lim_{n \to \infty} \left| \frac{a_{n+1}}{a_n} \right| = \lim_{n \to \infty} \left| \frac{(n+1)x^{n+1}}{nx^n} \right| = |x| \lim_{n \to \infty} \frac{n+1}{n} = |x|$$

을 얻는다. 따라서 정리 8.5.2 의 절대비판정법으로부터 $|x| < 1$ 이면 주어진 급수가 절대수렴하므로 수렴한다. 즉, 개구간 $(-1, 1)$ 에서 주어진 멱급수는 수렴한다. 또한 $x = -1$ 일 때 준 급수는

$$-1 + 2 - 3 + \cdots + (-1)^n n + \cdots$$

가 되어 발산하고, $x = 1$ 일 때 준 급수는

$$1 + 2 + 3 + \cdots + n + \cdots$$

가 되어 발산한다. 따라서 주어진 멱급수의 수렴구간은 개구간 $(-1, 1)$ 이다.

(4) 주어진 멱급수에 대하여

$$a_n = (-1)^{n+1} \frac{x^{n-1}}{n-1} \qquad (n \geq 2)$$

이라고 놓으면

$$\lim_{n\to\infty} \left| \frac{a_{n+1}}{a_n} \right| = \lim_{n\to\infty} \left| \frac{x^n}{n} \cdot \frac{n-1}{x^{n-1}} \right| = |x| \lim_{n\to\infty} \frac{n-1}{n} = |x|$$

을 얻는다. 따라서 정리 8.5.2 의 절대비판정법으로부터 $|x| < 1$ 이면 주어진 급수가 절대수렴하므로 수렴한다. 즉, 개구간 $(-1, 1)$ 에서 주어진 멱급수는 수렴한다. 또한 $x = -1$ 일 때 준 급수는

$$1 + 1 + \frac{1}{2} + \frac{1}{3} + \frac{1}{4} + \cdots$$

가 되어 발산하고, $x = 1$ 일 때 준 급수는

$$1 - 1 + \frac{1}{2} - \frac{1}{3} + \frac{1}{4} - \frac{1}{5} + \cdots$$

가 되어 수렴한다. 따라서 주어진 멱급수의 수렴구간은 $(-1, 1]$ 이다.

(5) 주어진 멱급수에 대하여

$$a_n = (-1)^{n+1} \frac{x^{n-1}}{(n-1)(n+1)} \qquad (n \geq 2)$$

이라고 놓으면

$$\lim_{n\to\infty} \left| \frac{a_{n+1}}{a_n} \right| = \lim_{n\to\infty} \left| \frac{x^n}{(n)(n+2)} \cdot \frac{(n-1)(n+1)}{x^{n-1}} \right| = |x| \lim_{n\to\infty} \frac{(n-1)(n+1)}{n(n+2)} = |x|$$

을 얻는다. 따라서 정리 8.5.2 의 절대비판정법으로부터 $|x| < 1$ 이면 주어진 급수가 절대수렴하므로 수렴한다. 즉, 개구간 $(-1, 1)$ 에서 주어진 멱급수는 수렴한다. 또

한 $x = -1$ 일 때 준 급수는

$$1 + \left(\frac{1}{1 \cdot 3} + \frac{1}{2 \cdot 4} + \frac{1}{3 \cdot 5} + \cdots + \frac{1}{n(n+2)} + \cdots \right)$$

가 되어 수렴하고, $x = 1$ 일 때 준 급수는

$$1 - \frac{1}{1 \cdot 3} + \frac{1}{2 \cdot 4} - \frac{1}{3 \cdot 5} + \frac{1}{4 \cdot 6} + \cdots$$

가 되어 수렴한다. 따라서 주어진 멱급수의 수렴구간은 폐구간 $[-1, 1]$ 이다.

(6) 주어진 멱급수에 대하여

$$a_n = (-1)^{n+1} \frac{x^{n-1}}{2^{n-1}} \qquad (n \geq 1)$$

이라고 놓으면

$$\lim_{n \to \infty} \left| \frac{a_{n+1}}{a_n} \right| = \lim_{n \to \infty} \left| \frac{x^n}{2^n} \cdot \frac{2^{n-1}}{x^{n-1}} \right| = \left| \frac{x}{2} \right|$$

을 얻는다. 따라서 정리 8.5.2 의 절대비판정법으로부터 $|x| < 2$ 이면 주어진 급수가 절대수렴하므로 수렴한다. 즉, 개구간 $(-2, 2)$ 에서 주어진 멱급수는 수렴한다. 또한 $x = -2$ 일 때 준 급수는

$$1 + 1 + 1 + 1 + \cdots$$

가 되어 발산하고, $x = 2$ 일 때 준 급수는

$$1 - 1 + 1 - 1 + \cdots$$

가 되어 발산한다. 따라서 주어진 멱급수의 수렴구간은 개구간 $(-2, 2)$ 이다.

(7) 주어진 멱급수에 대하여

$$a_n = \frac{(x-1)^n}{n} \qquad (n \geq 1)$$

이라고 놓으면

$$\lim_{n \to \infty} \left| \frac{a_{n+1}}{a_n} \right| = \lim_{n \to \infty} \left| \frac{(x-1)^{n+1}}{n+1} \cdot \frac{n}{(x-1)^n} \right| = |x-1| \lim_{n \to \infty} \frac{n}{n+1} = |x-1|$$

을 얻는다. 따라서 정리 8.5.2 의 절대비판정법으로부터 $|x-1| < 1$ 이면 주어진 급

수가 절대수렴하므로 수렴한다. 즉, 개구간 (0, 2) 에서 주어진 멱급수는 수렴한다. 또한 $x = 0$ 일 때 준 급수는

$$-1 + \frac{1}{2} - \frac{1}{3} + \frac{1}{4} - \frac{1}{5} + \cdots$$

가 되어 수렴하고(예제 8.5.1 참조), $x = 2$ 일 때 준 급수는

$$1 + \frac{1}{2} + \frac{1}{3} + \frac{1}{4} + \frac{1}{5} + \cdots$$

가 되어 조화급수로서 발산한다. 따라서 주어진 멱급수의 수렴구간은 [0, 2) 이다.

(8) 주어진 멱급수에 대하여

$$a_n = \frac{(x+1)^{n-1}}{2^{n-1}} \qquad (n \geq 1)$$

이라고 놓으면

$$\lim_{n\to\infty}\left|\frac{a_{n+1}}{a_n}\right| = \lim_{n\to\infty}\left|\frac{(x+1)^n}{2^n}\cdot\frac{2^{n-1}}{(x+1)^{n-1}}\right| = \left|\frac{x+1}{2}\right|$$

을 얻는다. 따라서 정리 8.5.2 의 절대비판정법으로부터 $|(x+1)/2| < 1$ 이면 주어진 급수가 절대수렴하므로 수렴한다. 즉, 개구간 (−3, 1) 에서 주어진 멱급수는 수렴한다. 또한 $x = -3$ 일 때 준 급수는

$$1 - 1 + 1 - 1 + \cdots$$

가 되어 발산하고, $x = 1$ 일 때 준 급수는

$$1 + 1 + 1 + 1 + \cdots$$

가 되어 발산한다. 따라서 주어진 멱급수의 수렴구간은 개구간 (−3, 1) 이다.

(9) 주어진 멱급수에 대하여

$$a_n = \frac{(x+5)^n}{n(n+1)} \qquad (n \geq 1)$$

이라고 놓으면

$$\lim_{n\to\infty}\left|\frac{a_{n+1}}{a_n}\right| = \lim_{n\to\infty}\left|\frac{(x+5)^{n+1}}{(n+1)(n+2)}\cdot\frac{n(n+1)}{(x+5)^n}\right| = |x+5|\lim_{n\to\infty}\frac{n}{n+2} = |x+5|$$

을 얻는다. 따라서 정리 8.5.2 의 절대비판정법으로부터 $|x+5|<1$ 이면 주어진 급수가 절대수렴하므로 수렴한다. 즉, 개구간 $(-6, -4)$ 에서 주어진 멱급수는 수렴한다. 또한 $x=-6$ 일 때 준 급수는

$$-\frac{1}{1\cdot 2}+\frac{1}{2\cdot 3}-\frac{1}{3\cdot 4}+\frac{1}{3\cdot 5}+\cdots$$

가 되어 절대수렴하므로 수렴하고(예제 8.2.1 참조), $x=-4$ 일 때 준 급수는

$$\frac{1}{1\cdot 2}+\frac{1}{2\cdot 3}+\frac{1}{3\cdot 4}+\frac{1}{4\cdot 5}+\cdots$$

가 되어 수렴한다(예제 8.2.1 참조). 따라서 주어진 멱급수의 수렴구간은 폐구간 $[-6, -4]$ 이다.

(10) 주어진 멱급수에 대하여

$$a_n = \frac{(3x+1)^n}{7\cdot 2^n} \qquad (n\geq 1)$$

이라고 놓으면

$$\lim_{n\to\infty}\left|\frac{a_{n+1}}{a_n}\right| = \lim_{n\to\infty}\left|\frac{(3x+1)^{n+1}}{7\cdot 2^{n+1}}\cdot\frac{7\cdot 2^n}{(3x+1)^n}\right| = \left|\frac{3x+1}{2}\right|$$

을 얻는다. 따라서 정리 8.5.2 의 절대비판정법으로부터 $|(3x+1)/2|<1$ 이면 주어진 급수가 절대수렴하므로 수렴한다. 즉, 개구간 $(-1, 1/3)$ 에서 주어진 멱급수는 수렴한다. 또한 $x=-1$ 일 때 준 급수는

$$\sum_{n=1}^{\infty}(-1)^n$$

가 되어 발산하고, $x=1/3$ 일 때 준 급수는

$$\sum_{n=1}^{\infty}\frac{1}{7}$$

가 되어 발산한다. 따라서 주어진 멱급수의 수렴구간은 개구간 $(-1, 1/3)$ 이다. □

2. 모든 $n \geq 0$ 에 대하여 $c_{n+3} = c_n$ 이고

$$S(x) = \sum_{n=0}^{\infty} c_n x^n$$

라 하자. 이때 이 멱급수의 수렴구간을 구하고 $S(x)$ 에 대한 구체적인 식을 구하여라.

【풀이】 주어진 멱급수의 수렴구간은 $(-1, 1)$ 이고, $S(x)$ 에 대한 구체적인 식은

$$S(x) = \frac{c_0 + c_1 x + c_2 x^2}{1 - x^3}.$$ □

연습문제(8.7)

1. 다음 함수들을 멱급수의 형태로 전개하고 수렴반경 r 을 구하여라.

(1) $f(x) = \dfrac{1}{1+x}$ (2) $f(x) = \dfrac{1}{(1+x)^2}$ (3) $f(x) = \dfrac{1}{(1-x)^3}$

(4) $f(x) = \dfrac{1}{2-3x}$ (5) $f(x) = \dfrac{1}{1+x^7}$ (6) $f(x) = \dfrac{x^2}{1-x^4}$

【풀이】 (1) 멱급수

$$\frac{1}{1-x} = 1 + x + x^2 + x^3 + x^4 + \cdots \quad (|x| < 1)$$

에서 x 대신에 $-x$ 를 대입하면

$$\frac{1}{1-(-x)} = 1 + (-x) + (-x)^2 + (-x)^3 + (-x)^4 + \cdots \quad (|x| < 1)$$

을 얻는다. 따라서 구하는 멱급수는

$$f(x) = \frac{1}{1+x} = 1 - x + x^2 - x^3 + x^4 + \cdots \quad (|x| < 1)$$

이고, 이때의 수렴반경은 $r = 1$ 이다.

(2) 멱급수

$$\frac{1}{1+x} = 1 - x + x^2 - x^3 + x^4 + \cdots \quad (|x| < 1)$$

의 양변을 미분하면

$$-\frac{1}{(1+x)^2} = -1 + 2x - 3x^2 + 4x^3 + \cdots \quad (|x| < 1)$$

이다. 따라서 구하는 멱급수는

$$f(x) = \frac{1}{(1+x)^2} = 1 - 2x + 3x^2 - 4x^3 + \cdots = \sum_{n=0}^{\infty}(-1)^n(n+1)x^n \qquad (|x| < 1)$$

이고, 이때의 수렴반경은 $r = 1$ 이다.

(3) 멱급수

$$\frac{1}{1-x} = 1 + x + x^2 + x^3 + x^4 + \cdots \quad (|x| < 1)$$

의 양변을 미분하면

$$\frac{1}{(1-x)^2} = 1 + 2x + 3x^2 + 4x^3 + \cdots \quad (|x| < 1)$$

이다. 위의 두 등식의 양변을 변변 곱하여 정리하면 구하는 멱급수는

$$f(x) = \frac{1}{(1-x)^3} = 1 + 3x + 6x^3 + 10x^4 + \cdots \quad (|x| < 1)$$

이고, 이때의 수렴반경은 $r = 1$ 이다.

(4) 함수 f를 변형하면

$$f(x) = \frac{1}{2-3x} = \frac{\frac{1}{2}}{1-\frac{3}{2}x} = \frac{1}{2} \cdot \frac{1}{1-\frac{3}{2}x}$$

와 같다. 그런데 멱급수

$$\frac{1}{1-x} = 1 + x + x^2 + x^3 + x^4 + \cdots \quad (|x| < 1)$$

에서 x 대신에 $(3/2)x$를 대입하면

$$\frac{1}{1-\frac{3}{2}x} = 1 + \left(\frac{3}{2}x\right) + \left(\frac{3}{2}x\right)^2 + \left(\frac{3}{2}x\right)^3 + \left(\frac{3}{2}x\right)^4 + \cdots \quad (|3x/2| < 1)$$

을 얻는다. 따라서 구하는 멱급수는

$$f(x) = \frac{1}{2}\cdot\frac{1}{1-\frac{3}{2}x} = \frac{1}{2} + \frac{3}{4}x + \frac{9}{8}x^2 + \frac{27}{16}x^3 + \cdots \quad (|x| < 2/3)$$

이고, 이때의 수렴반경은 $r = 2/3$ 이다.

(5) 멱급수

$$\frac{1}{1+x} = 1 - x + x^2 - x^3 + x^4 + \cdots \quad (|x| < 1)$$

의 x에 x^7을 대입하여 정리하면 구하는 멱급수는

$$f(x) = \frac{1}{1+x^7} = 1 - x^7 + x^{14} - x^{21} + x^{28} + \cdots \quad (|x| < 1)$$

이고, 이때의 수렴반경은 $r = 1$ 이다.

(6) 멱급수

$$\frac{1}{1-x} = 1 + x + x^2 + x^3 + x^4 + \cdots \quad (|x| < 1)$$

에서 x 대신에 x^4을 대입하면

$$\frac{1}{1-x^4} = 1 + x^4 + x^8 + x^{12} + x^{16} + \cdots \quad (|x| < 1)$$

을 얻고, 다시 위의 식의 양변에 x^2를 곱하면 구하는 멱급수는

$$f(x) = \frac{x^2}{1-x^4} = x^2 + x^6 + x^{10} + x^{14} + x^{18} + \cdots \quad (|x| < 1)$$

이고 수렴반경은 $r = 1$ 이다. □

연습문제(8.8)

1. 다음 함수들을 매클로린급수로 전개하고 수렴반경 r을 구하여라.

(1) $f(x) = \dfrac{1-x}{1+x}$ (2) $f(x) = \ln(1+x)$ (3) $f(x) = \tan^{-1} x$

(4) $f(x) = \dfrac{1}{1-x}$ (5) $f(x) = \cosh(2x)$ (6) $f(x) = e^{2x}$

(7) $f(x) = \cos \pi x$ (8) $f(x) = \dfrac{1}{(1+x)^2}$ (9) $f(x) = e^{x^2}$

【풀이】 (1) $f(x) = (1-x)/(1+x)$를 매클로린급수로 전개하면

$$\frac{1-x}{1+x} = 1 - 2x + 2x^2 - 2x^3 + 2x^4 - 2x^5 + 2x^6 - 2x^7 + \cdots$$

이다. 또한

$$a_n = (-1)^n 2x^n \qquad (n \geq 1)$$

이라고 놓으면

$$\lim_{n\to\infty} \left|\frac{a_{n+1}}{a_n}\right| = \lim_{n\to\infty} \left|\frac{2x^{n+1}}{2x^n}\right| = |x|$$

을 얻는다. 따라서 정리 8.5.2의 절대비판정법으로부터 $|x| < 1$이면 주어진 급수가 절대수렴하므로 정리 8.5.1에 의해 수렴한다. 따라서 수렴반경 r은 $r = 1$이다.

(2) $f(x) = \ln(1+x)$를 매클로린급수로 전개하면

$$\ln(1+x) = x - \frac{x^2}{2} + \frac{x^3}{3} - \frac{x^4}{4} + \frac{x^5}{5} - \frac{x^6}{6} + \cdots$$

이다. 또한

$$a_n = (-1)^{n+1} \frac{x^n}{n!} \qquad (n \geq 1)$$

이라고 놓으면

$$\lim_{n\to\infty} \left|\frac{a_{n+1}}{a_n}\right| = \lim_{n\to\infty} \left|\frac{x^{n+1}}{(n+1)!} \cdot \frac{n!}{x^n}\right| = |x| \lim_{n\to\infty} \frac{1}{n+1} = 0$$

을 얻는다. 따라서 정리 8.5.2의 절대비판정법으로부터 모든 실수에 대하여 절대수렴하므로 정리 8.5.1에 의해 모든 실수 x에 대하여 수렴한다. 따라서 수렴반경 r은 $r = \infty$이다.

(3) $f(x) = \tan^{-1} x$ 를 매클로린급수로 전개하면

$$\tan^{-1} x = x - \frac{x^3}{3} + \frac{x^5}{5} - \frac{x^7}{7} + \frac{x^9}{9} + \cdots$$

이다. 또한

$$a_n = (-1)^n \frac{x^{2n+1}}{2n+1} \qquad (n \geq 0)$$

이라고 놓으면

$$\lim_{n\to\infty} \left| \frac{a_{n+1}}{a_n} \right| = \lim_{n\to\infty} \left| \frac{x^{2n+3}}{2n+3} \cdot \frac{2n+1}{x^{2n+1}} \right| = x^2 \lim_{n\to\infty} \frac{2n+1}{2n+3} = x^2$$

을 얻는다. 따라서 정리 8.5.2 의 절대비판정법으로부터 $x^2 < 1$, 즉 $|x| < 1$ 이면 주어진 급수가 절대수렴하므로 정리 8.5.1 에 의해 수렴한다. 따라서 수렴반경 r 은 $r = 1$ 이다.

(4) $f(x) = 1/(1 - x)$ 을 매클로린급수로 전개하면

$$\frac{1}{1-x} = 1 + x + x^2 + x^3 + x^4 + x^5 + x^6 + x^7 + \cdots$$

이다. 또한

$$a_n = x^n \qquad (n \geq 0)$$

이라고 놓으면

$$\lim_{n\to\infty} \left| \frac{a_{n+1}}{a_n} \right| = \lim_{n\to\infty} \left| \frac{x^{n+1}}{x^n} \right| = |x|$$

을 얻는다. 따라서 정리 8.5.2 의 절대비판정법으로부터 $|x| < 1$ 이면 주어진 급수가 절대수렴하므로 정리 8.5.1 에 의해 수렴한다. 따라서 수렴반경 r 은 $r = 1$ 이다.

(5) $f(x) = \cosh(2x)$ 를 매클로린급수로 전개하면

$$\cosh(2x) = 1 + \frac{2^2}{2!}x^2 + \frac{2^4}{4!}x^4 + \frac{2^6}{6!}x^6 + \frac{2^8}{8!}x^8 + \cdots$$

이다. 또한

$$a_n = \frac{2^{2n}}{(2n)!}x^{2n} \qquad (n \geq 0)$$

이라고 놓으면

$$\lim_{n\to\infty}\left|\frac{a_{n+1}}{a_n}\right| = \lim_{n\to\infty}\left|\frac{2^{2n+2}x^{2n+2}}{(2n+2)!}\cdot\frac{(2n)!}{2^{2n}x^{2n}}\right| = x^2\lim_{n\to\infty}\frac{2}{(n+1)(2n+1)} = 0$$

을 얻는다. 따라서 정리 8.5.2의 절대비판정법으로부터 모든 실수에 대하여 절대수렴하므로 정리 8.5.1에 의해 모든 실수 x에 대하여 수렴한다. 따라서 수렴반경 r은 $r = \infty$이다.

(6) $f(x) = e^{2x}$를 매클로린급수로 전개하면

$$e^{2x} = 1 + 2x + \frac{(2x)^2}{2!} + \frac{(2x)^3}{3!} + \frac{(2x)^4}{4!} + \cdots$$

이다. 또한

$$a_n = \frac{(2x)^n}{n!} \qquad (n \geq 0)$$

이라고 놓으면

$$\lim_{n\to\infty}\left|\frac{a_{n+1}}{a_n}\right| = \lim_{n\to\infty}\left|\frac{2^{n+1}x^{n+1}}{(n+1)!}\cdot\frac{n!}{2^n x^n}\right| = |x|\lim_{n\to\infty}\frac{1}{n+1} = 0$$

을 얻는다. 따라서 정리 8.5.2의 절대비판정법으로부터 모든 실수에 대하여 절대수렴하므로 정리 8.5.1에 의해 모든 실수 x에 대하여 수렴한다. 따라서 수렴반경 r은 $r = \infty$이다.

(7) $f(x) = \cos\pi x$를 매클로린급수는

$$\cos\pi x = \sum_{n=0}^{\infty}(-1)^n\frac{(\pi x)^{2n}}{(2n)!}$$

이다. 또한

$$a_n = (-1)^n\frac{(\pi x)^{2n}}{(2n)!} \qquad (n \geq 0)$$

이라고 놓으면

$$\lim_{n\to\infty}\left|\frac{a_{n+1}}{a_n}\right| = \lim_{n\to\infty}\left|\frac{\pi^{2n+2}x^{2n+2}}{(2n+2)!}\cdot\frac{(2n)!}{\pi^{2n}x^{2n}}\right| = x^2\lim_{n\to\infty}\frac{\pi^2}{(2n+1)(2n+2)} = 0$$

을 얻는다. 따라서 정리 8.5.2의 절대비판정법으로부터 모든 실수에 대하여 절대수렴하므로 정리 8.5.1에 의해 모든 실수 x에 대하여 수렴한다. 따라서 수렴반경

r은 $r = \infty$ 이다.

(8) $f(x) = 1/(1+x)^2$ 를 매클로린급수로 전개하면

$$\frac{1}{(1+x)^2} = 1 - 2x + 3x^2 - 4x^3 + 5x^4 - 6x^5 + 7x^6 - 8x^7 + \cdots$$

이다. 또한

$$a_n = (-1)^{n+1} n x^{n-1} \qquad (n \geq 1)$$

이라고 놓으면

$$\lim_{n\to\infty}\left|\frac{a_{n+1}}{a_n}\right| = \lim_{n\to\infty}\left|\frac{(n+1)x^n}{nx^{n-1}}\right| = |x|\lim_{n\to\infty}\frac{n+1}{n} = |x|$$

을 얻는다. 따라서 정리 8.5.2의 절대비판정법으로부터 $|x| < 1$ 이면 주어진 급수가 절대수렴하므로 정리 8.5.1에 의해 수렴한다. 따라서 수렴반경 r은 $r = 1$ 이다.

(9) $f(x) = e^{x^2}$ 를 매클로린급수로 전개하면

$$e^{x^2} = 1 + x^2 + \frac{x^4}{2!} + \frac{x^6}{3!} + \frac{x^8}{4!} + \cdots$$

이다. 또한

$$a_n = \frac{x^{2n}}{n!} \qquad (n \geq 0)$$

이라고 놓으면

$$\lim_{n\to\infty}\left|\frac{a_{n+1}}{a_n}\right| = \lim_{n\to\infty}\left|\frac{x^{2n+2}}{(n+1)!}\cdot\frac{n!}{x^{2n}}\right| = x^2\lim_{n\to\infty}\frac{1}{n+1} = 0$$

을 얻는다. 따라서 정리 8.5.2의 절대비판정법으로부터 모든 실수에 대하여 절대수렴하므로 정리 8.5.1에 의해 모든 실수 x에 대하여 수렴한다. 따라서 수렴반경 r은 $r = \infty$ 이다. □

2. 함수 $f(x) = e^{-x}$ 를 $x = -2$ 에서의 테일러급수로 전개하여라.

【풀이】 $f(x) = e^{-x}$ 를 $x = -2$ 에서의 테일러급수로 전개하면

$$e^{-x} = e^2 - e^2(x+2) + \frac{1}{2!}e^2(x+2)^2 - \frac{1}{3!}e^2(x+2)^3 + \frac{1}{4!}e^2(x+2)^4 - \frac{1}{5!}e^2(x+2)^5 + \cdots$$

$$= \sum_{n=0}^{\infty}(-1)^n \frac{1}{n!} e^2 (x+2)^n$$

이다. □

3. 정적분

$$\int_0^1 \cos x^2 \, dx$$

를 소수점 이하 다섯째 자리까지 정확히 구하여라.

【풀이】 식 (8.57)의 $\cos x$에 대한 매클로린급수에서 x 대신 x^2을 대입하면

$$\cos x^2 = \sum_{n=0}^{\infty}(-1)^n \frac{(x^2)^{2n}}{(2n)!} = 1 - \frac{x^4}{2!} + \frac{x^8}{4!} - \frac{x^{12}}{6!} + \frac{x^{16}}{8!} - \frac{x^{20}}{10!} + \cdots$$

을 얻는다. 위 식의 양변을 각각 구간 [0, 1]에서 정적분하면

$$\int_0^1 \cos x^2 \, dx = \int_0^1 \left(1 - \frac{x^4}{2!} + \frac{x^8}{4!} - \frac{x^{12}}{6!} + \frac{x^{16}}{8!} - \frac{x^{20}}{10!} + \cdots\right) dx$$

$$= 1 - \frac{1}{10} + \frac{1}{216} - \frac{1}{9360} + \frac{1}{685440} - \frac{1}{76204800} + \cdots$$

이다. 따라서 처음 다섯 개 항의 합을 근삿값으로 취하면

$$\int_0^1 \cos x^2 \, dx \approx 0.90452$$

이고, 이때의 오차는 $1/76204800 \approx 1.45892 \times 10^{-6}$을 넘지 않는다. □

연습문제(8.9)

1. 다음 함수들을 매클로린급수로 전개하라.

(1) $f(x) = \sqrt{1-x^2}$ (2) $f(x) = \sqrt{1+x^3}$ (3) $f(x) = (1+x)^{-3}$ (4) $f(x) = \sqrt[3]{8+x}$

【풀이】 (1) $f(x) = \sqrt{1-x^2}$ 를 매클로린급수로 전개하면

$$\sqrt{1-x^2} = 1 - \frac{x^2}{2} - \frac{x^4}{8} - \frac{x^6}{16} - \frac{5x^8}{128} - \frac{7x^{10}}{256} - \cdots.$$

(2) $f(x) = \sqrt{1+x^3}$ 를 매클로린급수로 전개하면

$$\sqrt{1+x^3} = 1 + \frac{x^3}{2} - \frac{x^6}{8} + \frac{x^9}{16} - \frac{5x^{12}}{128} + \frac{7x^{15}}{256} - \frac{21x^{18}}{1024} + \cdots.$$

(3) $f(x) = (1+x)^{-3}$ 를 매클로린급수로 전개하면

$$(1+x)^{-3} = 1 - 3x + 6x^2 - 10x^3 + 15x^4 - 21x^5 + 28x^6 - 36x^7 + \cdots.$$

(4) $f(x) = \sqrt[3]{8+x}$ 를 매클로린급수로 전개하면

$$\sqrt[3]{8+x} = 2 + \frac{x}{12} - \frac{x^2}{288} + \frac{5x^3}{20736} - \frac{5x^4}{248832} + \frac{11x^5}{5971968} - \frac{77x^6}{429981696} + \cdots$$

이다. □

2. 다음 관계식을 이용하여 $\sin^{-1} x$ 를 매클로린급수로 전개하라.

$$\sin^{-1} x = \int_0^x \frac{1}{\sqrt{1-t^2}}\, dt$$

【풀이】 피적분함수 $1/\sqrt{1-t^2}$ 에 대한 매클로린급수를 구하면

$$\frac{1}{\sqrt{1-t^2}} = 1 + \frac{t^2}{2} + \frac{3t^4}{8} + \frac{5t^6}{16} + \frac{35t^8}{128} + \frac{63t^{10}}{256} + \cdots$$

이다. 따라서 위 식의 양변을 적분하면

$$\begin{aligned}\int_0^x \frac{1}{\sqrt{1-t^2}}\, dt &= \int_0^x \left(1 + \frac{t^2}{2} + \frac{3t^4}{8} + \frac{5t^6}{16} + \frac{35t^8}{128} + \frac{63t^{10}}{256} + \cdots\right) dt \\ &= x + \frac{x^3}{6} + \frac{3x^5}{40} + \frac{5x^7}{112} + \frac{35x^9}{1152} + \frac{63x^{11}}{2816} + \cdots\end{aligned}$$

이다. □

3. 정적분

$$\int_0^1 \sqrt{1-x^3}\,dx$$

의 근삿값을 소수점 이하 셋째 자리까지 구하여라.

【풀이】 피적분함수 $\sqrt{1-x^3}$ 에 대한 매클로린급수를 구하면

$$\sqrt{1-x^3} = 1 - \frac{x^3}{2} - \frac{x^6}{8} - \frac{x^9}{16} - \frac{x^{12}}{128} - \cdots$$

이다. 따라서 위 식의 양변을 각각 구간 [0, 1] 에서 정적분하면

$$\begin{aligned}\int_0^1 \sqrt{1-x^3}\,dx &= \int_0^1 \left(1 - \frac{x^3}{2} - \frac{x^6}{8} - \frac{x^9}{16} - \frac{x^{12}}{128} - \cdots\right) dx \\ &= 1 - \frac{1}{8} - \frac{1}{56} - \frac{1}{160} - \frac{1}{1664} - \cdots \\ &\approx 0.841\end{aligned}$$

이다. □

4. 정적분

$$\int_0^{0.2} \frac{e^x - 1}{x}\,dx$$

의 근삿값을 소수점 이하 다섯째 자리까지 구하여라.

【풀이】 피적분함수 $(e^x - 1)/x$ 에 대한 매클로린급수를 구하면

$$\frac{e^x - 1}{x} = 1 + \frac{x}{2!} + \frac{x^2}{3!} + \frac{x^3}{4!} + \frac{x^4}{5!} + \cdots$$

이다. 따라서 위 식의 양변을 각각 구간 [0, 0.2] 에서 정적분하면

$$\begin{aligned}\int_0^{0.2} \frac{e^x - 1}{x}\,dx &= \int_0^{0.2} dx + \int_0^{0.2} \frac{x}{2!}\,dx + \int_0^{0.2} \frac{x^2}{3!}\,dx + \int_0^{0.2} \frac{x^3}{4!}\,dx + \int_0^{0.2} \frac{x^4}{5!}\,dx + \cdots \\ &\approx 0.21046\end{aligned}$$

이다. □

제 9 장

편미분법(연습문제 및 풀이)

연습문제(9.1)

1. 이변수함수 $f(x, y) = xy^2 - 1$ 에 대하여 다음을 구하여라.

(1) $f(0, 0)$ (2) $f(2, 1)$ (3) $f(1, 4)$ (4) $f(2, -4)$

【풀이】 (1) $f(0, 0) = 0 \cdot 0^2 - 1 = -1$

(2) $f(2, 1) = 2 \cdot 1^2 - 1 = 1$

(3) $f(1, 4) = 1 \cdot 4^2 - 1 = 15$

(4) $f(2, -4) = 2 \cdot (-4)^2 - 1 = 31$ □

2. 이변수함수 $f(x, y) = 4x^2 + y^2$ 의 그래프의 개형을 그려라.

【풀이】 주어진 함수 $f(x, y) = 4x^2 + y^2$ 의 정의역을 $\{(x, y) \mid -5 \le x \le 5,\ -5 \le y \le 5\}$ 으로 제한했을 때의 그래프는 다음과 같다. □

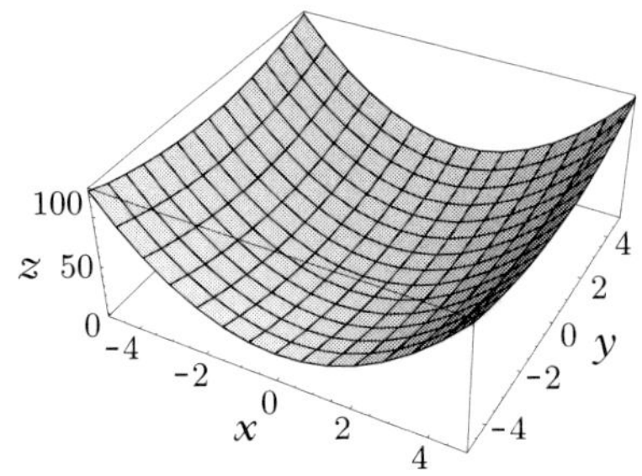

$f(x, y) = 4x^2 + y^2$

3. $z = -1, 0, 3$ 일 때 곡면 $z = 4 - xy$ 의 등위곡선을 구하여라.

【풀이】 (i) $z = -1$ 일 때 곡면 $z = 4 - xy$ 의 등위곡선은 $\{(x, y) \mid 4 - xy = -1\}$ 인 $\mathbb{R}^2$ 의 부분집합으로 $\{(x, y) \mid xy = 5\}$ 이다.

(ii) $z = 0$ 일 때 곡면 $z = 4 - xy$ 의 등위곡선은 $\{(x, y) \mid 4 - xy = 0\}$ 인 $\mathbb{R}^2$ 의 부분집합으로 $\{(x, y) \mid xy = 4\}$ 이다.

(iii) $z = 3$ 일 때 곡면 $z = 4 - xy$ 의 등위곡선은 $\{(x, y) \mid 4 - xy = 3\}$ 인 $\mathbb{R}^2$ 의 부분집합으로 $\{(x, y) \mid xy = 1\}$ 이다. □

4. $z = -1, 0, 1$ 일 때 다음 함수들의 등위곡선을 구하여라.

(1) $f(x, y) = xy$

(2) $f(x, y) = x^2 - y^2$

(3) $f(x, y) = x^2 + 9y^2$

(4) $f(x, y) = e^{xy}$

【풀이】 (1) (i) $z = -1$ 일 때 곡면 $f(x, y) = xy$ 의 등위곡선은 $\{(x, y) \mid xy = -1\}$ 인 $\mathbb{R}^2$ 의 부분집합이다.

(ii) $z = 0$ 일 때 곡면 $f(x, y) = xy$ 의 등위곡선은 $\{(x, y) \mid xy = 0\}$ 인 $\mathbb{R}^2$ 의 부분집합이다.

(iii) $z = 1$ 일 때 곡면 $f(x, y) = xy$ 의 등위곡선은 $\{(x, y) \mid xy = 1\}$ 인 $\mathbb{R}^2$ 의 부분집합이다.

(2) (i) $z = -1$ 일 때 곡면 $f(x, y) = x^2 - y^2$ 의 등위곡선은 $\{(x, y) \mid x^2 - y^2 = -1\}$ 인 $\mathbb{R}^2$ 의 부분집합이다.

(ii) $z = 0$ 일 때 곡면 $f(x, y) = xy$ 의 등위곡선은 $\{(x, y) \mid x^2 - y^2 = 0\}$ 인 $\mathbb{R}^2$ 의 부분집합이다.

(iii) $z = 1$ 일 때 곡면 $f(x, y) = xy$ 의 등위곡선은 $\{(x, y) \mid x^2 - y^2 = 1\}$ 인 $\mathbb{R}^2$ 의 부분집합이다.

(3) (i) $z = -1$ 일 때 곡면 $f(x, y) = x^2 + 9y^2$ 의 등위곡선은 $\{(x, y) \mid x^2 + 9y^2 = -1\}$ 인 $\mathbb{R}^2$ 의 부분집합이다.

(ii) $z = 0$ 일 때 곡면 $f(x, y) = x^2 + 9y^2$ 의 등위곡선은 $\{(x, y) \mid x^2 + 9y^2 = 0\}$ 인 $\mathbb{R}^2$ 의 부분집합이다.

(iii) $z = 1$ 일 때 곡면 $f(x, y) = x^2 + 9y^2$ 의 등위곡선은 $\{(x, y) \mid x^2 + 9y^2 = 1\}$ 인 $\mathbb{R}^2$ 의 부분집합이다.

(4) (i) $z = -1$ 일 때 곡면 $f(x, y) = e^{xy}$ 의 등위곡선은 $\{(x, y) \mid e^{xy} = -1\}$ 인 $\mathbb{R}^2$ 의 부분집합이다.

(ii) $z = 0$ 일 때 곡면 $f(x, y) = e^{xy}$ 의 등위곡선은 $\{(x, y) \mid e^{xy} = 0\}$ 인 $\mathbb{R}^2$ 의 부분집합이다.

(iii) $z = 1$ 일 때 곡면 $f(x, y) = e^{xy}$ 의 등위곡선은 $\{(x, y) \mid e^{xy} = 1\}$ 인 $\mathbb{R}^2$ 의 부분집합이다. □

5. 다음 함수들의 최대 정의역 D 를 구하여라.

(1) $f(x, y) = 2x^2 + y^2$

(2) $f(x, y) = \ln(1 - x^2 - y^2)$

(3) $f(x, y) = \sqrt{2x - y + 2}$

(4) $f(x, y) = \dfrac{1}{x - y^2}$

【풀이】 (1) 함수 $f(x, y) = 2x^2 + y^2$ 이 정의되도록 하는 x, y 는 특별한 제한이 없으므로 정의역 D 는 $D = \mathbb{R}^2$ 이다.

(2) 함수 $f(x, y) = \ln(1 - x^2 - y^2)$ 의 정의역 D 는 $D = \{(x, y) \mid 1 - x^2 - y^2 > 0\}$ 이다.

(3) 함수 $f(x, y) = \sqrt{2x - y + 2}$ 의 정의역 D 는 $D = \{(x, y) \mid 2x - y + 2 \geq 0\}$ 이다.

(4) 함수 $f(x, y) = \dfrac{1}{x - y^2}$ 의 정의역 D 는 $D = \{(x, y) \mid x - y^2 \neq 0\}$ 이다. □

연습문제(9.2)

1. 다음 극한이 존재하면 구하고, 극한이 존재하지 않는다면 그 이유를 설명하여라.

(1) $\displaystyle\lim_{(x,y)\to(2,3)}(x^2y^2 - 2xy^5 + 3y)$ (2) $\displaystyle\lim_{(x,y)\to(-3,4)}(x^3 + 3x^2y^2 - 5y^3 + 1)$

(3) $\displaystyle\lim_{(x,y)\to(0,0)}\frac{x^2y^3 + x^3y^2 - 5}{2 - xy}$ (4) $\displaystyle\lim_{(x,y)\to(-2,1)}\frac{x^2 + xy + y^2}{x^2 - y^2}$

【풀이】 (1) $f(x, y) = x^2y^2 - 2xy^5 + 3y$ 는 $\mathbb{R}^2$ 에서 연속이므로

$$\lim_{(x,y)\to(2,3)}(x^2y^2 - 2xy^5 + 3y) = 2^2 \cdot 3^2 - 2 \cdot 2 \cdot 3^5 + 3 \cdot 3 = -927.$$

(2) $f(x, y) = x^3 + 3x^2y^2 - 5y^3 + 1$ 는 $\mathbb{R}^2$ 에서 연속이므로

$$\lim_{(x,y)\to(-3,4)}(x^3 + 3x^2y^2 - 5y^3 + 1) = (-3)^3 + 3 \cdot (-3)^2 \cdot 4^2 - 5 \cdot 4^3 + 1 = 68.$$

(3) $f(x, y) = \frac{x^2y^3+x^3y^2-5}{2-xy}$ 는 $(0, 0)$ 에서 연속이므로

$$\lim_{(x,y)\to(0,0)}\frac{x^2y^3 + x^3y^2 - 5}{2 - xy} = -\frac{5}{2}.$$

(4) $f(x, y) = \frac{x^2+xy+y^2}{x^2-y^2}$ 는 $(-2, 1)$ 에서 연속이므로

$$\lim_{(x,y)\to(-2,1)}\frac{x^2 + xy + y^2}{x^2 - y^2} = \frac{(-2)^2 + (-2) \cdot 1 + 1^2}{(-2)^2 - 1^2} = 1.$$

□

2. 다음 함수가 연속이 되는 최대영역을 구하여라.

(1) $f(x, y) = y\ln(1 + x)$ (2) $f(x, y) = \dfrac{x^2y}{\sqrt{25 - x^2 - y^2}}$

(3) $f(x, y) = \cos\left(\dfrac{xy}{1 + x^2 + y^2}\right)$ (4) $f(x, y) = \sin^{-1}(xy)$

【풀이】 (1) $\{(x, y) \mid x > -1,\ y \in \mathbb{R}\}$ (2) $\left\{(x, y) \mid x^2 + y^2 < 25\right\}$

(3) $\{(x, y) \mid x \in \mathbb{R},\ y \in \mathbb{R}\}$ (4) $\{(x, y) \mid -1 \le xy \le 1\}$ □

3. 이변수함수

$$f(x, y) = \begin{cases} \dfrac{\sin(x^2 + y^2)}{x^2 + y^2}, & (x, y) \neq (0, 0) \\ 1, & (x, y) = (0, 0) \end{cases}$$

에 대하여 f 가 원점 (0, 0) 에서 연속임을 보여라.

【풀이】 $z = x^2 + y^2$ 로 놓으면 $(x, y) \to (0, 0)$ 일 때 $z \to 0^+$ 이므로

$$\lim_{(x, y) \to (0, 0)} f(x, y) = \lim_{(x, y) \to (0, 0)} \frac{\sin(x^2 + y^2)}{x^2 + y^2} = \lim_{z \to 0^+} \frac{\sin z}{z} = 1$$

이다. 따라서

$$\lim_{(x, y) \to (0, 0)} f(x, y) = 1 = f(0, 0)$$

이므로 주어진 함수 f 는 (0, 0) 에서 연속이다. □

4. 다음 함수의 점 (1, 1, 2) 에서의 연속성을 조사하여라.

(1) $f(x, y, z) = \begin{cases} 1, & (x\text{: 유리수}) \\ 2, & (x\text{: 무리수}) \end{cases}$ (2) $f(x, y, z) = \sqrt{x + y + z}$

【풀이】 (1) 주어진 함수 $f(x, y, z)$ 에 대하여 극한

$$\lim_{(x, y, z) \to (1, 1, 2)} f(x, y, z)$$

은 존재하지 않는다. 왜냐하면 극한이 존재하기 위해서는 공간상의 점 (1, 1, 2) 에 접근하는 임의의 경로에 대하여 함수 $f(x, y, z)$ 의 극한이 유일하게 정의되어야 한다. 예를 들어 그러한 경로 중에 공간상의 점 (1, 1, 2) 와 (1, 1, 2) 을 지나는 직선을 따라 (1, 1, 2) 에 접근하는 경우에도 역시 유일한 극한이 정의되어야만 한다. 그런데 이러한 경우에

$$\lim_{(x, y, z) \to (1, 1, 2)} f(x, y, z) = \lim_{x \to 1} f(x, 1, 2)$$

이므로 극한은 존재하지 않는다. 따라서 주어진 함수 f 는 점 (1, 1, 2) 에서 불연속이다.

(2) 주어진 함수 $f(x, y, z)$에 대하여

$$\lim_{(x,y,z)\to(1,1,2)} f(x, y, z) = \sqrt{1+1+2} = 2$$

이고, 또한 주어진 점에서의 함숫값은

$$f(1, 1, 2) = \sqrt{1+1+2} = 2$$

이다. 따라서

$$\lim_{(x,y,z)\to(1,1,2)} f(x, y, z) = 2 = f(1, 1, 2)$$

이므로 주어진 함수 f는 점 $(1, 1, 2)$에서 연속이다. □

연습문제(9.3)

1. 다음 함수들의 일계편도함수들을 각각 정의에 의하여 구하여라.

(1) $f(x, y) = 6x + 3y - 7$

(2) $f(x, y) = 3xy + 6x - y^2$

(3) $f(x, y) = x^2y - 3xy^2 + 2xy$

(4) $f(x, y) = x^2 + xy + y^2$

【풀이】 (1) 편도함수의 정의에 따라

$$\begin{aligned} f_x(x, y) &= \lim_{\Delta x\to 0} \frac{f(x+\Delta x, y) - f(x, y)}{\Delta x} \\ &= \lim_{\Delta x\to 0} \frac{(6(x+\Delta x) + 3y - 7) - (6x + 3y - 7)}{\Delta x} = \lim_{\Delta x\to 0} \frac{6\Delta x}{\Delta x} = 6 \\ f_y(x, y) &= \lim_{\Delta y\to 0} \frac{f(x, y+\Delta y) - f(x, y)}{\Delta y} \\ &= \lim_{\Delta y\to 0} \frac{(6x + 3(y+\Delta y) - 7) - (6x + 3y - 7)}{\Delta y} = \lim_{\Delta y\to 0} \frac{3\Delta y}{\Delta y} = 3. \end{aligned}$$

(2) 편도함수의 정의에 따라

$$f_x(x, y) = \lim_{\Delta x\to 0} \frac{f(x+\Delta x, y) - f(x, y)}{\Delta x}$$

$$= \lim_{\Delta x \to 0} \frac{(3(x+\Delta x)y + 6(x+\Delta x) - y^2) - (3xy + 6x - y^2)}{\Delta x}$$

$$= \lim_{\Delta x \to 0} \frac{(3y+6)\Delta x}{\Delta x} = 3y + 6$$

$$f_y(x, y) = \lim_{\Delta y \to 0} \frac{f(x, y+\Delta y) - f(x, y)}{\Delta y}$$

$$= \lim_{\Delta y \to 0} \frac{(3x(y+\Delta y) + 6x - (y+\Delta y)^2) - (3xy + 6x - y^2)}{\Delta y}$$

$$= \lim_{\Delta y \to 0} \frac{(3x-2y)\Delta y}{\Delta y} = 3x - 2y.$$

(3) 편도함수의 정의에 따라

$$f_x(x, y) = \lim_{\Delta x \to 0} \frac{f(x+\Delta x, y) - f(x, y)}{\Delta x}$$

$$= \lim_{\Delta x \to 0} \frac{((x+\Delta x)^2 y - 3(x+\Delta x)y^2 + 2(x+\Delta x)y) - (x^2 y - 3xy^2 + 2xy)}{\Delta x}$$

$$= \lim_{\Delta x \to 0} \frac{(2xy - 3y^2 + 2y)\Delta x}{\Delta x} = 2xy - 3y^2 + 2y$$

$$f_y(x, y) = \lim_{\Delta y \to 0} \frac{f(x, y+\Delta y) - f(x, y)}{\Delta y}$$

$$= \lim_{\Delta y \to 0} \frac{(x^2(y+\Delta y) - 3x(y+\Delta y)^2 + 2x(y+\Delta y)) - (x^2 y - 3xy^2 + 2xy)}{\Delta y}$$

$$= \lim_{\Delta y \to 0} \frac{(x^2 - 6xy + 2x)\Delta y}{\Delta y} = x^2 - 6xy + 2x.$$

(4) 편도함수의 정의에 따라

$$f_x(x, y) = \lim_{\Delta x \to 0} \frac{f(x+\Delta x, y) - f(x, y)}{\Delta x}$$

$$= \lim_{\Delta x \to 0} \frac{((x+\Delta x)^2 + (x+\Delta x)y + y^2) - (x^2 + xy + y^2)}{\Delta x}$$

$$= \lim_{\Delta x \to 0} \frac{(2x+y)\Delta x}{\Delta x} = 2x + y$$

$$f_y(x, y) = \lim_{\Delta y \to 0} \frac{f(x, y+\Delta y) - f(x, y)}{\Delta y}$$

$$= \lim_{\Delta y \to 0} \frac{(x^2 + x(y + \Delta y) + (y + \Delta y)^2) - (x^2 + xy + y^2)}{\Delta y}$$

$$= \lim_{\Delta y \to 0} \frac{(x + 2y)\Delta y}{\Delta y} = x + 2y. \qquad \square$$

2. 다음 함수들의 일계편도함수를 각각 구하여라.

(1) $f(x, y) = \frac{2}{3}x^{\frac{3}{2}}$ (2) $f(x, y) = 2x + 3x^2y^4$

(3) $f(x, y, z) = x^2y^5 + xz^2$ (4) $f(x, y) = xe^y + ye^x$

【풀이】 (1) $f_x(x, y) = x^{\frac{1}{2}}$, $f_y(x, y) = 0$

(2) $f_x(x, y) = 2 + 6xy^4$, $f_y(x, y) = 12x^2y^3$

(3) $f_x(x, y, z) = 2xy^5 + z^2$, $f_y(x, y, z) = 5x^2y^4$, $f_z(x, y, z) = 2xz$

(4) $f_x(x, y) = e^y + ye^x$, $f_y(x, y) = xe^y + e^x$ □

3. 한 물체 내의 임의의 점 (x, y, z) 에서의 온도가 $T = x^2 + 3y^2 - 6z$ 이다. 점 $(4, 3, 2)$ 에서 온도의 x, y, z 에 대한 순간변화율을 각각 구하여라.

【풀이】 주어진 함수 T 에 대하여

$$T_x(x, y, z) = 2x, \quad T_y(x, y, z) = 6y, \quad T_z(x, y, z) = -6$$

이다. 따라서 점 $(4, 3, 2)$ 에서 온도 T 의 x 에 관한 순간변화율은 $T_x(4, 3, 2) = 2 \cdot 4 = 8$ 이고, y 에 관한 순간변화율은 $T_y(4, 3, 2) = 6 \cdot 3 = 18$ 이며, z 에 관한 순간변화율은 $T_z(4, 3, 2) = -6$ 이다. □

4. 다음의 각 식은 라플라스(Laplace) 방정식 $w_{xx} + w_{yy} = 0$ 의 해가 됨을 보여라.

(1) $w = 2x + 3y - 1$ (2) $w = e^x \cos y$

(3) $w = x^2 - y^2$ (4) $w = \ln(x^2 + y^2)$

(5) $w = \tan^{-1}\frac{y}{x}$ (6) $w = \cos x \cosh y$

【풀이】 (1) 주어진 함수 $w(x, y)$에 대하여

$$w_x = 2, \quad w_y = 3, \quad w_{xx} = 0, \quad w_{yy} = 0$$

이므로 라플라스 방정식 $w_{xx} + w_{yy} = 0$를 만족시킨다.

(2) 주어진 함수 $w(x, y)$에 대하여

$$w_x = e^x \cos y, \quad w_y = -e^x \sin y, \quad w_{xx} = e^x \cos y, \quad w_{yy} = -e^x \cos y$$

이므로 라플라스 방정식 $w_{xx} + w_{yy} = 0$를 만족시킨다.

(3) 주어진 함수 $w(x, y)$에 대하여

$$w_x = 2x, \quad w_y = -2y, \quad w_{xx} = 2, \quad w_{yy} = -2$$

이므로 라플라스 방정식 $w_{xx} + w_{yy} = 0$를 만족시킨다.

(4) 주어진 함수 $w(x, y)$에 대하여

$$w_x = \frac{2x}{x^2 + y^2}, \quad w_y = \frac{2y}{x^2 + y^2}, \quad w_{xx} = \frac{-2(x^2 - y^2)}{(x^2 + y^2)^2}, \quad w_{yy} = \frac{2(x^2 - y^2)}{(x^2 + y^2)^2}$$

이므로 라플라스 방정식 $w_{xx} + w_{yy} = 0$를 만족시킨다.

(5) 주어진 함수 $w(x, y)$에 대하여

$$w_x = \frac{-y}{x^2 + y^2}, \quad w_y = \frac{x}{x^2 + y^2}, \quad w_{xx} = \frac{2xy}{(x^2 + y^2)^2}, \quad w_{yy} = \frac{-2xy}{(x^2 + y^2)^2}$$

이므로 라플라스 방정식 $w_{xx} + w_{yy} = 0$를 만족시킨다.

(6) 주어진 함수 $w(x, y)$에 대하여

$$w_x = -\sin x \cosh y, \quad w_y = \cos x \sinh y, \quad w_{xx} = -\cos x \cosh y, \quad w_{yy} = \cos x \cosh y$$

이므로 라플라스 방정식 $w_{xx} + w_{yy} = 0$를 만족시킨다. □

5. $f(x, y, z) = x^4 y^3 z - 3y^2 e^{xz}$ 일 때

$$f_{xxy} = f_{xyx} = f_{yxx}$$

이 성립함을 보여라.

【풀이】 함수 $f(x, y, z) = x^4y^3z - 3y^2e^{xz}$ 에 대하여

$$f_x = 4x^3y^3z - 3y^2e^{xz}z, \qquad f_{xx} = 12x^2y^3z - 3y^2z^2e^{xz}, \qquad f_{xxy} = 36x^2y^2z - 6yz^2e^{xz}$$

$$f_{xy} = 12x^3y^2z - 6yze^{xz}, \qquad f_{xyx} = 36x^2y^2z - 6yz^2e^{xz}$$

$$f_y = 3x^4y^2z - 6ye^{xz}, \qquad f_{yx} = 12x^3y^2z - 6yze^{xz}, \qquad f_{yxx} = 36x^2y^2z - 6yz^2e^{xz}$$

이므로 $f_{xxy} = f_{xyx} = f_{yxx}$ 가 성립한다. □

6. 점 (1, 2, 3) 이 $z = 17 - 2x^2 - 3y^2$ 의 식으로 주어진 산 위에 있다. 이 점에서 x축 양의 방향으로 내려오는 것과 y축 양의 방향으로 내려오는 것 중 어느 것이 더 가파른가?

【풀이】 $z = 17 - 2x^2 - 3y^2$ 에 대하여

$$z_x = -4x, \qquad z_y = -6y$$

이므로

$$z_x(1, 2, 3) = -4 \cdot 1 = -4, \qquad z_y(1, 2, 3) = -6 \cdot 2 = -12$$

이다. 따라서

$$4 = |z_x(1, 2, 3)| < |z_y(1, 2, 3)| = 12$$

이므로 y축 양의 방향으로의 기울어짐이 더 크다. 따라서 y축 양의 방향으로 내려오는 것이 더 가파르다. □

7. $w = f(u)$, $u = g(x, y)$ 일 때 $w_{xx} = f'(u)u_{xx} + f''(u)u_x^2$ 임을 보여라. 또한 $w = u^2$, $u = \sin(xy)$ 일 때 이 식이 성립하는지 확인하여라.

【풀이】 $w = f(u)$, $u = g(x, y)$ 일 때

$$w_x = \frac{\partial w}{\partial x} = \frac{\partial w}{\partial u} \cdot \frac{\partial u}{\partial x} = \frac{dw}{du} \cdot \frac{\partial u}{\partial x} = f'(u)\, u_x$$

이므로

$$\begin{aligned} w_{xx} &= \frac{\partial}{\partial x} w_x = \frac{\partial}{\partial x}(f'(u)\,u_x) = \left(\frac{\partial}{\partial x} f'(u)\right) u_x + f'(u)\left(\frac{\partial}{\partial x} u_x\right) \\ &= \left(\frac{\partial f'(u)}{\partial u} \cdot \frac{\partial u}{\partial x}\right) u_x + f'(u)\,u_{xx} = \left(\frac{df'(u)}{du} \cdot u_x\right) u_x + f'(u)\,u_{xx} \\ &= f''(u)\,u_x^2 + f'(u)\,u_{xx} \end{aligned}$$

이다. 따라서 $w = f(u)$, $u = g(x, y)$ 일 때 $w_{xx} = f'(u)u_{xx} + f''(u)u_x^2$ 이 성립한다. 특히, $w = f(u) = u^2$, $u = \sin(xy)$ 일 때 $w = (\sin(xy))^2$ 이므로

$$\begin{aligned} w_x &= 2\sin(xy)\frac{\partial}{\partial x}(\sin(xy)) = 2y\sin(xy)\cos(xy) = y\sin(2xy), \\ w_{xx} &= \frac{\partial}{\partial x}(y\sin(2xy)) = y\cos(2xy)\frac{\partial}{\partial x}(2xy) = 2y^2\cos(2xy) \\ &= 2y^2(\cos^2(xy) - \sin^2(xy)) = 2y^2\cos^2(xy) - 2y^2\sin^2(xy) \end{aligned}$$

이고, 또한

$$f'(u) = 2u, \qquad f''(u) = 2, \qquad u_x = y\cos(xy), \qquad u_{xx} = -y^2\sin(xy)$$

이므로

$$f''(u)\,u_x^2 + f'(u)\,u_{xx} = 2\cdot(y\cos(xy))^2 + 2u(-y^2\sin(xy)) = 2y^2\cos^2(xy) - 2y^2\sin^2(xy)$$

이다. 따라서 $w = f(u) = u^2$, $u = \sin(xy)$ 일 때 관계식 $w_{xx} = f'(u)u_{xx} + f''(u)u_x^2$ 가 성립함을 알 수 있다. □

연습문제(9.4)

1. 다음 함수에서 x 가 1 에서 1.03 으로, y 가 4 에서 3.98 로 변하였을 때 함수의 증분을 구하여라.

(1) $z = 3x^2 + 2xy - y^2$ (2) $z = 2x^2 + 5xy + 4y^2$

【풀이】 [참 고] 이변수함수 $z = f(x, y)$의 점 (x_0, y_0)에서의 증분 $\Delta f(x_0, y_0)$는

$$\Delta f(x_0, y_0) = f(x_0 + \Delta x, y_0 + \Delta y) - f(x_0, y_0)$$

이다.

(1) 주어진 함수 $z = f(x, y) = 3x^2 + 2xy - y^2$에 대하여 $x = 1$, $\Delta x = 0.03$, $y = 4$, $\Delta y = -0.02$일 때 점 $(1, 4)$에서의 함수 f의 증분 $\Delta f(1, 4)$는

$$\begin{aligned}\Delta f(1, 4) &= f(1 + 0.03, 4 + (-0.02)) - f(1, 4)\\ &= \left(3 \cdot (1.03)^2 + 2 \cdot (1.03) \cdot (3.98) - (3.98)^2\right) - \left(3 \cdot 1^2 + 2 \cdot 1 \cdot 4 - 4^2\right)\\ &= 0.5411.\end{aligned}$$

(2) 주어진 함수 $z = f(x, y) = 2x^2 + 5xy + 4y^2$에 대하여 $x = 1$, $\Delta x = 0.03$, $y = 4$, $\Delta y = -0.02$일 때 점 $(1, 4)$에서의 함수 f의 증분 $\Delta f(1, 4)$는

$$\begin{aligned}\Delta f(1, 4) &= f(1 + 0.03, 4 + (-0.02)) - f(1, 4)\\ &= \left(2 \cdot (1.03)^2 + 5 \cdot (1.03) \cdot (3.98) + 4 \cdot (3.98)^2\right) - \left(2 \cdot 1^2 + 5 \cdot 1 \cdot 4 + 4 \cdot 4^2\right)\\ &= -0.0196.\end{aligned}$$

□

2. 다음 함수들의 전미분을 각각 구하여라.

(1) $z = 4x^3 - xy^2 + 3y - 7$ (2) $z = x\cos y - y\sin x$

(3) $z = 2x^3 + x^2y - 3y^2$ (4) $z = (x - y^2)^2$

【풀이】 이변수함수 $z = f(x, y)$의 전미분 dz는

$$dz = \frac{\partial z}{\partial x}\,dx + \frac{\partial z}{\partial y}\,dy$$

으로 정의된다. 따라서 주어진 함수들의 전미분은 각각

(1) $dz = z_x\,dx + z_y\,dy = (12x^2 - y^2)\,dx + (-2xy + 3)\,dy$

(2) $dz = z_x\,dx + z_y\,dy = (\cos y - y\cos x)\,dx + (-x\sin y - \sin x)\,dy$

(3) $dz = z_x\,dx + z_y\,dy = (6x^2 + 2x)\,dx + (x^2 - 6y)\,dy$

(4) $dz = z_x\,dx + z_y\,dy = 2(x - y^2)\,dx - 4(xy + y^3)\,dy$ □

3. 미분을 이용하여 다음 근삿값을 구하여라.

(1) $\dfrac{1}{\sqrt{(3.92)^2 + (3.01)^2}}$　　　(2) $(1.05)^{0.5}(0.97)^{0.3}$

【풀이】 [참 고] 연속함수 $z = f(x, y)$에서 각각 x, y의 증분인 Δx, Δy를 비교적 작게 잡으면, 근사관계식

$$f(x + \Delta x, y + \Delta y) \approx f(x, y) + \frac{\partial z}{\partial x}\Delta x + \frac{\partial z}{\partial y}\Delta y$$

이 성립한다.

(1) $z = f(x, y) = 1/\sqrt{x^2 + y^2}$ 로 놓으면

$$f_x(x, y) = -\frac{x}{(x^2 + y^2)^{\frac{3}{2}}}, \qquad f_y(x, y) = -\frac{y}{(x^2 + y^2)^{\frac{3}{2}}}$$

이다. 따라서 $x = 4,\ \Delta x = -0.08,\ y = 3,\ \Delta y = 0.01$ 로 놓으면

$$\begin{aligned}\frac{1}{\sqrt{(3.92)^2 + (3.01)^2}} &= f(3.92, 3.01) = f(4 + (-0.08), 3 + 0.01)\\ &\approx f(4, 3) + f_x(4, 3)\cdot(-0.08) + f_y(4, 3)\cdot(0.01)\\ &= \frac{1}{\sqrt{4^2 + 3^2}} - \frac{4}{(4^2 + 3^2)^{\frac{3}{2}}}\cdot(-0.08) - \frac{3}{(4^2 + 3^2)^{\frac{3}{2}}}\cdot(0.01)\\ &\approx 0.20232.\end{aligned}$$

(2) $z = f(x, y) = x^{1/2}y^{3/10}$ 로 놓으면

$$f_x(x, y) = \frac{1}{2}x^{-\frac{1}{2}}y^{\frac{3}{10}}, \qquad f_y(x, y) = \frac{3}{10}x^{\frac{1}{2}}y^{-\frac{7}{10}}$$

이다. 따라서 $x = 1,\ \Delta x = 0.05,\ y = 1,\ \Delta y = -0.03$ 로 놓으면

$$(1.05)^{0.5}(0.97)^{0.3} = f(1.05, 0.97) = f(1 + 0.05, 1 + (-0.03))$$

$$
\begin{aligned}
&\approx f(1,1)+f_x(1,1)\cdot(0.05)+f_y(1,1)\cdot(-0.03)\\
&=1^{\frac{1}{2}}\cdot 1^{\frac{3}{10}}+\frac{1}{2}\cdot 1^{-\frac{1}{2}}\cdot 1^{\frac{3}{10}}\cdot(0.05)+\frac{3}{10}\cdot 1^{\frac{1}{2}}\cdot 1^{-\frac{7}{10}}\cdot(-0.03)\\
&=1.016
\end{aligned}
$$

이다. □

4. 직각삼각형의 빗변을 제외한 두 변 중에 하나의 변은 3 cm 에서 3.2 cm 으로, 또 다른 하나는 4 cm 에서 3.96 cm 로 변하였다. 이때 빗변 길이의 변화량의 근삿값을 전미분을 이용하여 구하여라.

【풀이】 $z=f(x,y)=\sqrt{x^2+y^2}$ 으로 놓으면

$$
f_x(x,y)=\frac{x}{\sqrt{x^2+y^2}},\qquad f_y(x,y)=\frac{y}{\sqrt{x^2+y^2}}
$$

이다. 따라서 $x=3\,\text{cm}$, $\Delta x=0.2\,\text{cm}$, $y=4\,\text{cm}$, $\Delta y=-0.04\,\text{cm}$ 로 놓으면 $z=f(x,y)$ 의 전미분 $dz=z_x\Delta x+z_y\Delta y$ 로부터

$$
\begin{aligned}
df(3,4)&=f_x(3,4)\cdot(0.2)+f_y(3,4)\cdot(-0.04)\\
&=\frac{3}{\sqrt{3^2+4^2}}\cdot(0.2)+\frac{4}{\sqrt{3^2+4^2}}\cdot(-0.04)=0.088\,\text{cm}
\end{aligned}
$$

이다. □

5. 직사각형의 가로와 세로가 각각 오차범위 1 % 와 4% 이내에서 측정되었다. 이때 계산된 대각선 길이의 최대오차는 몇 % 인지 전미분을 이용하여 그 근삿값을 구하여라.

【풀이】 직사각형의 가로와 세로를 각각 x, y 로 놓자. 이때 직사각형의 대간선의 길이 L은 $L=\sqrt{x^2+y^2}$ 이다. 따라서 L의 전미분은

$$
dL=\frac{\partial L}{\partial x}dx+\frac{\partial L}{\partial y}dy=\frac{x}{\sqrt{x^2+y^2}}dx+\frac{y}{\sqrt{x^2+y^2}}dy
$$

이다. 그런데 가로 x와 세로 y에 대한 측정오차의 범위는 각각 1 % 와 4 % 이므로 $|\Delta x|\le x/100$, $|\Delta y|\le 4y/100$ 이다. 그러므로 대각선 길이의 최대오차를 구하기 위하여

x와 y의 최대오차를 택하면 $dx = x/100,\ dy = 4y/100$이므로

$$dL = \frac{x}{\sqrt{x^2+y^2}} \cdot \frac{x}{100} + \frac{y}{\sqrt{x^2+y^2}} \cdot \frac{4y}{100} = \frac{1}{\sqrt{x^2+y^2}}\left(\frac{x^2}{100} + \frac{4y^2}{100}\right) = \frac{1}{100} \cdot \frac{x^2+4y^2}{\sqrt{x^2+y^2}}$$

이다. 따라서 대각선 길이의 최대오차는 $\dfrac{x^2+4y^2}{\sqrt{x^2+y^2}}$ % 이다. □

연습문제(9.5)

1. 연쇄법칙을 사용하여 dw/dt를 구하고 t에 관한 항으로 정리하여라.

(1) $w = x^2y^3\ ;\quad x = t^3,\ y = t^2$ (2) $w = e^x \sin y + e^y \sin x\ ;\quad x = 3t,\ y = 2t$

【풀이】 (1) $w = x^2y^3,\ x = t^3,\ y = t^2$에 대하여

$$\frac{\partial w}{\partial x} = 2xy^3, \qquad \frac{\partial w}{\partial y} = 3x^2y^2, \qquad \frac{dx}{dt} = 3t^2, \qquad \frac{dy}{dt} = 2t$$

이다. 따라서 연쇄법칙을 적용하면

$$\begin{aligned}\frac{dw}{dt} &= \frac{\partial w}{\partial x} \cdot \frac{dx}{dt} + \frac{\partial w}{\partial y} \cdot \frac{dy}{dt} = 2xy^3 \cdot (3t^2) + 3x^2y^2 \cdot (2t)\\ &= 2 \cdot t^3 \cdot t^6 \cdot (3t^2) + 3 \cdot t^6 \cdot t^4 \cdot (2t) = 12t^{11}.\end{aligned}$$

(2) $w = e^x \sin y + e^y \sin x,\ x = 3t,\ y = 2t$에 대하여

$$\frac{\partial w}{\partial x} = e^x \sin y + e^y \cos x, \qquad \frac{\partial w}{\partial y} = e^x \cos y + e^y \sin x, \qquad \frac{dt}{dx} = 3, \qquad \frac{dt}{dy} = 2$$

이다. 따라서 연쇄법칙을 적용하면

$$\begin{aligned}\frac{dw}{dt} &= \frac{\partial w}{\partial x} \cdot \frac{dt}{dx} + \frac{\partial w}{\partial y} \cdot \frac{dt}{dy} = (e^x \sin y + e^y \cos x) \cdot 3 + (e^x \cos y + e^y \sin x) \cdot 2\\ &= e^x(3 \sin y + 2 \cos y) + e^y(3 \cos x + 2 \sin x)\\ &= e^{3t}(3 \sin 2t + 2 \cos 2t) + e^{2t}(3 \cos 3t + 2 \sin 3t).\end{aligned}$$

□

2. 연쇄법칙을 사용하여 $\partial w/\partial t$ 를 구하고, t 와 s 에 관한 항으로 정리하여라.

(1) $w = x^2y$; $x = st,\ y = s - t$ (2) $w = e^{x^2+y^2}$; $x = s\sin t,\ y = t\sin s$

【풀이】 (1) $w = x^2y,\ x = st,\ y = s - t$ 에 대하여

$$\frac{\partial w}{\partial x} = 2xy, \qquad \frac{\partial w}{\partial y} = x^2, \qquad \frac{\partial x}{\partial t} = s, \qquad \frac{\partial y}{\partial t} = -1$$

이다. 따라서 연쇄법칙을 적용하면

$$\frac{\partial w}{\partial t} = \frac{\partial w}{\partial x}\cdot\frac{\partial t}{\partial x} + \frac{\partial w}{\partial y}\cdot\frac{\partial y}{\partial t} = 2xy\cdot s + x^2\cdot(-1)$$
$$= 2(st)(s-t)\cdot s + (st)^2\cdot(-1) = 2s^3t - 3s^2t^2.$$

(2) $w = e^{x^2+y^2},\ x = s\sin t,\ y = t\sin s$ 에 대하여

$$\frac{\partial w}{\partial x} = 2xe^{x^2+y^2}, \qquad \frac{\partial w}{\partial y} = 2ye^{x^2+y^2}, \qquad \frac{\partial x}{\partial t} = s\cos t, \qquad \frac{\partial y}{\partial t} = \sin s$$

이다. 따라서 연쇄법칙을 적용하면

$$\frac{\partial w}{\partial t} = \frac{\partial w}{\partial x}\cdot\frac{\partial t}{\partial x} + \frac{\partial w}{\partial y}\cdot\frac{\partial y}{\partial t} = 2xe^{x^2+y^2}\cdot s\cos t + 2ye^{x^2+y^2}\cdot\sin s$$
$$= 2(st)(s-t)\cdot s + (st)^2\cdot\sin s = 2e^{s^2\sin^2 t + t^2\sin^2 s}(s^2\sin t\cos t - t\sin x)$$

이다. □

3. 다음 문제에서 dy/dx 를 구하여라.

(1) $x^2y^3 + \cos y = 0$ (2) $x^3 - 3xy^2 + y^3 = 5$

(3) $e^{xy} + ye^y = 1$ (4) $x - \sqrt{xy} + 3y = 4$

【풀이】 (1) $f(x, y) = x^2y^3 + \cos y$ 로 놓으면

$$\frac{\partial f}{\partial x} = 2xy^3, \qquad \frac{\partial f}{\partial y} = 3x^2y^2 - \sin y$$

이다. 따라서 $\frac{\partial f}{\partial y} = 2x^2y^2 - \sin y \neq 0$ 일 때

$$\frac{dy}{dx} = -\frac{\frac{\partial f}{\partial x}}{\frac{\partial f}{\partial y}} = -\frac{2xy^3}{3x^2y^2 - \sin y}.$$

(2) $f(x, y) = x^3 - 3xy^2 + y^3 - 5$ 로 놓으면

$$\frac{\partial f}{\partial x} = 3x^2 - 3y^2 = 3(x^2 - y^2), \qquad \frac{\partial f}{\partial y} = -6xy + 3y^2 = -3y(2x - y)$$

이다. 따라서 $y(2x - y) \neq 0$ 일 때

$$\frac{dy}{dx} = -\frac{\frac{\partial f}{\partial x}}{\frac{\partial f}{\partial y}} = \frac{x^2 - y^2}{y(2x - y)}.$$

(3) $f(x, y) = e^{xy} + ye^y - 1$ 로 놓으면

$$\frac{\partial f}{\partial x} = ye^{xy}, \qquad \frac{\partial f}{\partial y} = xe^{xy} + e^y + ye^y$$

이다. 따라서 $xe^{xy} + e^y + ye^y \neq 0$ 일 때

$$\frac{dy}{dx} = -\frac{\frac{\partial f}{\partial x}}{\frac{\partial f}{\partial y}} = -\frac{ye^{xy}}{xe^{xy} + e^y + ye^y}.$$

(4) $f(x, y) = x - \sqrt{xy} + 3y - 4$ 로 놓으면, $xy > 0$ 일 때

$$\frac{\partial f}{\partial x} = \frac{2\sqrt{xy} - y}{2\sqrt{xy}}, \qquad \frac{\partial f}{\partial y} = \frac{6\sqrt{xy} - x}{2\sqrt{xy}}$$

이다. 따라서 $6\sqrt{xy} - x \neq 0$ 일 때

$$\frac{dy}{dx} = -\frac{\frac{\partial f}{\partial x}}{\frac{\partial f}{\partial y}} = -\frac{2\sqrt{xy} - y}{6\sqrt{xy} - x}$$

이다. □

4. $z = f(u, v)$, $u = x + y$, $v = x - y$ 이고 함수 f 의 1계편도함수들이 모두 연속일 때

$$\frac{\partial z}{\partial x}\frac{\partial z}{\partial y} = \left(\frac{\partial f}{\partial u}\right)^2 - \left(\frac{\partial f}{\partial v}\right)^2$$

이 성립함을 증명하여라.

【풀이】 $u_x = 1$, $v_x = 1$, $u_y = 1$, $v_y = -1$ 이므로 연쇄법칙을 적용하면

$$\frac{\partial z}{\partial x}\frac{\partial z}{\partial y} = (z_u\, u_x + z_v\, v_x)(z_u\, u_y + z_v\, v_y) = (z_u + z_v)(z_u - z_v) = z_u^2 - z_v^2 = \left(\frac{\partial f}{\partial u}\right)^2 - \left(\frac{\partial f}{\partial v}\right)^2$$

이다. 따라서 주어진 등식이 성립한다. □

5. $z = f(x, y)$ 의 일계편도함수가 모두 연속이고 $x = r\cos\theta$, $y = r\sin\theta$ 인 극방정식으로 표시될 때 다음을 증명하여라.

(1) $\dfrac{\partial z}{\partial r} = f_x \cos\theta + f_y \sin\theta$ (2) $\dfrac{1}{r}\dfrac{\partial z}{\partial \theta} = -f_x \sin\theta + f_y \cos\theta$

【풀이】 (1) $x_r = \cos\theta$, $y_r = \sin\theta$ 이므로 연쇄법칙을 적용하면

$$\frac{\partial z}{\partial r} = f_x\, x_r + f_y\, y_r = f_x \cos\theta + f_y \sin\theta.$$

(2) $x_\theta = -r\sin\theta$, $y_\theta = r\cos\theta$ 이므로 연쇄법칙을 적용하면

$$\frac{1}{r}\frac{\partial z}{\partial \theta} = \frac{1}{r}(f_x\, x_\theta + f_y\, y_\theta) = \frac{1}{r}(-r f_x \sin\theta + r f_y \cos\theta) = -f_x \sin\theta + f_y \cos\theta.$$ □

6. $z = f(x/y)$ 일 때 등식

$$x\frac{\partial z}{\partial x} + y\frac{\partial z}{\partial y} = 0$$

이 성립함을 증명하여라.

【풀이】 $z = f(u)$, $u = \dfrac{x}{y}$ 로 놓으면

$$\frac{\partial z}{\partial x} = \frac{\partial z}{\partial u}\cdot\frac{\partial u}{\partial x} = \frac{\partial z}{\partial u}\cdot\frac{1}{y}, \qquad \frac{\partial z}{\partial y} = \frac{\partial z}{\partial u}\cdot\frac{\partial u}{\partial y} = \frac{\partial z}{\partial u}\cdot\frac{-x}{y^2}$$

이다. 따라서 연쇄법칙을 적용하면

$$x\frac{\partial z}{\partial x}+y\frac{\partial z}{\partial y}=x\left(\frac{\partial z}{\partial u}\cdot\frac{1}{y}\right)+y\left(\frac{\partial z}{\partial u}\cdot\frac{-x}{y^2}\right)=\frac{\partial z}{\partial u}\left(\frac{x}{y}-\frac{x}{y}\right)=0$$

으로 주어진 등식이 성립한다. □

연습문제(9.6)

1. 다음의 점 P 에서 벡터 $\mathbf{a}$ 방향으로의 함수 f 의 방향도함수를 구하여라.

(1) $f(x, y) = x^2 - 5xy + 3y^2$, $P(3, -1)$, $\mathbf{a} = \mathbf{i} + \mathbf{j}$

(2) $f(x, y) = \tan^{-1}(y/x)$, $P(4, -4)$, $\mathbf{a} = 2\mathbf{i} - 3\mathbf{j}$

(3) $f(x, y) = \sqrt{9x^2 - 4y^2 - 1}$, $P(3, -2)$, $\mathbf{a} = \mathbf{i} + 5\mathbf{j}$

(4) $f(x, y) = x^2 \ln y$, $P(5, 1)$, $\mathbf{a} = -\mathbf{i} + 4\mathbf{j}$

(5) $f(x, y) = xe^{3y}$, $P(2, \pi/4)$, $\mathbf{a} = 5\mathbf{i} + \mathbf{j}$

【풀이】 (1) 함수 $f(x, y) = x^2 - 5xy + 3y^2$ 에 대하여 $f_x = 2x - 5y$, $f_y = -5x + 6y$ 이고, 또한 주어진 벡터 $\mathbf{a}$ 방향으로의 단위벡터를 $\mathbf{u} = (u_1, u_2)$ 라고 놓으면

$$\mathbf{u} = (u_1, u_2) = \frac{1}{|\mathbf{a}|}\mathbf{a} = \frac{1}{\sqrt{2}}\mathbf{a} = (1/\sqrt{2}, 1/\sqrt{2})$$

이다. 따라서 점 $P(3, -1)$ 에서 벡터 $\mathbf{a}$ 방향으로의 함수 f 의 방향도함수는

$$\begin{aligned} D_{\mathbf{u}}f(3, -1) &= f_x(3, -1)\cdot u_1 + f_y(3, -1)\cdot u_2 \\ &= (2\cdot 3 - 5\cdot(-1))\cdot\frac{1}{\sqrt{2}} + (-5\cdot 3 + 6\cdot(-1))\frac{1}{\sqrt{2}} = -5\sqrt{2}. \end{aligned}$$

(2) 함수 $f(x, y) = \tan^{-1}(y/x)$ 에 대하여

$$f_x = \frac{1}{1+\left(\frac{y}{x}\right)^2}\cdot\frac{\partial}{\partial x}\left(\frac{y}{x}\right) = \frac{x^2}{x^2+y^2}\cdot\frac{-y}{x^2} = -\frac{y}{x^2+y^2},$$

$$f_y = \frac{1}{1+\left(\frac{y}{x}\right)^2} \cdot \frac{\partial}{\partial y}\left(\frac{y}{x}\right) = \frac{x^2}{x^2+y^2} \cdot \frac{1}{x} = \frac{x}{x^2+y^2}$$

이고, 또한 주어진 벡터 $\mathbf{a}$ 방향으로의 단위벡터를 $\mathbf{u} = (u_1, u_2)$ 라고 놓으면

$$\mathbf{u} = (u_1, u_2) = \frac{1}{|\mathbf{a}|}\mathbf{a} = \frac{1}{\sqrt{13}}\mathbf{a} = \left(\frac{2}{\sqrt{13}}, -\frac{3}{\sqrt{13}}\right)$$

이다. 따라서 점 $P(4, -4)$ 에서 벡터 $\mathbf{a}$ 방향으로의 함수 f 의 방향도함수는

$$\begin{aligned} D_{\mathbf{u}}f(4, -4) &= f_x(4, -4) \cdot u_1 + f_y(4, -4) \cdot u_2 \\ &= -\frac{-4}{4^2+(-4)^2} \cdot \frac{2}{\sqrt{13}} + \frac{4}{4^2+(-4)^2} \cdot \frac{-3}{\sqrt{13}} = -\frac{1}{8\sqrt{13}}. \end{aligned}$$

(3) 함수 $f(x, y) = \sqrt{9x^2 - 4y^2 - 1}$ 에 대하여

$$f_x = \frac{1}{2\sqrt{9x^2-4y^2-1}} \cdot \frac{\partial}{\partial x}\left(9x^2 - 4y^2 - 1\right) = \frac{1}{2\sqrt{9x^2-4y^2-1}} \cdot (18x) = \frac{9x}{\sqrt{9x^2-4y^2-1}},$$

$$f_y = \frac{1}{2\sqrt{9x^2-4y^2-1}} \cdot \frac{\partial}{\partial y}\left(9x^2 - 4y^2 - 1\right) = \frac{1}{2\sqrt{9x^2-4y^2-1}} \cdot (-8y) = \frac{-4y}{\sqrt{9x^2-4y^2-1}}$$

이고, 또한 주어진 벡터 $\mathbf{a}$ 방향으로의 단위벡터를 $\mathbf{u} = (u_1, u_2)$ 라고 놓으면

$$\mathbf{u} = (u_1, u_2) = \frac{1}{|\mathbf{a}|}\mathbf{a} = \frac{1}{\sqrt{26}}\mathbf{a} = \left(\frac{1}{\sqrt{26}}, \frac{5}{\sqrt{26}}\right)$$

이다. 따라서 점 $P(3, -2)$ 에서 벡터 $\mathbf{a}$ 방향으로의 함수 f 의 방향도함수는

$$\begin{aligned} D_{\mathbf{u}}f(3, -2) &= f_x(3, -2) \cdot u_1 + f_y(3, -2) \cdot u_2 \\ &= \frac{9 \cdot 3}{\sqrt{9 \cdot 3^2 - 4 \cdot (-2)^2 - 1}} \cdot \frac{1}{\sqrt{26}} + \frac{-4 \cdot (-2)}{\sqrt{9 \cdot 3^2 - 4 \cdot (-2)^2 - 1}} \cdot \frac{5}{\sqrt{26}} \\ &= \frac{67}{8\sqrt{26}}. \end{aligned}$$

(4) 함수 $f(x, y) = x^2 \ln y$ 에 대하여

$$f_x = 2x \ln y, \qquad f_y = \frac{x^2}{y}$$

이고, 또한 주어진 벡터 **a** 방향으로의 단위벡터를 $\mathbf{u} = (u_1, u_2)$ 라고 놓으면

$$\mathbf{u} = (u_1, u_2) = \frac{1}{|\mathbf{a}|}\mathbf{a} = \frac{1}{\sqrt{17}}\mathbf{a} = \left(-\frac{1}{\sqrt{17}}, \frac{4}{\sqrt{17}}\right)$$

이다. 따라서 점 $P(5, 1)$ 에서 벡터 **a** 방향으로의 함수 f 의 방향도함수는

$$D_{\mathbf{u}}f(5, 1) = f_x(5, 1)\cdot u_1 + f_y(5, 1)\cdot u_2 = 2\cdot 5\ln 1\cdot\left(-\frac{1}{\sqrt{17}}\right) + \frac{5^2}{1}\cdot\frac{4}{\sqrt{17}} = \frac{100}{\sqrt{17}}.$$

(5) 함수 $f(x, y) = xe^{3y}$ 에 대하여

$$f_x = e^{3y}, \qquad f_y = 3xe^{3y}$$

이고, 또한 주어진 벡터 **a** 방향으로의 단위벡터를 $\mathbf{u} = (u_1, u_2)$ 라고 놓으면

$$\mathbf{u} = (u_1, u_2) = \frac{1}{|\mathbf{a}|}\mathbf{a} = \frac{1}{\sqrt{26}}\mathbf{a} = \left(\frac{5}{\sqrt{26}}, \frac{1}{\sqrt{26}}\right)$$

이다. 따라서 점 $P(2, \pi/4)$ 에서 벡터 **a** 방향으로의 함수 f 의 방향도함수는

$$\begin{aligned} D_{\mathbf{u}}f(2, \pi/4) &= f_x(2, \pi/4)\cdot u_1 + f_y(2, \pi/4)\cdot u_2 \\ &= e^{3\cdot\frac{\pi}{4}}\cdot\frac{5}{\sqrt{26}} + 3\cdot 2\cdot e^{3\cdot\frac{\pi}{4}}\cdot\frac{1}{\sqrt{26}} = \frac{11}{\sqrt{26}}e^{\frac{3}{4}\pi} \end{aligned}$$

이다. □

2. 다음 문제에서 주어진 점과 함수에 대하여 방향도함수 $D_{\mathbf{u}}f$ 가 0 이 되는 단위벡터 **u** 를 구하여라.

(1) $f(x, y, z) = x^2 + y^2 - z^2$; $(2, 2, -1)$

(2) $f(x, y, z) = 6xy - x^3 - y^2 + z$; $(1, 1, 1)$

【풀이】 (1) 구하는 단위벡터를 $\mathbf{u} = (u_1, u_2, u_3)$ 로 놓자. 주어진 함수 f 에 대하여 $f_x = 2x$, $f_y = 2y$, $f_z = -2z$ 이므로 방향도함수 $D_{\mathbf{u}}f$ 는

$$D_{\mathbf{u}}f = f_x u_1 + f_y u_2 + f_z u_3 = 2xu_1 + 2yu_2 - 2zu_3$$

이다. 따라서

$$D_{\mathbf{u}}f(2, 2, -1) = 2 \cdot 2\,u_1 + 2 \cdot 2\,u_2 - 2 \cdot (-1)\,u_3 = 4u_1 + 4u_2 + 2\,u_3$$

이므로 $D_{\mathbf{u}}f(2, 2, -1) = 0$ 을 만족시키는 단위벡터 $\mathbf{u}$ 는 조건

$$4u_1 + 4u_2 + 2\,u_3 = 0, \qquad \sqrt{u_1^2 + u_2^2 + u_3^2} = 1$$

을 만족시키는 벡터로 무수히 많이 존재한다. 만일 u_1 을 $u_1 = 0$ 으로 택하면

$$2u_2 + u_3 = 0, \qquad u_2^2 + u_3^2 = 1$$

로부터

$$u_2 = \pm\frac{1}{\sqrt{5}}, \qquad u_3 = -2u_2 = -2\left(\pm\frac{1}{\sqrt{5}}\right) = \mp\frac{2}{\sqrt{5}}$$

이다. 따라서 u_1 을 $u_1 = 0$ 으로 택한 경우에 $D_{\mathbf{u}}f(2, 2, -1) = 0$ 를 만족시키는 단위벡터 $\mathbf{u}$ 는

$$\mathbf{u} = \left(0, \pm\frac{1}{\sqrt{5}}, \mp\frac{2}{\sqrt{5}}\right).$$

(2) 구하는 단위벡터를 $\mathbf{u} = (u_1, u_2, u_3)$ 로 놓자. 주어진 함수 f 에 대하여 $f_x = 6y - 3x^2$, $f_y = 6x - 2y$, $f_z = 1$ 이므로 방향도함수 $D_{\mathbf{u}}f$ 는

$$D_{\mathbf{u}}f = f_x\,u_1 + f_y\,u_2 + f_z\,u_3 = (6y - 3x^2)u_1 + (6x - 2y)u_2 + u_3$$

이다. 따라서

$$D_{\mathbf{u}}f(1, 1, 1) = 3u_1 + 4u_2 + u_3$$

이므로 $D_{\mathbf{u}}f(1, 1, 1) = 0$ 을 만족시키는 단위벡터 $\mathbf{u}$ 는 조건

$$3u_1 + 4u_2 + u_3 = 0, \qquad \sqrt{u_1^2 + u_2^2 + u_3^2} = 1$$

을 만족시키는 벡터로 무수히 많이 존재한다. 만일 u_2 를 $u_2 = 0$ 으로 택하면

$$3u_1 + u_3 = 0, \qquad u_1^2 + u_3^2 = 1$$

로부터

$$u_1 = \pm\frac{1}{\sqrt{10}}, \qquad u_3 = -3u_1 = -3\left(\pm\frac{1}{\sqrt{10}}\right) = \mp\frac{3}{\sqrt{10}}$$

이다. 따라서 u_1 를 $u_2 = 0$ 으로 택한 경우에 $D_{\mathbf{u}}f(1, 1, 1) = 0$ 를 만족시키는 단위벡터 $\mathbf{u}$ 는

$$\mathbf{u} = \left(\pm\frac{1}{\sqrt{10}}, 0, \mp\frac{3}{\sqrt{10}}\right) \quad (\text{복호동순}).$$ □

3. $f(x, y, z) = ze^{xy}$ 의 점 $(0, 1, 2)$ 에 가장 빨리 증가하는 방향을 구하여라. 또한 최대 증가율은 얼마인가?

【풀이】 함수 f 상의 점 $(0, 1, 2)$ 에서 가장 빨리 증가하는 방향은 $\nabla f(0, 1, 2)$ 이고, 이때 최대 증가율은 $|D_{\mathbf{u}}f(0, 1, 2)|$ 이다. 그런데

$$\nabla f(x, y, z) = (f_x, f_y, f_z) = (yze^{xy}, xze^{xy}, e^{xy})$$

이므로

$$\nabla f(0, 1, 2) = (1\cdot 2\cdot e^{0\cdot 1}, 0\cdot 2\cdot e^{0\cdot 1}, e^{0\cdot 1} = (2, 0, 1)$$

이다. 따라서 함수 $f(x, y, z) = ze^{xy}$ 의 점 $(0, 1, 2)$ 에서 가장 빨리 증가하는 방향은 $(2, 0, 1)$ 이고, 최대 증가율은

$$|\nabla f(0, 1, 2)| = \sqrt{2^2 + 0^2 + 1^2} = \sqrt{5}.$$ □

4. 다음을 증명하여라.

(1) $\nabla(f + g) = \nabla f + \nabla g$ (2) $\nabla(af) = a\nabla f$ (단, a 는 상수)

(3) $\nabla(fg) = f\nabla g + g\nabla f$ (4) $\nabla(f^n) = nf^{n-1}\nabla f$ (단, n 은 자연수)

【풀이】 (1) 기울기벡터의 정의로부터

$$\nabla(f + g) = \big((f + g)_x, (f + g)_y\big) = \big(f_x + g_x, f_y + g_y\big) = \big(f_x, f_y\big) + \big(g_x, g_y\big) = \nabla f + \nabla g$$

이 성립한다.

(2) 기울기벡터의 정의로부터 상수 a에 대하여

$$\nabla(af) = \big((af)_x,\ (af)_y\big) = \big(af_x,\ af_y\big) = a\big(f_x,\ f_y\big) = a\nabla f$$

이 성립한다.

(3) 기울기벡터의 정의로부터

$$\begin{aligned}\nabla(fg) &= \big((fg)_x,\ (fg)_y\big) = \big(f_x\,g + f\,g_x,\ f_y\,g + f\,g_y\big)\\ &= \big(f_x\,g,\ f_y\,g\big) + \big(f\,g_x,\ f\,g_y\big) = g\nabla f + f\nabla g = f\nabla g + g\nabla f\end{aligned}$$

이 성립한다.

(4) 수학적 귀납법을 통하여 증명하도록 한다. 먼저, $n = 1$ 일 때

$$\text{좌변} = \nabla(f^1) = \nabla f, \qquad \text{우변} = 1 \cdot f^{1-1}\nabla f = \nabla f$$

이므로 주어진 등식이 성립한다. 또한 $n = k$ 일 때 주어진 관계식으로부터

$$\nabla(f^k) = kf^{k-1}\nabla f$$

이 성립한다고 가정하자. 그러면 $n = k + 1$ 일 때

$$\begin{aligned}\nabla(f^{k+1}) &= \nabla(f^k \cdot f) = f^k\,\nabla f + f\nabla(f^k)\\ &= f^k\,\nabla f + f(kf^{k-1}\nabla f) = (f^k + kf^k)\nabla f = (k+1)f^k\nabla f\end{aligned}$$

이다. 따라서 주어진 관계식은 모든 자연수 n에 대하여 성립한다. □

5. 벡터 $\mathbf{r} = x\mathbf{i} + y\mathbf{j}$에 대하여 $r = |\mathbf{r}| = \sqrt{x^2 + y^2}$ 이라 하자. 함수 $f(r)$ 이 미분가능일 때 다음을 증명하여라.

(1) $\nabla r = \dfrac{\mathbf{r}}{r}$ (2) $\nabla f(r) = f'(r)\nabla r = \dfrac{f'(r)}{r}\mathbf{r}$

【풀이】 (1) 함수 $r = \sqrt{x^2 + y^2}$ 에 대하여

$$\frac{\partial r}{\partial x} = \frac{1}{2\sqrt{x^2+y^2}}\frac{\partial}{\partial x}(x^2 + y^2) = \frac{1}{2\sqrt{x^2+y^2}} \cdot (2x) = \frac{x}{\sqrt{x^2+y^2}},$$

$$\frac{\partial r}{\partial y} = \frac{1}{2\sqrt{x^2+y^2}}\frac{\partial}{\partial y}(x^2+y^2) = \frac{1}{2\sqrt{x^2+y^2}} \cdot (2y) = \frac{y}{\sqrt{x^2+y^2}}$$

이다. 따라서 기울기벡터의 정의로부터

$$\nabla r = \left(\frac{\partial r}{\partial x}, \frac{\partial r}{\partial y}\right) = \left(\frac{x}{\sqrt{x^2+y^2}}, \frac{y}{\sqrt{x^2+y^2}}\right) = \frac{1}{\sqrt{x^2+y^2}}(x, y) = \frac{1}{r}(x, y) = \frac{1}{r}\mathbf{r} = \frac{\mathbf{r}}{r}.$$

(2) 주어진 관계식의 두 번째 등식은 (1)에서 이미 보였다. 따라서 관계식의 첫 번째 등식이 성립함을 보이면 충분하다. 그런데

$$\frac{\partial}{\partial x}f(r) = f'(r) \cdot \frac{\partial r}{\partial x}, \qquad \frac{\partial}{\partial y}f(r) = f'(r) \cdot \frac{\partial r}{\partial y}$$

이므로 기울기벡터의 정의로부터

$$\nabla f(r) = \left(\frac{\partial}{\partial x}f(r), \frac{\partial}{\partial y}f(r)\right) = \left(f'(r) \cdot \frac{\partial r}{\partial x}, f'(r) \cdot \frac{\partial r}{\partial y}\right) = f'(r)\left(\frac{\partial r}{\partial x}, \frac{\partial r}{\partial y}\right) = f'(r)\nabla r$$

으로 주어진 등식이 성립한다. □

6. 벡터 $\mathbf{r} = x\mathbf{i} + y\mathbf{j}$ 에 대하여 $r = |\mathbf{r}| = \sqrt{x^2+y^2}$ 이라 하자. [문제 5]의 식 (2)를 이용하여 다음을 계산하여라.

(1) $\nabla f(r)$ (단, $f(r) = re^{-3r}$) (2) $\nabla f(r)$ (단, $f(r) = 3r^2$)

【풀이】 (1) 주어진 $f(r)$에 대하여 $f'(r) = e^{-3r} + r\left(-3e^{-3r}\right) = (1-3r)e^{-3r}$ 이므로 [문제 5]의 식 (2)로부터

$$\nabla f(r) = \frac{f'(r)}{r}\mathbf{r} = \frac{(1-3r)e^{-3r}}{r}\mathbf{r} = \frac{(1-3r)e^{-3r}}{r}(x, y).$$

(2) 주어진 $f(r)$에 대하여 $f'(r) = 6r$ 이므로 [문제 5]의 식 (2)로부터

$$\nabla f(r) = \frac{f'(r)}{r}\mathbf{r} = \frac{6r}{r}\mathbf{r} = 6\,\mathbf{r} = 6(x, y)$$

이다. □

연습문제(9.7)

1. 다음 각 점 P 에서의 주어진 곡면의 접평면의 방정식을 구하여라.

(1) $f(x, y) = xy - x + y + 5,\quad P(0, 2, 7)$

(2) $f(x, y) = \sin \pi xy,\quad P(-\sqrt{2}, \sqrt{2}, 0)$

(3) $f(x, y) = (2 + x - y)^2,\quad P(2, 1, 9)$

【풀이】 (1) $f(x, y) = xy - x + y + 5$ 로부터 $f_x(0, 2) = 1,\ f_y(0, 2) = 1$ 이다. 따라서 구하는 접평면의 방정식은 정리 9.7.1 의 식 (9.47) 로부터

$$1 \cdot (x - 0) + 1 \cdot (y - 2) - (z - 7) = 0$$

이다. 이를 간단히 하면 $x + y - z + 5 = 0$ 이다.

(2) $f(x, y) = \sin \pi xy$ 로부터

$$f_x(-\sqrt{2}, \sqrt{2}) = \sqrt{2}\pi, \qquad f_y(-\sqrt{2}, \sqrt{2}) = -\sqrt{2}\pi$$

이다. 따라서 구하는 접평면의 방정식은 정리 9.7.1 의 식 (9.47) 로부터

$$\sqrt{2}\pi(x + \sqrt{2}) - \sqrt{2}\pi(y - \sqrt{2}) - (z - 0) = 0$$

이다. 이를 간단히 하면 $2\pi z - \sqrt{2}y - z + 4\pi = 0$ 이다.

(3) $f(x, y) = (2 + x - y)^2$ 로부터 $f_x(2, 1) = 6,\ f_y(2, 1) = -6$ 이다. 따라서 구하는 접평면의 방정식은 정리 9.7.1 의 식 (9.47) 로부터

$$6(x - 2) - 6(y - 1) - (z - 9) = 0$$

이다. 이를 간단히 하면 $6x - 6y - z + 3 = 0$ 이다. □

2. 다음 각 점 P 에서의 주어진 곡면의 접평면의 방정식과 법선의 방정식을 구하여라.

(1) $x^2 + y^2 + z^2 = 49,\quad P(2, 3, 6)$ (2) $xy + yz + zx = 11,\quad P(1, 2, 3)$

【풀이】 (1) $f(x, y, z) = x^2 + y^2 + z^2$ 이라고 하면

$$f_x(2, 3, 6) = 4, \quad f_y(2, 3, 6) = 6, \quad f_z(2, 3, 6) = 12$$

이다. 따라서 구하는 접평면의 방정식은 정리 9.7.1 의 식 (9.46) 으로부터

$$4(x - 2) + 6(y - 3) + 12(z - 6) = 0$$

이다. 이를 간단히 하면 $2x + 3y + 6z - 49 = 0$ 와 같다. 또한 점 $(2, 3, 6)$ 를 지나는 법선의 방정식은

$$\frac{x-2}{2} = \frac{y-3}{3} = \frac{z-6}{6}.$$

(2) $f(x, y, z) = xy + yz + zx$ 이라고 하면

$$f_x(1, 2, 3) = 5, \quad f_y(1, 2, 3) = 4, \quad f_z(1, 2, 3) = 3$$

이다. 따라서 구하는 접평면의 방정식은 정리 9.7.1 의 식 (9.46) 으로부터

$$5(x - 1) + 4(y - 2) + 3(z - 3) = 0$$

이다. 이를 간단히 하면 $5x + 4y + 3z - 22 = 0$ 와 같다. 또한 점 $(1, 2, 3)$ 를 지나는 법선의 방정식은

$$\frac{x-1}{5} = \frac{y-2}{4} = \frac{z-3}{3}$$

이다. □

3. 법선이 두 점 $P(1, -2, 1)$ 과 $Q(4, 0, -1)$ 을 지나는 직선에 평행하게 되는 곡면 $x^2 + y^2 - z^2 = 1$ 위의 점을 모두 구하여라.

【풀이】 주어진 곡면 위의 임의의 한 점을 (x_0, y_0, z_0) 라고 하고, $F(x, y, z) = x^2 + y^2 - z^2$ 이라 놓자. 그러면

$$F_x(x, y, z) = 2x, \quad F_y(x, y, z) = 2y, \quad F_z(x, y, z) = -2z$$

이므로 점 (x_0, y_0, z_0) 에서의 법선벡터는

$$\nabla F(x_0, y_0, z_0) = (2x_0, 2y_0, -2z_0)$$

이다. 그런데 벡터 $\nabla F(x_0, y_0, z_0)$ 와 $\overrightarrow{PQ} = (3, 2, -2)$ 는 서로 평행하므로

$$\nabla F(x_0, y_0, z_0) = t(3, 2, -2), \quad \text{즉} \quad (2x_0, 2y_0, -2z_0) = t(3, 2, -2)$$

을 만족하는 실수 t 가 존재한다. 따라서

$$x_0 = (3/2)t, \quad y_0 = t, \quad z_0 = t \tag{A.9.1}$$

을 얻는다. 그런데 점 (x_0, y_0, z_0) 은 주어진 곡면 위의 점이므로 $x_0^2+y_0^2-z_0^2 = 1$ 을 만족한다. 여기에 식 (A.9.1) 을 대입하면 $t = \pm 2/3$ 을 얻는다. 따라서 구하는 점은 식 (A.9.1) 로부터 $t = 2/3$ 일 때 $(1, 2/3, 2/3)$ 이고, $t = -2/3$ 일 때 $(-1, -2/3, -2/3)$ 이다. □

4. 구 $x^2 + y^2 + z^2 = 1$ 에 수직인 모든 직선들은 원점을 지나게 됨을 증명하여라.

【풀이】 주어진 구 위의 임의의 한 점을 (x_0, y_0, z_0) 라고 하고, $F(x, y, z) = x^2+y^2+z^2$ 이라 놓자. 그러면

$$F_x(x, y, z) = 2x, \quad F_y(x, y, z) = 2y, \quad F_z(x, y, z) = 2z$$

이므로

$$F_x(x_0, y_0, z_0) = 2x_0, \quad F_y(x_0, y_0, z_0) = 2y_0, \quad F_z(x_0, y_0, z_0) = 2z_0$$

이다. 따라서 구 위의 임의의 한 점 (x_0, y_0, z_0) 을 지나는 법선의 방정식은 정리 9.7.1 의 식 (9.47) 로부터

$$\frac{x - x_0}{2x_0} = \frac{y - y_0}{2y_0} = \frac{z - z_0}{2z_0}$$

이므로 임의의 실수 t 에 대하여 법선상의 임의의 점은

$$x = x_0(1 + 2t), \quad y = y_0(1 + 2t), \quad z = z_0(1 + 2t)$$

와 같이 나타낼 수 있다. 따라서 원점 $O(0, 0, 0)$ 에서 법선에 내린 수선의 발을 H 라고 하면 점 H 가 $H(x_0(1 + 2t), y_0(1 + 2t), z_0(1 + 2t))$ 이 되는 실수 t 가 존재한다. 그런데 벡터 $\overrightarrow{OH}$ 와 $\nabla F(x_0, y_0, z_0)$ 는 서로 수직이므로 $\overrightarrow{OH} \cdot \nabla F(x_0, y_0, z_0) = 0$ 로부터

$$2x_0^2(1 + 2t) + 2y_0^2(1 + 2t) + 2z_0^2(1 + 2t) = 0$$

이고, 또한 $x_0^2 + y_0^2 + z_0^2 = 1$ 이므로 $t = -1/2$ 을 얻는다. 따라서 수선의 발 H 는 $H(0, 0, 0)$ 이다. 따라서 구에 수직인 모든 직선은 원점을 지난다. □

5. 곡면 $z = x^2 - 2xy - y^2 - 8x + 4y$ 위에서 접평면이 수평인 점들을 모두 구하여라.

【풀이】 $f(x, y) = x^2 - 2xy - y^2 - 8x + 4y$ 이라고 하면

$$f_x = 2x - 2y - 8, \qquad f_y = -2x - 2y + 4$$

이다. 따라서 구하는 곡면 위의 점 (x_0, y_0, z_0) 에서 곡면에 접하는 접평면에 수직인 법선벡터는

$$(2x_0 - 2y_0 - 8,\ -2x_0 - 2y_0 + 4,\ -1)$$

이다. 그런데 이 법선벡터는 xy-평면의 벡터 $(1, 1, 0)$ 와 수직이므로

$$(2x_0 - 2y_0 - 8,\ -2x_0 - 2y_0 + 4,\ -1) \cdot (1, 1, 0) = 0$$

을 만족한다. 따라서 $y_0 = -1$ 임을 알 수 있다. 또한 법선벡터는 y-축상의 단위벡터 $(0, 0, 1)$ 와 평행이므로

$$(2x_0 - 2y_0 - 8,\ -2x_0 - 2y_0 + 4,\ -1) = t(0, 0, 1)$$

을 만족하는 실수 t 가 존재한다. 따라서 $2x_0 - 2y_0 - 8 = 0$ 에 $y_0 = -1$ 을 대입하면 $x_0 = 3$ 을 얻는다. 또한 $x_0 = 3$ 이고 $y_0 = -1$ 이므로

$$z_0 = 3^2 - 2 \cdot 3 \cdot (-1) - (-1)^2 - 8 \cdot 3 + 4 \cdot (-1) = -14$$

이다. 따라서 구하는 점은 $(3, -1, -14)$ 이다. □

6. 곡면 $x^2 + 4y + z^2 = 0$ 과 $x^2 + y^2 + z^2 - 6z + 7 = 0$ 이 점 $(0, -1, 2)$ 에서 서로 접하는 것을 밝혀라. 즉, 점 $(0, -1, 2)$ 에서 두 곡면 위의 접평면이 같다는 것을 밝혀라.

【풀이】 $f(x, y, z) = x^2 + 4y + z^2$ 이라고 하면

$$f_x(0, -1, 2) = 0, \quad f_y(0, -1, 2) = 4, \quad f_z(0, -1, 2) = 4$$

이다. 따라서 구하는 접평면의 방정식은 정리 9.7.1 의 식 (9.46) 으로부터

$$0(x - 0) + 4(y + 1) + 4(z - 2) = 0$$

이다. 이를 간단히 하면

$$y + z - 1 = 0$$

이다. 또한 $g(x, y, z) = x^2 + y^2 + z^2 - 6z$ 이라고 하면

$$g_x(0, -1, 2) = 0, \quad g_y(0, -1, 2) = -2, \quad g_z(0, -1, 2) = -2$$

이다. 따라서 구하는 접평면의 방정식은 정리 9.7.1 의 식 (9.46) 으로부터

$$0(x - 0) - 2(y + 1) - 2(z - 2) = 0$$

이다. 이를 간단히 하면

$$y + z - 1 = 0$$

이다. 따라서 두 곡면은 점 $(0, -1, 2)$ 에서 서로 접한다. □

7. 두 곡면이 교점 $P(x, y, z)$ 에서 직교한다(orthogonal)는 것은 점 P 에서의 두 곡면의 법선이 서로 직교하는 것을 의미한다. 두 곡면 $F(x, y, z) = 0$ 과 $G(x, y, z) = 0$ 이 주어졌을 때(F 와 G 가 모두 연속인 편도함수를 갖는다고 하자.) 이 점 P 에서 직교할 필요충분조건

$$F_xG_x + F_yG_y + F_zG_z = 0$$

임을 증명하여라.

【풀이】 두 곡면의 교점 $P(x, y, z)$ 에서 두 곡면이 서로 직교한다면, 교점 $P(x, y, z)$ 에서 각 곡면에 접하는 접평면에 수직인 법선벡터는 서로 수직이어야 한다. 따라서

$$\nabla F \cdot \nabla G = (F_x, F_y, F_z) \cdot (G_x, G_y, G_z) = F_xG_x + F_yG_y + F_zG_z = 0$$

이다. 역 또한 성립함을 알 수 있다. □

8. 구면 $x^2 + y^2 + z^2 = a^2$ 과 원뿔면 $x^2 + y^2 - z^2 = 0$ 은 만나는 모든 점에서 직교함을 증명하여라.

【풀이】 $F(x, y, z) = x^2 + y^2 + z^2$, $G(x, y, z) = x^2 + y^2 - z^2$ 라고 놓고, 또한 두 곡면의 교점을 (x_0, y_0, z_0) 라 하자. 그러면 점 (x_0, y_0, z_0) 에서 구면에 접하는 접평면에 수직인 법선벡터 $\nabla F(x_0, y_0, z_0) = (2x_0, 2y_0, 2z_0)$ 와 원뿔면에 접하는 접평면에 수직인 법선벡터 $\nabla G(x_0, y_0, z_0) = (2x_0, 2y_0, -2z_0)$ 에 대하여

$$\nabla F(x_0, y_0, z_0) \cdot \nabla G(x_0, y_0, z_0) = (2x_0, 2y_0, 2z_0) \cdot (2x_0, 2y_0, -2z_0) = 4(x_0^2 + y_0^2 - z_0^2)$$

이다. 그런데 점 (x_0, y_0, z_0) 은 원뿔면 $x^2 + y^2 - z^2 = 0$ 위의 점이므로 $x_0^2 + y_0^2 - z_0^2 = 0$ 이다. 따라서 $\nabla F(x_0, y_0, z_0) \cdot \nabla G(x_0, y_0, z_0) = 0$ 이 성립하므로 두 곡면은 모든 교점에서 직교한다. □

연습문제(9.8)

1. 주어진 이변수함수의 모든 임계점을 구하고, 그 점이 극대나 극소 혹은 말안장점인지를 결정하여라.

(1) $f(x, y) = x - xy + y^4 + 4$ (2) $f(x, y) = 3x^2 - 2xy + y^2 - 8y$

(3) $f(x, y) = 4xy - x^4 - y^4$ (4) $f(x, y) = x^2 + y^2 - 2x - 6y + 14$

【풀이】 (1) 주어진 이변수함수로부터

$$f_x(x, y) = 1 - y = 0, \qquad f_y(x, y) = -x + 4y^3 = 0$$

을 연립하여 풀면 $y = 1$ 일 때 $x = 4$ 이다. 따라서 유일한 임계점은 (4, 1) 이다. 다음은 $D(x, y)$ 를 구하는데 필요한 이계 편도함수들을 구하면

$$f_{xx}(x, y) = 0, \qquad f_{yy}(x, y) = 12y^2, \qquad f_{xy}(x, y) = -1$$

이므로

$$D(x, y) = f_{xx}(x, y)f_{yy}(x, y) - (f_{xy}(x, y))^2 = -1 < 0$$

이다. 따라서 임계점 (4, 1) 에서의 $D(4, 1)$ 은

$$D(4, 1) = -1 < 0$$

이다. 따라서 $D(4, 1) < 0$ 이므로 $f(4, 1)$ 는 극값이 아니고, 점 (4, 1) 은 f 의 말안장점이다.

(2) 주어진 이변수함수로부터

$$f_x(x, y) = 6x - 2y = 0, \qquad f_y(x, y) = -2x + 2y - 8 = 0$$

을 연립하여 풀면 $x = 2$ 일 때 $y = 6$ 이다. 따라서 유일한 임계점은 (2, 6) 이다. 다음은 $D(x, y)$ 를 구하는데 필요한 이계 편도함수들을 구하면

$$f_{xx}(x, y) = 6, \qquad f_{yy}(x, y) = 2, \qquad f_{xy}(x, y) = -2$$

이므로

$$D(x, y) = f_{xx}(x, y)f_{yy}(x, y) - (f_{xy}(x, y))^2 = 6 \cdot 2 - (-2)^2 = 8 > 0$$

이다. 따라서 임계점 (2, 6) 에서의 $D(2, 6)$ 은

$$D(2, 6) = 8 > 0$$

이다. 따라서 $D(2, 6) > 0$ 이고 $f_{xx}(2, 6) = 6 > 0$ 이므로 점 $(2, 6)$ 에서 함수 f 는 극솟값 $f(2, 6) = -24$ 를 갖는다.

(3) 주어진 이변수함수로부터

$$f_x(x, y) = 4y - 4x^3 = 0, \qquad f_y(x, y) = 4x - 4y^3 = 0$$

을 연립하여 풀면 임계점은 $(0, 0)$, $(-1, -1)$, $(1, 1)$ 이다. 다음은 $D(x, y)$ 를 구하는데 필요한 이계 편도함수들을 구하면

$$f_{xx}(x, y) = -12x^2, \qquad f_{yy}(x, y) = -12y^2, \qquad f_{xy}(x, y) = 4$$

이므로

$$D(x, y) = f_{xx}(x, y)f_{yy}(x, y) - (f_{xy}(x, y))^2 = 144x^2y^2 - 16$$

이다. 따라서 임계점 $(0, 0)$ 에서의 $D(0, 0)$ 은

$$D(0, 0) = -16 < 0$$

이고, 임계점 $(-1, -1)$ 에서의 $D(-1, -1)$ 은

$$D(-1, -1) = 144 - 16 = 128 > 0$$

이고, 임계점 $(1, 1)$ 에서의 $D(1, 1)$ 은

$$D(1, 1) = 144 - 16 = 128 > 0$$

이다. 따라서 $D(0, 0) < 0$ 이므로 점 $(0, 0)$ 은 f 의 말안장점이다. 한편 $D(-1, -1) > 0$ 이고 $f_{xx}(-1, -1) = -12 < 0$ 이므로 점 $(-1, -1)$ 에서 함수 f 는 극솟값을 갖는다. 또한 $D(1, 1) > 0$ 이고 $f_{xx}(1, 1) = -12 < 0$ 이므로 점 $(1, 1)$ 에서 함수 f 는 극솟값을 갖는다.

(4) 주어진 이변수함수로부터

$$f_x(x, y) = 2x - 2 = 0, \qquad f_y(x, y) = 2y - 6 = 0$$

을 연립하여 풀면 $x = 1$ 일 때 $y = 3$ 이다. 따라서 유일한 임계점은 $(1, 3)$ 이다. 다음은 $D(x, y)$ 를 구하는데 필요한 이계 편도함수들을 구하면

$$f_{xx}(x, y) = 2, \qquad f_{yy}(x, y) = 2, \qquad f_{xy}(x, y) = 0$$

이므로

$$D(x, y) = f_{xx}(x, y)f_{yy}(x, y) - \left(f_{xy}(x, y)\right)^2 = 2 \cdot 2 - 0^2 = 4 > 0$$

이다. 따라서 임계점 $(1, 3)$ 에서의 $D(1, 3)$ 은

$$D(1, 3) = 4 > 0$$

이다. 따라서 $D(1, 3) > 0$ 이고 $f_{xx}(1, 3) = 2 > 0$ 이므로 점 $(1, 3)$ 에서 함수 f 는 극솟값을 갖는다. □

2. 뚜껑이 없는 직육면체의 상자를 만드는데 부피가 $32\,\mathrm{m}^3$ 가 되게 하려 할 때 겉넓이가 최소가 되는 가로, 세로, 높이를 구하여라.

【풀이】 뚜껑이 없는 직육면체의 가로를 xm, 세로를 ym, 높이를 zm 라고 놓으면 $xyz = 32$ 이고 겉넓이 S는 $S = xy + 2yz + 2xz$ 이다. 따라서 $z = 32/xy$ 이므로

$$S = S(x, y) = xy + 2yz + 2xz = xy + 2(x + y) \cdot \frac{32}{xy} = \frac{x^2y^2 + 64(x + y)}{xy}$$

이다. 그런데

$$S_x(x, y) = y - \frac{64}{x^2} = 0, \qquad S_y(x, y) = x - \frac{64}{y^2} = 0$$

을 연립하여 풀면 $x = 4$ 일 때 $y = 4$ 이다. 따라서 유일한 임계점은 $(4, 4)$ 이다. 다음은 $D(x, y)$ 를 구하는데 필요한 이계 편도함수들을 구하면

$$S_{xx}(x, y) = \frac{128}{x^2}, \qquad S_{yy}(x, y) = \frac{128}{y^2}, \qquad S_{xy}(x, y) = 1$$

이므로

$$D(x, y) = S_{xx}(x, y)S_{yy}(x, y) - \left(S_{xy}(x, y)\right)^2 = \frac{128}{x^2} \cdot \frac{128}{y^2} - 1^2 = \frac{128^2}{x^2y^2}$$

이다. 따라서 임계점 (4, 4) 에서의 $D(4, 4)$ 은

$$D(4, 4) = 63 > 0$$

이다. 따라서 $D(4, 4) > 0$ 이고 $S_{xx}(4, 4) = 8 > 0$ 이므로 점 (4, 4) 에서 함수 $S(x, y)$ 는 극솟값을 갖는다. 따라서 겉넓이 S 가 최소가 되는 가로, 세로, 높이는 각각 $x = 4\,\mathrm{m}$, $y = 4\,\mathrm{m}$, $z = 2\,\mathrm{m}$ 이다. □

제 10 장

다중적분(연습문제 및 풀이)

연습문제(10.1)

1. 영역 $R = [a, b] \times [c, d]$ 이고 k 가 상수일 때, 이중적분 $\iint_R k\, dA$ 를 구하여라.

【풀이】 이중적분의 성질로부터

$$\iint_R k\, dA = k \iint_R dA$$

이 성립한다. 그런데 이중적분의 정의로부터 $\iint_R dA$ 는 xy-평면의 영역 R 를 밑면으로 하고 높이가 1 인 직육면체의 체적이므로

$$\iint_R k\, dA = k \iint_R dA = k(b-a)(d-c)$$

이다. □

2. 함수 $f:[0,1]\times[0,1]\to\mathbb{R}$ 을

$$f(x,y)=\begin{cases}0, & (x,y)\in[0,1]\times[0,1]\text{ 이고, } x,\ y\text{ 가 모두 유리수일 때}\\ 1, & (x,y)\in[0,1]\times[0,1]\text{ 이고, } x\text{ 또는 } y\text{ 가 무리수일 때}\end{cases}$$

와 같이 정의할 때, 함수 f 는 $[0,1]\times[0,1]$ 에서 적분가능한가?

【풀이】 집합 $P_1=\{x_0, x_1, \cdots, x_m\}$ 을 영역 R 의 x 축 구간 $[0,1]$ 의 분할이라 하고, 집합 $P_2=\{y_0, y_1, \cdots, y_n\}$ 을 y 축 구간 $[0,1]$ 의 분할이라 하자. 또한 이때

$$P=P_1\times P_2=\left\{(x_i, y_j)\mid x_i\in P_1,\ \ y_j\in P_2\right\}$$

를 영역 R 의 분할이라 하자. 이때, $1\le i\le m,\ 1\le j\le n$ 에 대하여 P_{ij} 와 A_{ij} 를 각각

$$P_{ij}=[x_{i-1},x_i]\times[y_{j-1},y_j],\qquad A_{ij}=(x_i-x_{i-1})(y_j-y_{j-1})$$

라 놓고, 또한 δ_{ij} 와 $|P|$ 를 각각

$$\delta_{ij}=P_{ij}\text{ 의 대각선의 길이},\qquad |P|=\max\{\delta_{ij}\mid 1\le i\le m,\ \ 1\le j\le n\}$$

라고 놓자. 이러한 경우에 영역 R 에서의 함수 f 의 이중 리만합은 임의의 $(\bar{x}_i, \bar{y}_j)\in P_{ij}$ 에 대하여

$$\sum_{i=1}^{m}\sum_{j=1}^{n}f(\bar{x}_i, \bar{y}_j)A_{ij}$$

이다. 이때 $(\bar{x}_i, \bar{y}_j)\in P_{ij}$ 인 $\bar{x}_i$ 와 $\bar{y}_j$ 를 주어진 구간에서 모두 임의의 유리수로 택하면 $f(\bar{x}_i, \bar{y}_j)=0$ 이므로

$$\lim_{|P|\to 0}\sum_{i=1}^{m}\sum_{j=1}^{n}f(\bar{x}_i, \bar{y}_j)A_{ij}=\lim_{|P|\to 0}\sum_{i=1}^{m}\sum_{j=1}^{n}0\cdot A_{ij}=\lim_{|P|\to 0}0=0 \tag{A.10.1}$$

이다. 반면에 $(\bar{x}_i, \bar{y}_j)\in P_{ij}$ 인 $\bar{x}_i$ 또는 $\bar{y}_j$ 중에 주어진 구간에서 적어도 하나를 무리수로 택하면 $f(\bar{x}_i, \bar{y}_j)=1$ 이므로

$$\lim_{|P|\to 0}\sum_{i=1}^{m}\sum_{j=1}^{n}f(\bar{x}_i, \bar{y}_j)A_{ij}=\lim_{|P|\to 0}\sum_{i=1}^{m}\sum_{j=1}^{n}1\cdot A_{ij}=\lim_{|P|\to 0}\sum_{i=1}^{m}\sum_{j=1}^{n}A_{ij}=\lim_{|P|\to 0}R=R \tag{A.10.2}$$

이다. 그러므로 식 (A.10.1) 과 (A.10.2) 로부터 이중 리만합의 극한은 정의되지 않는다. 따라서 주어진 함수 f 는 영역 R 에서 적분불가능하다. □

연습문제(10.2)

1. 직사각형 영역 $R = [-3, 2] \times [0, 1]$ 위에서 정의된 연속함수 $f(x, y) = xy^2$ 의 이중적분의 값을 구하여라.

【풀이】 직사각형 영역 $R = [-3, 2] \times [0, 1]$ 위에서 정의된 연속함수 $f(x, y) = xy^2$ 의 이중적분의 값은 적분순서에 관계없이 부정적분의 형태를 쉽게 얻을 수 있다. 따라서 주어진 이중적분은 다음과 같이 두 가지 방법으로 풀 수 있다.

(i) [방법 1] 변수 x를 먼저 고정시켜 풀 때

$$\iint_R f(x, y)\, dA = \int_{-3}^{2} \int_{0}^{1} xy^2\, dy\, dx = \int_{-3}^{2} \left(\left[\frac{1}{3} xy^3 \right]_{y=0}^{y=1} \right) dx = \frac{1}{3} \int_{-3}^{2} x\, dx = -\frac{5}{6}$$

이다.

(ii) [방법 2] 변수 y를 먼저 고정시켜 풀 때

$$\iint_R f(x, y)\, dA = \int_{0}^{1} \int_{-3}^{2} xy^2\, dx\, dy = \int_{0}^{1} \left(\left[\frac{1}{2} x^2 y^2 \right]_{x=-3}^{x=2} \right) dy = -\frac{5}{2} \int_{0}^{1} y^2\, dy = -\frac{5}{6}$$

이다. □

2. 다음 반복적분의 값을 구하여라.

(1) $\displaystyle\int_0^1 \int_0^1 \frac{x}{(xy+1)^2}\, dy\, dx$ (2) $\displaystyle\int_0^{\ln 2} \int_0^1 xye^{y^2 x}\, dy\, dx$

(3) $\displaystyle\int_{\sqrt{\pi}}^{\sqrt{2\pi}} \int_0^{x^3} \sin\frac{y}{x}\, dy\, dx$ (4) $\displaystyle\int_0^1 \int_0^x e^{x^2}\, dy\, dx$

【풀이】 (1) 안쪽의 적분을 위하여 $u = xy + 1$ 로 놓으면 $du = x\,dy$ 이고, $y = 0$ 일 때 $u = 1$, $y = 1$ 일 때 $u = x + 1$ 이다. 따라서

$$\int_0^1 \int_0^1 \frac{x}{(xy+1)^2}\,dy\,dx = \int_0^1 \left(\int_1^{x+1} \frac{1}{u^2}\,du\right)dx = \int_0^1 \left(\left[-\frac{1}{u}\right]_1^{x+1}\right)dx = \int_0^1 \left(1 - \frac{1}{x+1}\right)dx$$

$$= [x - \ln(x+1)]_0^1 = (1-0) - (\ln 2 - \ln 1) = 1 - \ln 2$$

이다.

(2) 안쪽의 적분을 위하여 $u = xy^2$ 로 놓으면 $du = 2xy\,dy$ 이고, $y = 0$ 일 때 $u = 0$, $y = 1$ 일 때 $u = x$ 이다. 따라서

$$\int_0^{\ln 2} \int_0^1 xye^{y^2 x}\,dy\,dx = \int_0^{\ln 2} \left(\frac{1}{2}\int_0^x e^u\,du\right)dx = \int_0^{\ln 2} \left(\frac{1}{2}\,[e^u]_0^x\right)dx = \frac{1}{2}\int_0^{\ln 2} (e^x - 1)\,dx$$

$$= \frac{1}{2}\,[e^x - x]_0^{\ln 2} = \frac{1}{2}\left((e^{\ln 2} - e^0) - (\ln 2 - 0)\right) = \frac{1}{2}(1 - \ln 2)$$

이다.

(3) 주어진 반복적분은

$$\int_{\sqrt{\pi}}^{\sqrt{2\pi}} \int_0^{x^3} \sin\frac{y}{x}\,dy\,dx = \int_{\sqrt{\pi}}^{\sqrt{2\pi}} \left(\left[-x\cos\frac{y}{x}\right]_{y=0}^{y=x^3}\right)dx = \int_{\sqrt{\pi}}^{\sqrt{2\pi}} -x\left(\cos\frac{x^3}{x} - \cos\frac{0}{x}\right)dx$$

$$= \int_{\sqrt{\pi}}^{\sqrt{2\pi}} (x - x\cos x^2)\,dx$$

$$= \int_{\sqrt{\pi}}^{\sqrt{2\pi}} x\,dx - \int_{\sqrt{\pi}}^{\sqrt{2\pi}} x\cos x^2\,dx \qquad \text{(A.10.3)}$$

이다. 위의 등식 (A.10.3) 의 마지막 우변의 첫 번째 적분은

$$\int_{\sqrt{\pi}}^{\sqrt{2\pi}} x\,dx = \left[\frac{1}{2}x^2\right]_{\sqrt{\pi}}^{\sqrt{2\pi}} = \frac{1}{2}(2\pi - \pi) = \frac{\pi}{2} \qquad \text{(A.10.4)}$$

이다. 또한 등식 (A.10.3) 의 마지막 우변의 두 번째 적분을 위하여 $u = x^2$ 로 놓으면 $du = 2x\,dx$ 이고, $x = \sqrt{\pi}$ 일 때 $u = \pi$ 이며, $x = \sqrt{2\pi}$ 일 때 $u = 2\pi$ 이다. 따라서

$$\int_{\sqrt{\pi}}^{\sqrt{2\pi}} x\cos x^2\,dx = \frac{1}{2}\int_{\pi}^{2\pi} \cos u\,du = \frac{1}{2}\,[\sin u]_{\pi}^{2\pi} = \frac{1}{2}(\sin 2\pi - \sin \pi) = 0 \qquad \text{(A.10.5)}$$

이다. 따라서 식 (A.10.4) 와 (A.10.5) 를 식 (A.10.3) 에 적용하면 구하는 반복적분의 연산 결과는

$$\int_{\sqrt{\pi}}^{\sqrt{2\pi}} \int_0^{x^3} \sin\frac{y}{x}\,dy\,dx = \int_{\sqrt{\pi}}^{\sqrt{2\pi}} x\,dx - \int_{\sqrt{\pi}}^{\sqrt{2\pi}} x\cos x^2\,dx = \frac{\pi}{2} - 0 = \frac{\pi}{2}$$

이다.

(4) 우선 안쪽의 적분을 실행하면

$$\int_0^1 \int_0^x e^{x^2}\,dy\,dx = \int_0^1 \left(\left[ye^{x^2}\right]_{y=0}^{y=x}\right)dx = \int_0^1 xe^{x^2}\,dx$$

이다. 위의 등식의 마지막 우변의 적분을 위하여 $u = x^2$ 로 놓으면 $du = 2x\,dx$ 이고, $x = 0$ 일 때 $u = 0$, $x = 1$ 일 때 $u = 1$ 이다. 따라서 구하는 반복적분의 연산 결과는

$$\int_0^1 \int_0^x e^{x^2}\,dy\,dx = \int_0^1 xe^{x^2}\,dx = \frac{1}{2}\int_0^1 e^u\,du = \frac{1}{2}\,[e^u]_0^1 = \frac{1}{2}(e-1)$$

이다. □

3. 세 직선 $y = -x + 1$, $y = x + 1$, $y = 3$ 로 둘러싸인 삼각형의 영역을 R 이라고 할 때 R 에서 정의된 함수 $f(x, y) = 2x - y^2$ 의 이중적분

$$\iint_R (2x - y^2)\,dx\,dy$$

를 계산하여라.

【풀이】 주어진 피적분함수 $f(x, y) = 2x - y^2$ 는 x 와 y 에 관한 다항식으로 적분순서에 관계없이 부정적분의 형태를 쉽게 얻을 수 있다. 따라서 주어진 이중적분은 다음과 같이 두 가지 방법으로 풀 수 있다.

(i) [방법 1] 변수 y 를 먼저 고정시켜 풀 때

$$\iint_A f(x, y)\,dx\,dy = \int_1^3 \int_{1-y}^{y-1} (2x - y^2)\,dx\,dy = \int_1^3 \left(\left[x^2 - xy^2\right]_{x=1-y}^{x=y-1}\right)dy$$

$$= \int_1^3 \Big(\big((y-1)^2 - (1-y)^2\big) - \big((y-1)y^2 - (1-y)y^2\big)\Big)\,dy$$

$$= \int_1^3 \left(-2y^3 + 2y^2\right) dy = \left[-\frac{1}{2}y^4 + \frac{2}{3}y^3\right]_1^3 = -\frac{68}{3}$$

이다.

(ii) [방법 2] 변수 x를 먼저 고정시켜 풀 때

$$\iint_A f(x, y)\, dx\, dy = \int_{-2}^{0}\int_{1-x}^{3} (2x - y^2)\, dy\, dx + \int_0^2 \int_{x+1}^{3} (2x - y^2)\, dy\, dx \qquad \text{(A.10.6)}$$

이다. 따라서 등식 (A.10.6) 의 우변의 첫 번째 적분 결과는

$$\int_{-2}^{0}\int_{1-x}^{3} (2x - y^2)\, dy\, dx = \int_{-2}^{0} \left(\left[2xy - \frac{1}{3}y^3\right]_{y=1-x}^{y=3}\right) dx$$

$$= \int_{-2}^{0} \left(-\frac{1}{3}x^3 + 3x^2 + 3x - \frac{26}{3}\right) dx$$

$$= \left[-\frac{1}{12}x^4 + x^3 + \frac{3}{2}x^2 - \frac{26}{3}x\right]_{-2}^{0} = -14 \qquad \text{(A.10.7)}$$

이고, 등식 (A.10.6) 의 우변의 두 번째 적분 결과는

$$\int_0^2 \int_{x+1}^{3} (2x - y^2)\, dy\, dx = \int_0^2 \left(\left[2xy - \frac{1}{3}y^3\right]_{y=x+1}^{y=3}\right) dx = \int_0^2 \left(\frac{1}{3}x^3 - x^2 + 5x - \frac{26}{3}\right) dx$$

$$= \left[\frac{1}{12}x^4 - \frac{1}{3}x^3 + \frac{5}{2}x^2 - \frac{26}{3}x\right]_0^2 = 10 - \frac{56}{3} \qquad \text{(A.10.8)}$$

이다. 따라서 식 (A.10.7) 과 (A.10.8) 의 연산 결과를 식 (A.10.6)에 대입하면

$$\iint_A f(x, y)\, dx\, dy = \int_{-2}^{0}\int_{1-x}^{3} (2x - y^2)\, dy\, dx + \int_0^2 \int_{x+1}^{3} (2x - y^2)\, dy\, dx$$

$$= -14 + 10 - \frac{56}{3} = -\frac{68}{3}$$

이다.

[참 고] 위의 연산 결과를 비교해 볼 때, 주어진 경우의 이중적분은 두 가지 경우의 풀이 방법이 모두 가능하지만, 첫 번째 방법에 의한 풀이 방법이 보다 간단함을 알 수 있다. 따라서 두 가지 경우의 풀이 방법이 가능한 경우에도 주어진 문제에 따라 적분순서를 적절히 선택하는 것이 중요할 수 있다. □

4. 반복적분

$$\int_0^4 \int_{\sqrt{y}}^2 e^{x^3}\, dx\, dy$$

를 구하여라.

【풀이】 주어진 반복적분의 적분영역은 직선 $x = 2$, $y = 0$ 와 곡선 $y = x^2$ 으로 둘러싸인 부분이다. 그런데 이를 풀기 위해서는 먼저 안쪽의 정적분과 관련한 부정적분

$$\int e^{x^3}\, dx$$

을 풀어야 한다. 그러나 이 부정적분은 기본함수(elementary function)나 또는 그들의 유한한 조합으로는 나타낼 수 없다는 사실이 알려져 있다. 이런 형태의 부정적분에는

$$\int e^{x^n}\, dx \quad (n \geq 2), \qquad \int \sin x^2\, dx, \qquad \int \sqrt{1 + x^4}\, dx, \qquad \int \frac{e^x}{x}\, dx,$$

$$\int e^{e^x}\, dx, \qquad \int \frac{1}{\ln x}\, dx, \qquad \int \ln(\ln x)\, dx, \qquad \int \frac{\sin x}{x}\, dx$$

와 같은 것들이 있다. 이러한 적분을 비기본함수의 적분(nonelementary integral) 이라고 한다. 이러한 비기본함수의 적분을 풀기 위해서는 무한급수(infinite series)나 수치해법(numerical method)을 사용하여야 한다. 그러나 주어진 문제의 경우처럼 반복적분의 경우라면 적분순서를 바꾸어 풀면 이러한 문제가 해결될 수 있는 경우도 있다. 이를 위하여 x 의 변역을 먼저 고정시키면, 변역 x 의 범위는 $[0, 2]$ 이고, 또한 $[0, 2]$ 에 있는 임의의 x 에 대응하는 y 의 변역을 x 에 관한 함수로 나타내면 $[0, x^2]$ 이다. 따라서 주어진 반복적분의 적분순서를 바꾸어 풀면

$$\int_0^4 \int_{\sqrt{y}}^2 e^{x^3}\, dx\, dy = \int_0^2 \int_0^{x^2} e^{x^3}\, dy\, dx = \int_0^2 \left(e^{x^3} [y]_0^{x^2}\right) dx = \int_0^2 x^2 e^{x^3}\, dx$$

이다. 위 식의 마지막 우변의 적분을 풀기 위하여 $u = x^3$ 로 놓으면 $du = 3x^2\, dx$ 이고, 또한 $x = 0$ 일 때 $u = 0$ 이며, $x = 2$ 일 때 $u = 8$ 이다. 따라서

$$\int_0^4 \int_{\sqrt{y}}^2 e^{x^3}\, dx\, dy = \int_0^2 x^2 e^{x^3}\, dx = \frac{1}{3} \int_0^8 e^u\, du = \frac{1}{3} [e^u]_0^8 = \frac{1}{3}(e^8 - 1)$$

이다. □

5. 다음 반복적분의 순서를 바꾸어 표시하여라.

(1) $\int_0^2 \int_1^{e^y} f(x, y)\, dx\, dy$ (2) $\int_1^e \int_0^{\ln y} f(x, y)\, dx\, dy$

(3) $\int_0^1 \int_{\sin^{-1} y}^{\frac{\pi}{2}} f(x, y)\, dx\, dy$ (4) $\int_0^2 \int_0^{\sqrt{x}} f(x, y)\, dy\, dx$

【풀이】 (1) 주어진 반복적분의 적분영역은 직선 $x = 1$, $y = 2$와 곡선 $y = \ln x$로 둘러싸인 부분이다. 주어진 적분순서를 바꾸기 위하여 변수 x를 먼저 고정시키면, 변수 x의 범위는 $[1, e^2]$이고, 또한 $[1, e^2]$에 있는 임의의 x에 대응하는 y의 정의역을 x에 관한 함수로 나타내면 $[\ln x, 2]$이다. 따라서 주어진 반복적분의 순서를 바꾸어 나타내면

$$\int_0^2 \int_1^{e^y} f(x, y)\, dx\, dy = \int_1^{e^2} \int_{\ln x}^2 f(x, y)\, dy\, dx$$

이다.

(2) 주어진 반복적분의 적분영역은 직선 $x = 0$, $y = e$와 곡선 $y = e^x$로 둘러싸인 부분이다. 주어진 적분순서를 바꾸기 위하여 변수 x를 먼저 고정시키면, 변수 x의 범위는 $[0, 1]$이고, 또한 $[0, 1]$에 있는 임의의 x에 대응하는 y의 정의역을 x에 관한 함수로 나타내면 $[e^x, e]$이다. 따라서 주어진 반복적분의 순서를 바꾸어 나타내면

$$\int_1^e \int_0^{\ln y} f(x, y)\, dx\, dy = \int_0^1 \int_{e^x}^e f(x, y)\, dy\, dx$$

이다.

(3) 주어진 반복적분의 적분영역은 직선 $x = \pi/2$, $y = 0$와 곡선 $y = \sin x$로 둘러싸인 부분이다. 주어진 적분순서를 바꾸기 위하여 변수 x를 먼저 고정시키면, 변수 x의 범위는 $[0, \pi/2]$이고, 또한 $[0, \pi/2]$에 있는 임의의 x에 대응하는 y의 정의역을 x에 관한 함수로 나타내면 $[0, \sin x]$이다. 따라서 주어진 반복적분의 순서를 바꾸어 나타내면

$$\int_0^1 \int_{\sin^{-1} y}^{\frac{\pi}{2}} f(x, y)\, dx\, dy = \int_0^{\frac{\pi}{2}} \int_0^{\sin x} f(x, y)\, dy\, dx$$

이다.

(4) 주어진 반복적분의 적분영역은 직선 $x = 2$, $y = 0$ 와 곡선 $y = \sqrt{x}$ 로 둘러싸인 부분이다. 주어진 적분순서를 바꾸기 위하여 변수 y를 먼저 고정시키면, 변수 y의 범위는 $[0, \sqrt{2}]$ 이고, 또한 $[0, \sqrt{2}]$ 에 있는 임의의 y에 대응하는 x의 정의역을 y에 관한 함수로 나타내면 $[y^2, 2]$ 이다. 따라서 주어진 반복적분의 순서를 바꾸어 나타내면

$$\int_0^2 \int_0^{\sqrt{x}} f(x, y)\, dy\, dx = \int_0^{\sqrt{2}} \int_{y^2}^2 f(x, y)\, dx\, dy$$

이다. □

6. 이중적분을 이용하여 원기둥 $x^2 + y^2 = 9$ 와 평면 $z = 0$, $z = 3 - x$ 로 둘러싸인 입체의 부피를 구하여라.

【풀이】 구하는 입체의 체적을 V 로 놓으면

$$V = \int_{-3}^3 \int_{-\sqrt{9-x^2}}^{\sqrt{9-x^2}} (3 - x)\, dy\, dx = \int_{-3}^3 \left((3 - x)\, [y]_{-\sqrt{9-x^2}}^{\sqrt{9-x^2}} \right) dx$$

$$= \int_{-3}^3 2(3 - x)\sqrt{9 - x^2}\, dx \tag{A.10.9}$$

이다. 식 (A.10.9) 의 마지막 우변의 적분을 풀기 위하여 $x = 3\sin\theta$ $(-\pi/2 \le \theta \le \pi/2)$ 로 놓으면 $dx = 3\cos\theta\, d\theta$ 이고, $x = -3$ 일 때 $\theta = -\pi/2$, $x = 3$ 일 때 $\theta = \pi/2$ 이다. 따라서

$$V = \int_{-3}^3 2(3 - x)\sqrt{9 - x^2}\, dx = \int_{-\frac{\pi}{2}}^{\frac{\pi}{2}} 2 \cdot 3(1 - \sin\theta) \cdot (3\cos\theta) \cdot (3\cos\theta)\, d\theta$$

$$= 54 \int_{-\frac{\pi}{2}}^{\frac{\pi}{2}} (1 - \sin\theta)\cos^2\theta\, d\theta = 54 \left(\int_{-\frac{\pi}{2}}^{\frac{\pi}{2}} \cos^2\theta\, d\theta - \int_{-\frac{\pi}{2}}^{\frac{\pi}{2}} \sin\theta\cos^2\theta\, d\theta \right) \tag{A.10.10}$$

이다. 여기서 식 (A.10.10) 의 마지막 우변의 첫 번째 적분 결과는

$$\int_{-\frac{\pi}{2}}^{\frac{\pi}{2}} \cos^2\theta\, d\theta = \frac{1}{2} \int_{-\frac{\pi}{2}}^{\frac{\pi}{2}} (1 + \cos 2\theta)\, d\theta = \frac{1}{2} \left[\theta + \frac{1}{2}\sin 2\theta \right]_{-\frac{\pi}{2}}^{\frac{\pi}{2}} = \frac{\pi}{2} \tag{A.10.11}$$

이고, 또한 두 번째 적분을 풀기 위하여 $u = \cos\theta$ 로 놓으면 $du = \sin\theta\, d\theta$ 이고, $\theta = -\pi/2$ 일 때 $u = 0$, $\theta = \pi/2$ 일 때 $u = 0$ 이므로 적분 결과는

$$\int_{-\frac{\pi}{2}}^{\frac{\pi}{2}} \sin\theta\cos^2\theta\, d\theta = -\int_0^0 u^2\, du = 0 \tag{A.10.12}$$

이다. 따라서 식 (A.10.11) 과 (A.10.12) 의 연산 결과를 식 (A.10.10) 에 대입하면, 구하는 입체의 체적 V 는

$$V = 54\left(\int_{-\frac{\pi}{2}}^{\frac{\pi}{2}} \cos^2\theta\, d\theta \;-\; \int_{-\frac{\pi}{2}}^{\frac{\pi}{2}} \sin\theta\cos^2\theta\, d\theta\right) = 54\left(\frac{\pi}{2} - 0\right) = 27\pi$$

이다. □

7. 포물면 $z = 9x^2 + y^2$ 의 아래쪽, 평면 $z = 0$ 의 위쪽, 옆으로는 평면 $x = 0,\ y = 0,\ x = 3,$ $y = 2$ 로 둘러싸인 입체의 부피를 구하여라.

【풀이】 구하는 입체의 체적을 V 로 놓으면 연산 결과는 다음과 같다.

$$V \;=\; \int_0^3 \int_0^2 (9x^2 + y^2)\, dy\, dx \;=\; \int_0^3 \left(18x^2 + \frac{8}{3}\right) dx \;=\; \left[6x^3 + \frac{8}{3}\,x\right]_0^3 = 170.$$ □

8. 삼중적분을 이용하여 원기둥 $x^2 + y^2 = 9$ 와 두 평면 $z = 1,\ x + z = 5$ 로 둘러싸인 입체의 부피를 구하여라.

【풀이】 구하는 입체의 체적을 V 로 놓으면

$$V = \int_{-3}^{3} \int_{-\sqrt{9-x^2}}^{\sqrt{9-x^2}} \int_{1}^{5-x} dz\, dy\, dx \;=\; \int_{-3}^{3} \int_{-\sqrt{9-x^2}}^{\sqrt{9-x^2}} \left([z]_1^{5-x}\right) dy\, dx$$

$$= \int_{-3}^{3} \int_{-\sqrt{9-x^2}}^{\sqrt{9-x^2}} (4 - x)\, dy\, dx \;=\; \int_{-3}^{3} \left((4 - x)\,[y]_{-\sqrt{9-x^2}}^{\sqrt{9-x^2}}\right) dx = 2\int_{-3}^{3} (4 - x)\sqrt{9 - x^2}\, dx$$

이다. 마지막 우변의 적분을 풀기 위하여 $x = 3\sin\theta$ $(-\pi/2 \le \theta \le \pi/2)$ 로 놓으면 $dx = 3\cos\theta\, d\theta$ 이고, $x = -3$ 일 때 $\theta = -\pi/2$, $x = 3$ 일 때 $\theta = \pi/2$ 이다. 따라서

$$V = 2\int_{-3}^{3} (4 - x)\sqrt{9 - x^2}\, dx = 2\int_{-\frac{\pi}{2}}^{\frac{\pi}{2}} (4 - 3\sin\theta)\cdot(3\cos\theta)\cdot(3\cos\theta)\, d\theta$$

$$= 18\left(4\int_{-\frac{\pi}{2}}^{\frac{\pi}{2}} \cos^2\theta\, d\theta - 3\int_{-\frac{\pi}{2}}^{\frac{\pi}{2}} \sin\theta\cos^2\theta\, d\theta\right) = 18(2\pi + 0) = 36\pi$$

이다. 마지막 적분의 결과는 [문제 6] 에서 이미 다루었던 형태이므로 자세한 풀이는 [문제 6] 을 참고하기 바란다. □

연습문제(10.3)

1. 변환 $u = x - y,\ v = 2x + y$ 를 풀어서, x 와 y 를 u, v 로 표시하고, 야코비안

$$\frac{\partial(x, y)}{\partial(u, v)}$$

를 구하여라.

【풀이】 x, y 를 u, v 로 나타내면 $x = (u + v)/3,\ y = (-2u + v)/3$ 이다. 따라서 구하는 야코비안 $\partial(x, y)/\partial(u, v)$ 는 다음과 같다.

$$J(u, v) = \frac{\partial(x, y)}{\partial(u, v)} = \begin{vmatrix} \frac{\partial x}{\partial u} & \frac{\partial x}{\partial v} \\ \frac{\partial y}{\partial u} & \frac{\partial y}{\partial v} \end{vmatrix} = \begin{vmatrix} \frac{1}{3} & \frac{1}{3} \\ -\frac{2}{3} & \frac{1}{3} \end{vmatrix} = \frac{1}{3} \cdot \frac{1}{3} - \frac{1}{3} \cdot \left(-\frac{2}{3}\right) = \frac{3}{9} = \frac{1}{3}$$ □

2. 이중적분을 이용하여 극방정식 $r = \sin 3\theta$ 의 그래프에 의해 둘러싸인 영역의 넓이를 구하여라.

【풀이】 주어진 극방정식 $r = \sin 3\theta$ 의 그래프는 3 개의 꽃잎 모양을 갖는다(243쪽, 그림 7.16 참조). 따라서 구하는 면적을 A 라고 놓으면, 그래프의 대칭성에 의해 극좌표상의 영역 $R = \{(r, \theta) \mid 0 \le \theta \le \pi/6,\ \ 0 \le r \le \sin 3\theta\}$ 에서의 이중적분 결과를 6 배하면 얻어진다. 따라서

$$\begin{aligned} A &= 6 \iint_R r\, dr\, d\theta = 6 \int_0^{\pi/6} \int_0^{\sin 3\theta} r\, dr\, d\theta = 6 \int_0^{\pi/6} \left(\left[\frac{1}{2} r^2 \right]_0^{\sin 3\theta} \right) d\theta \\ &= 6 \int_0^{\pi/6} \frac{1}{2} \sin^2 3\theta\, d\theta = 3 \int_0^{\pi/6} \sin^2 3\theta\, d\theta = \frac{3}{2} \int_0^{\pi/6} (1 - \cos 6\theta)\, d\theta = \frac{\pi}{4} \end{aligned}$$

이다. □

3. 포물면 $z = x^2 + y^2$ 과 평면 $z = 4$ 로 둘러싸인 입체의 부피를 구하여라.

【풀이】 구하는 부피 V 는 밑면의 반지름이 2 이고 높이가 4 인 원기둥의 부피에서 포물면 $z = x^2 + y^2$ 아래의 부피를 빼면 된다. 따라서 연산 결과는 다음과 같다.

$$V = \pi \cdot 2^2 \cdot 4 - \iint_{x^2+y^2 \le 4} (x^2 + y^2)\, dx\, dy = 16\pi - \int_0^{2\pi} \int_0^2 r^2 \cdot r\, dr\, d\theta = 16\pi - 8\pi = 8\pi$$ □

4. 극방정식 $r = 1 - \cos\theta$의 그래프에 의해 둘러싸인 영역에서 $f(x, y) = xy$의 이중적분을 구하여라.

【풀이】 주어진 극방정식의 그래프는 심장형의 그래프이다(242쪽, 그림 7.14 참조). 따라서 적분영역을 R이라고 놓으면 $R = \{(r, \theta) \mid 0 \le \theta \le 2\pi,\ \ 0 \le r \le 1 - \cos\theta\}$ 이므로, 구하는 이중적분의 연산 결과는 다음과 같다.

$$\iint_R f(x, y)\, dx\, dy = \int_0^{2\pi} \int_0^{1-\cos\theta} (r^2 \sin\theta\cos\theta) r\, dr\, d\theta = 0$$

□

5. 다음 주어진 직교좌표계에서의 반복적분을 극좌표계에서의 반복적분으로 바꾸어 계산하여라.

(1) $\displaystyle\int_0^1 \int_0^{\sqrt{1-x^2}} (x^2 + y^2)\, dy\, dx$ (2) $\displaystyle\int_{-2}^{2} \int_{-\sqrt{4-y^2}}^{\sqrt{4-y^2}} e^{-(x^2+y^2)}\, dx\, dy$

(3) $\displaystyle\int_0^a \int_0^{\sqrt{a^2-x^2}} \frac{1}{(1 + x^2 + y^2)^{3/2}}\, dy\, dx \quad (a > 0)$ (4) $\displaystyle\int_0^{\sqrt{2}} \int_y^{\sqrt{4-y^2}} \frac{1}{\sqrt{1 + x^2 + y^2}}\, dx\, dy$

【풀이】 (1) 주어진 반복적분에 대한 직교좌표상의 적분영역은 $\{(x, y) \mid 0 \le x \le 1,\ \ 0 \le y \le \sqrt{1 - x^2}\}$ 이다. 따라서 이를 극좌표로 바꾸면 $\{(r, \theta) \mid 0 \le \theta \le \pi/2,\ \ 0 \le r \le 1\}$ 이다. 따라서 구하는 적분은

$$\int_0^1 \int_0^{\sqrt{1-x^2}} (x^2 + y^2)\, dy\, dx = \int_0^{\pi/2} \int_0^1 r^2 \cdot r\, dr\, d\theta = \int_0^{\pi/2} \frac{1}{4}\, d\theta = \frac{\pi}{8}$$

이다.

(2) 주어진 반복적분에 대한 직교좌표상의 적분영역은

$$\{(x, y) \mid -2 \le y \le 2,\ \ -\sqrt{4 - y^2} \le x \le \sqrt{4 - y^2}\,\}$$

이다. 따라서 이를 극좌표로 바꾸면 $\{(r, \theta) \mid 0 \le \theta \le 2\pi,\ \ 0 \le r \le 2\}$ 이다. 따라서 구하는 적분은 다음과 같다.

$$\int_{-2}^{2} \int_{-\sqrt{4-y^2}}^{\sqrt{4-y^2}} e^{-(x^2+y^2)}\, dx\, dy = \int_0^{2\pi} \int_0^2 e^{-r^2} \cdot r\, dr\, d\theta = \int_0^{2\pi} \frac{1}{2}(1 - e^{-4})\, d\theta = (1 - e^{-4})\pi$$

(3) 주어진 반복적분에 대한 직교좌표상의 적분영역은 $\{(x, y) \mid 0 \le x \le a,\ 0 \le y \le \sqrt{a^2 - x^2}\}$ 이다. 따라서 이를 극좌표로 바꾸면 $\{(r, \theta) \mid 0 \le \theta \le \pi/2,\ 0 \le r \le a\}$ 이다. 따라서 구하는 적분은 다음과 같다.

$$\begin{aligned}\int_0^a \int_0^{\sqrt{a^2-x^2}} \frac{1}{(1 + x^2 + y^2)^{3/2}}\, dy\, dx &= \int_0^{\pi/2} \int_0^a \frac{1}{(1 + r^2)^{\frac{3}{2}}} \cdot r\, dr\, d\theta \\ &= \int_0^{\pi/2} \left(1 - \frac{1}{\sqrt{1 + a^2}}\right) d\theta \\ &= \left(1 - \frac{1}{\sqrt{1 + a^2}}\right) \int_0^{\pi/2} d\theta = \frac{\pi}{2}\left(1 - \frac{1}{\sqrt{1 + a^2}}\right)\end{aligned}$$

(4) 주어진 반복적분에 대한 직교좌표상의 적분영역은 $\{(x, y) \mid 0 \le y \le \sqrt{2},\ y \le x \le \sqrt{4 - y^2}\}$ 이다. 따라서 이를 극좌표로 바꾸면 $\{(r, \theta) \mid 0 \le \theta \le \pi/4,\ 0 \le r \le 2\}$ 이다. 따라서 구하는 적분은

$$\begin{aligned}\int_0^{\sqrt{2}} \int_y^{\sqrt{4-y^2}} \frac{1}{\sqrt{1 + x^2 + y^2}}\, dx\, dy &= \int_0^{\pi/4} \int_0^2 \frac{1}{\sqrt{1 + r^2}} \cdot r\, dr\, d\theta \\ &= \int_0^{\pi/4} (\sqrt{5} - 1)\, d\theta = \frac{\pi}{4}(\sqrt{5} - 1)\end{aligned}$$

이다. □

6. 영역 R이 네 직선 $x - 2y = 1$, $x - 2y = 4$, $2x + y = 1$, $2x + y = 3$ 으로 둘러싸인 사각형일 때, 다음 이중적분을 변환 $u = x - 2y$, $v = 2x + y$를 이용하여 계산하여라.

$$\iint_R \frac{x - 2y}{2x + y}\, dx\, dy$$

【풀이】 영역 R을 결정하는 네 개의 직선

① $x - 2y = 1$, ② $x - 2y = 4$, ③ $2x + y = 1$, ④ $2x + y = 3$

으로 둘러싸인 영역에 대하여 ① 과 ④ 의 교점을 A, ② 와 ④ 의 교점을 B, ② 와 ③ 의 교점을 C, ① 과 ③ 의 교점을 D 라고 놓으면 xy-평면상의 각 점의 좌표는

$A(7/5,\ 1/5)$, $B(2,\ -1)$, $C(6/5,\ -7/5)$, $D(3/5,\ -1/5)$

이고, 주어진 변환 $u = x - 2y$, $v = 2x + y$ 에 의한 새로운 좌표평면을 uv-평면이라 할 때 각각의 대응점은

$$A'(1, 3), \qquad B'(4, 3), \qquad C'(4, 1), \qquad D'(1, 1)$$

이다. 따라서 xy-평면의 적분 영역 R에 대응하는 uv-평면의 영역을 G라고 놓으면

$$G = \{(u, v) \mid 1 \le u \le 4, \ \ 1 \le v \le 3\}$$

이다. 또한 변환 $u = x - 2y$, $v = 2x + y$ 으로부터 $x = (u + 2v)/5$, $y = (-2u + v)/5$ 이고, 야코비안 $J(u, v)$ 는

$$J(u, v) = \frac{\partial(x, y)}{\partial(u, v)} = \begin{vmatrix} \frac{\partial x}{\partial u} & \frac{\partial x}{\partial v} \\ \frac{\partial y}{\partial u} & \frac{\partial y}{\partial v} \end{vmatrix} = \begin{vmatrix} \frac{1}{5} & \frac{2}{5} \\ -\frac{2}{5} & \frac{1}{5} \end{vmatrix} = \frac{1}{25} + \cdot\frac{4}{25} = \frac{1}{5}$$

이다. 따라서 구하는 적분은

$$\iint_R \frac{x - 2y}{2x + y}\, dx\, dy = \int_1^3 \int_1^4 \frac{\frac{u+2v}{5} - 2\frac{-2u+v}{5}}{2\frac{u+2v}{5} + \frac{-2u+v}{5}}\, |J(u, v)|\, du\, dv$$

$$= \frac{1}{5}\int_1^3 \int_1^4 \frac{u}{v}\, du\, dv = \frac{1}{5}\cdot\frac{15}{2}\int_1^3 \frac{1}{v}\, dv = \frac{3}{2}\ln 3$$

이다. □

7. 영역 R이 꼭짓점 $A(0, 0)$, $B(2, 0)$, $C(1, 1)$로 이루어진 삼각형일 때, 다음 이중적분을 변환 $u = (x + y)/2$, $v = (x - y)/2$ 를 이용하여 계산하여라.

$$\iint_R \sin\frac{1}{2}(x + y)\cos\frac{1}{2}(x - y)\, dx\, dy$$

【풀이】 xy-평면상의 주어진 꼭짓점 $A(0, 0)$, $B(2, 0)$, $C(1, 1)$은 주어진 변환 $u = (x + y)/2$, $v = (x - y)/2$ 에 의해 각각 새로운 uv-평면상의 점 $A'(0, 0)$, $B'(1, 1)$, $C'(1, 0)$ 에 대응한다. 또한 주어진 변환으로부터 $x = u + v$, $y = u - v$ 이므로 야코비안 $J(u, v)$ 는

$$J(u, v) = \frac{\partial(x, y)}{\partial(u, v)} = \begin{vmatrix} \frac{\partial x}{\partial u} & \frac{\partial x}{\partial v} \\ \frac{\partial y}{\partial u} & \frac{\partial y}{\partial v} \end{vmatrix} = \begin{vmatrix} 1 & 1 \\ 1 & -1 \end{vmatrix} = -2$$

이다. 따라서 구하는 이중적분은

$$\iint_R \sin\frac{1}{2}(x+y)\cos\frac{1}{2}(x-y)\,dx\,dy = \int_0^1\int_0^u \sin\left(\frac{1}{2}\cdot 2u\right)\cos\left(\frac{1}{2}\cdot 2v\right)|J(u,\,v)|\,dv\,du$$

$$= 2\int_0^1\int_0^u \sin u\cos v\,dv\,du = 2\int_0^1 \sin^2 u\,du$$

$$= 2\int_0^1 \frac{1-\cos 2u}{2}\,du = \int_0^1 (1-\cos 2u)\,du = 1-\frac{1}{2}\sin 2$$

이다. □

8. 원기둥좌표계 또는 구면좌표계를 이용하여 다음 삼중적분을 구하여라.

(1) $\displaystyle\int_{-3}^{3}\int_{-\sqrt{9-x^2}}^{\sqrt{9-x^2}}\int_0^{9-x^2-y^2} x^2\,dz\,dy\,dx$

(2) $\displaystyle\int_{-1}^{1}\int_0^{\sqrt{1-x^2}}\int_0^{\sqrt{1-x^2-y^2}} e^x\,dz\,dy\,dx$

(3) $\displaystyle\int_{-2}^{2}\int_{-\sqrt{4-x^2}}^{\sqrt{4-x^2}}\int_0^{\sqrt{4-x^2-y^2}} z^2\sqrt{x^2+y^2+z^2}\,dz\,dy\,dx$

(4) $\displaystyle\int_0^{2}\int_0^{\sqrt{4-y^2}}\int_{\sqrt{x^2+y^2}}^{\sqrt{8x^2-y^2}} z^2\,dz\,dx\,dy$

【풀이】 (1) 주어진 삼중적분을 원기둥좌표계를 이용하여 구하면

$$\int_0^3\int_0^{2\pi}\int_0^{9-r^2} r^2\cos^2\theta\cdot r\,dz\,d\theta\,dr = \frac{243}{4}\pi$$

을 얻는다.

(2) 주어진 삼중적분을 원기둥좌표계를 이용하여 구하면

$$\int_0^1\int_0^{\pi}\int_0^{\sqrt{1-r^2}} e^{r\cos\theta}\cdot r\,dz\,d\theta\,dr = \frac{\pi}{e}$$

을 얻는다.

(3) 주어진 삼중적분을 원기둥좌표계를 이용하여 구하면

$$\int_0^2 \int_0^{2\pi} \int_0^{\sqrt{4-r^2}} z^2\sqrt{r^2+z^2} \cdot r\,dz\,d\theta\,dr = \frac{64}{9}\pi$$

을 얻는다.

(4) 주어진 삼중적분을 원기둥좌표계를 이용하여 구하면

$$\int_0^2 \int_0^{\pi/2} \int_0^{r^2} z^2 \cdot r\,dz\,d\theta\,dr = \frac{16}{3}\pi$$

을 얻는다. □

9. 다음 입체의 부피를 구하여라.

(1) xy-평면과 원기둥 $x^2+y^2=a^2$, 포물면 $z=x^2+y^2$ 으로 둘러싸인 입체

(2) 제1팔분공간에 있는 입체로서, $x=4-y^2$, $y=z$, $x=0$, $z=0$ 으로 둘러싸인 입체

(3) 두 포물면 $z=x^2+9y^2$ 과 $z=18-x^2-9y^2$ 으로 둘러싸인 입체

【풀이】 (1) 구하는 입체의 부피 V 는 극좌표계를 이용한 이중적분에 의해

$$V = \int_0^{2\pi} \int_0^a r^2 \cdot r\,dr\,d\theta = \int_0^{2\pi} \left(\frac{a^4}{4}\right) d\theta = \frac{a^4}{2}\pi$$

이다. 또 다른 방법으로 원기둥좌표계를 이용한 경우에도

$$V = \int_0^{2\pi} \int_0^a \int_0^{r^2} r\,dz\,dr\,d\theta = \frac{a^4}{2}\pi$$

이다.

(2) 구하는 입체의 부피 V 는

$$V = \int_0^2 \int_0^{4-y^2} \int_0^y dz\,dx\,dy = \int_0^2 \int_0^{4-y^2} y\,dx\,dy = \int_0^2 (4-y^2)y\,dy = 4$$

이다.

(3) 두 포물면 $z = x^2 + 9y^2$ 과 $z = 18 - x^2 - 9y^2$ 의 교선은 타원 $x^2 + 9y^2 = 9$ 이다. 따라서 구하는 입체의 부피 V 는

$$V = \int_{-1}^{1}\int_{-3\sqrt{1-y^2}}^{3\sqrt{1-y^2}}\int_{x^2+9y^2}^{18-x^2-9y^2} dz\,dx\,dy = 4\int_0^1\int_0^{3\sqrt{1-y^2}}(18 - x^2 - 9y^2 - x^2 - 9y^2)\,dx\,dy$$

$$= 144\int_0^1 (1 - y^2)^{\frac{3}{2}}\,dy = 144 \cdot \frac{1}{8}\left[(5y - 2y^3)\sqrt{1 - y^2} + \sin^{-1} y\right]_0^1 = 18\left(0 + \frac{3}{2}\pi\right) = 27\pi$$

이다. □

10. 구 $x^2 + y^2 + z^2 = 4$ 의 부피를 나타내는 반복적분식을 다음 좌표계를 사용하여 각각 구하여라.

(1) 직교좌표계 (2) 원기둥좌표계 (3) 구면좌표계

【풀이】 구하는 원의 부피를 V 라고 하자.

(1) $V = \displaystyle\int_{-2}^{2}\int_{-\sqrt{4-x^2}}^{\sqrt{4-x^2}}\int_{-\sqrt{4-x^2-y^2}}^{\sqrt{4-x^2-y^2}} dz\,dy\,dx = \frac{32}{3}\pi$

(2) $V = \displaystyle\int_0^2\int_0^{2\pi}\int_{-\sqrt{4-r^2}}^{\sqrt{4-r^2}} r\,dz\,d\theta\,dr = \frac{32}{3}\pi$

(3) $V = \displaystyle\int_0^{2\pi}\int_0^{\pi}\int_0^2 \rho^2 \sin\phi\,d\rho\,d\phi\,d\theta = \frac{32}{3}\pi$ □

연습문제(10.4)

1. 다음 평면 영역의 무게중심을 구하여라.

(1) 제1사분면에 있고, 두 원 $x^2 + y^2 = a^2$, $x^2 + y^2 = b^2$ $(a < b)$ 사이로 둘러싸인 영역

(2) $[0, \pi]$ 까지의 x 축과 $y = \sin x$ 로 둘러싸인 영역으로 밀도함수 $\rho = x$ 인 영역

【풀이】 (1) 영역의 넓이는 $\frac{1}{4}\pi(b^2 - a^2)$ 이다. 따라서 구하는 무게중심 $(\bar{x}, \bar{y})$ 는

$$\begin{aligned}\bar{x} &= \frac{1}{\frac{1}{4}\pi(b^2 - a^2)}\left(\int_0^a \int_{\sqrt{a^2-x^2}}^{\sqrt{b^2-x^2}} x\,dy\,dx + \int_a^b \int_0^{\sqrt{b^2-x^2}} x\,dy\,dx\right)\\ &= \frac{4}{\pi(b^2 - a^2)}\left(\int_0^a \left(x\sqrt{b^2 - x^2} - x\sqrt{a^2 - x^2}\right) dx + \int_a^b x\sqrt{b^2 - x^2}\,dx\right)\\ &= \frac{4}{\pi(b^2 - a^2)}\left(\left[-\frac{1}{3}(b^2 - x^2)^{\frac{3}{2}}\right]_0^b + \left[\frac{1}{3}(a^2 - x^2)^{\frac{3}{2}}\right]_0^a\right)\\ &= \frac{4(b^3 - a^3)}{3\pi(b^2 - a^2)},\end{aligned}$$

$$\begin{aligned}\bar{y} &= \frac{1}{\frac{1}{4}\pi(b^2 - a^2)}\left(\int_0^a \int_{\sqrt{a^2-x^2}}^{\sqrt{b^2-x^2}} y\,dy\,dx + \int_a^b \int_0^{\sqrt{b^2-x^2}} y\,dy\,dx\right)\\ &= \frac{4}{\pi(b^2 - a^2)}\left(\int_0^a \frac{1}{2}(b^2 - a^2)\,dx + \int_a^b \frac{1}{2}(b^2 - x^2)\,dx\right)\\ &= \frac{4(b^3 - a^3)}{3\pi(b^2 - a^2)}\end{aligned}$$

이다. 평면영역의 모양이 x, y 에 관하여 대칭적이므로 $\bar{x} = \bar{y}$ 임을 알 수 있다.

(2) 구하는 영역의 무게 M 은

$$M = \int_0^\pi \int_0^{\sin x} x\,dy\,dx = \int_0^\pi x\sin x\,dx = \pi$$

이다. 따라서 구하는 무게중심 $(\bar{x}, \bar{y})$ 는

$$\bar{x} = \frac{1}{M}\int_0^\pi \int_0^{\sin x} x \cdot x\,dy\,dx = \frac{1}{\pi}\int_0^\pi x^2 \sin x\,dx = \frac{1}{\pi}(\pi^2 - 4),$$

$$\bar{y} = \frac{1}{M}\int_0^\pi \int_0^{\sin x} y \cdot x\,dy\,dx = \frac{1}{\pi}\int_0^\pi \frac{1}{2}x\sin^2 x\,dx = \frac{1}{\pi} \cdot \frac{\pi^2}{8} = \frac{\pi}{8}$$

이다. □

2. 다음 곡선으로 둘러싸인 부분의 관성능률 I_x 와 I_y 를 구하여라.

(1) $4y = x^3$, $y = |x|$ (2) $y = e^x$, $y = e$, $x = 0$

【풀이】 (1) 식 (10.57) 로부터 각 축에 관한 관성능률은

$$I_x = \int_0^2 \int_{x^3 4}^{x} y^2\,dy\,dx = \frac{4}{5}, \qquad I_y = \int_0^2 \int_{x^3 4}^{x} x^2\,dy\,dx = \frac{4}{3}$$

이다.

(2) 식 (10.57) 로부터 각 축에 관한 관성능률은

$$I_x = \int_1^e \int_0^{\ln y} y^2\,dx\,dy = \frac{2}{9}e^3, \qquad I_y = \int_1^e \int_0^{\ln y} x^2\,dx\,dy = -\frac{2}{3}e$$

이다. □

3. 다음 곡면으로 둘러싸인 입체가 주어진 밀도함수를 가질 때, 각각의 질량과 무게중심을 구하여라.

(1) $0 \le x \le a, \quad 0 \le y \le a, \quad 0 \le z \le a\,; \quad \rho = a - x$

(2) $x^2 + y^2 = a^2, \quad z = 0, \quad z = c\,;$ ρ는 상수

(3) $z = 1 - y^2\ (y \ge 0), \quad y = 0, \quad z = 0, \quad x = 1, \quad x = -1\,; \quad \rho = yz$

【풀이】 (1) 구하는 입체의 질량 M은

$$M = \int_0^a \int_0^a \int_0^a (a-x)\,dx\,dy\,dz = \int_0^a \int_0^a \frac{a^2}{2}\,dy\,dz = \frac{a^4}{2}$$

이다. 따라서 구하는 무게중심 $(\bar{x}, \bar{y}, \bar{z})$는

$$\bar{x} = \frac{1}{M}\int_0^a \int_0^a \int_0^a (a-x)x\,dx\,dy\,dz = \frac{1}{M}\int_0^a \int_0^a \frac{1}{6}a^3\,dy\,dz = \frac{a}{3},$$

$$\bar{y} = \frac{1}{M}\int_0^a \int_0^a \int_0^a (a-x)y\,dx\,dy\,dz = \frac{1}{M}\int_0^a \int_0^a \frac{1}{2}a^2 y\,dy\,dz = \frac{a}{2},$$

$$\bar{z} = \frac{1}{M}\int_0^a \int_0^a \int_0^a (a-x)z\,dx\,dy\,dz = \frac{1}{M}\int_0^a \int_0^a \frac{1}{2}a^2 z\,dy\,dz = \frac{a}{2}$$

이다. 따라서 질량은 $a^4/2$ 이고, 무게중심은 $(a/3, a/2, a/2)$ 이다.

(2) 구하는 입체의 질량 M은 『부피×밀도』로 구할 수 있다. 따라서 $M = (\pi a^2 c)\times\rho$ 이고, 구하는 무게중심 $(\bar{x}, \bar{y}, \bar{z})$는

$$\bar{x} = \frac{1}{M}\int_0^c\int_{-a}^a\int_{-\sqrt{a^2-y^2}}^{\sqrt{a^2-y^2}}\rho x\,dx\,dy\,dz = \frac{1}{M}\int_0^c\int_{-a}^a 0\,dy\,dz = 0,$$

$$\bar{y} = \frac{1}{M}\int_0^c\int_{-a}^a\int_{-\sqrt{a^2-y^2}}^{\sqrt{a^2-y^2}}\rho y\,dx\,dy\,dz = \frac{1}{M}\int_0^c\int_{-a}^a \rho y\left(\sqrt{a^2-y^2}+\sqrt{a^2-y^2}\right)dy\,dz = 0,$$

$$\bar{z} = \frac{1}{M}\int_0^c\int_{-a}^a\int_{-\sqrt{a^2-y^2}}^{\sqrt{a^2-y^2}}\rho z\,dx\,dy\,dz = \frac{1}{M}\int_0^c\int_{-a}^a \rho z\cdot 2\sqrt{a^2-y^2}\,dy\,dz = \frac{c}{2}$$

이다. 따라서 질량은 $(\pi a^2 c)\times\rho$ 이고, 무게중심은 $(0, 0, c/2)$ 이다. 실제로 구하는 입체는 원점을 중심축으로 갖는 원기둥이고, 밀도함수가 상수이므로 무게중심을 쉽게 추정할 수 있다.

(3) 구하는 입체의 질량 M은

$$M = \int_{-1}^1\int_0^1\int_0^{1-y^2} yz\,dz\,dy\,dx = \int_{-1}^1\int_0^1 \frac{y}{2}(1-y^2)^2\,dy\,dx = \int_{-1}^1 \frac{1}{12}\,dx = \frac{1}{6}$$

이다. 따라서 구하는 무게중심 $(\bar{x}, \bar{y}, \bar{z})$는

$$\bar{x} = \frac{1}{M}\int_{-1}^1\int_0^1\int_0^{1-y^2} yz\cdot x\,dz\,dy\,dx = \frac{1}{M}\int_{-1}^1\int_0^1 \frac{xy}{2}(1-y^2)^2\,dy\,dx = 0,$$

$$\bar{y} = \frac{1}{M}\int_{-1}^1\int_0^1\int_0^{1-y^2} yz\cdot y\,dz\,dy\,dx = \frac{1}{M}\int_{-1}^1\int_0^1 \frac{y^2}{2}(1-y^2)^2\,dy\,dx = \frac{16}{35},$$

$$\bar{z} = \frac{1}{M}\int_{-1}^1\int_0^1\int_0^{1-y^2} yz\cdot z\,dz\,dy\,dx = \frac{1}{M}\int_{-1}^1\int_0^1 \frac{y}{3}(1-y^2)^3\,dy\,dx = \frac{1}{2}$$

이다. 따라서 질량은 1/6 이고, 무게중심은 (0, 16/35, 1/2) 이다. □

4. 다음 곡면으로 둘러싸인 입체가 주어진 밀도함수를 가질 때, 각각의 관성능률을 구하여라(단, k는 상수).

(1) $x = 0,\quad x = 1,\quad y = 0,\quad y = 1,\quad z = 0,\quad z = 1\ ;\quad \rho = kz$

(2) $x^2 + z^2 = 1, \quad y = x, \quad y = 0, \quad z = 0$ (제1팔분공간) ; $\rho = kz$

(3) $x + y + 2z = 4, \quad x = 0, \quad y = 0, \quad z = 0$; $\rho = k$

【풀이】 (1) 식 (10.60) 에 의해 좌표축에 관한 입체의 관성능률은 각각 다음과 같다.

$$I_x = \int_0^1 \int_0^1 \int_0^1 kz(y^2 + z^2)\,dz\,dy\,dx = \frac{5}{12}k,$$

$$I_y = \int_0^1 \int_0^1 \int_0^1 kz(z^2 + x^2)\,dz\,dy\,dx = \frac{5}{12}k,$$

$$I_z = \int_0^1 \int_0^1 \int_0^1 kz(x^2 + y^2)\,dz\,dy\,dx = \frac{1}{3}k$$

(2) 식 (10.60) 에 의해 좌표축에 관한 입체의 관성능률은 각각 다음과 같다.

$$I_x = \int_0^1 \int_0^x \int_0^{\sqrt{1-x^2}} kz(y^2 + z^2)\,dz\,dy\,dx = \frac{1}{18}k,$$

$$I_y = \int_0^1 \int_0^x \int_0^{\sqrt{1-x^2}} kz(z^2 + x^2)\,dz\,dy\,dx = \frac{1}{5}k,$$

$$I_z = \int_0^1 \int_0^x \int_0^{\sqrt{1-x^2}} kz(x^2 + y^2)\,dz\,dy\,dx = \frac{8}{45}k$$

(3) 식 (10.60) 에 의해 좌표축에 관한 입체의 관성능률은 각각

$$I_x = \int_0^4 \int_0^{-x+4} \int_0^{(4-x-y)/2} k(y^2 + z^2)\,dz\,dy\,dx = \frac{32}{3}k,$$

$$I_y = \int_0^4 \int_0^{-x+4} \int_0^{(4-x-y)/2} k(z^2 + x^2)\,dz\,dy\,dx = \frac{32}{3}k,$$

$$I_z = \int_0^4 \int_0^{-x+4} \int_0^{(4-x-y)/2} k(x^2 + y^2)\,dz\,dy\,dx = \frac{256}{15}k$$

이다. □

제 11 장

벡터장의 적분(연습문제 및 풀이)

연습문제(11.1)

1. 벡터장 $F(x, y) = (-y, x)$는 원점을 중심으로 반지름이 a인 원 $x^2 + y^2 = a^2$에 접함을 보여라.

【풀이】 원 $x^2 + y^2 = a^2$ 위의 점 P의 위치벡터를 (x, y)라고 하면, 그 점에서 $F(x, y) = (-y, x)$이고 이들의 내적은 $(x, y)\cdot F(x, y) = (x, y)\cdot(-y, x) = 0$이다. 따라서 F는 점 P에서 수직이므로 벡터장 F는 원에 접한다. □

2. 벡터장 $F(x, y) = (x + y, x - y)$의 모양을 그려라.

【풀이】 점 (x, y)를 시점으로 하는 벡터 $F(x, y)$를 나타내는 화살을 좌표평면에 나타내면 된다. 그런데 모든 점 (x, y)에 대하여 그리는 것은 불가능하다. 따라서 몇 개의 대표적인 점에 대한 벡터를 찾아보면 다음과 같다.

$F(1, 0) = (1, 1),\quad F(1, 1) = (2, 0),\quad F(0, 1) = (1, -1),\quad F(-1, 1) = (0, -2),$

$F(-1, 0) = (-1, -1)$, $F(-1, -1) = (-2, 0)$, $F(0, -1) = (-1, 1)$, $F(1, -1) = (0, 2)$

따라서 이들을 좌표평면에 나타내면 다음과 같다. □

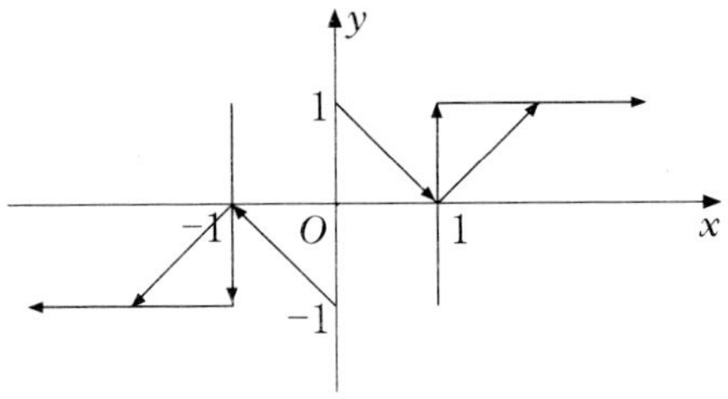

3. $\varphi(x, y) = x^2 + y^2$ 일 때, φ를 퍼텐셜함수로 갖는 벡터장 F를 구하여라.

【풀이】 $\varphi(x, y) = x^2 + y^2$ 이므로

$$\frac{\partial \varphi}{\partial x} = 2x, \qquad \frac{\partial \varphi}{\partial y} = 2y$$

이다. 따라서 벡터장 $F(x, y) = (2x, 2y)$는 φ를 퍼텐셜함수로 갖는다. □

4. 벡터장 $F(x, y) = (y, -x)$의 모양을 그리고, 이때 $F(x, y)$가 위치벡터 (x, y)에 수직임을 보여라.

【풀이】 위치벡터 (x, y)와 벡터장 $F(x, y) = (y, -x)$의 내적을 구하면

$$(x, y) \cdot F(x, y) = (x, y) \cdot (y, -x) = xy - xy = 0$$

이다. 따라서 벡터장 $F(x, y)$는 위치벡터 (x, y)에 수직임을 알 수 있다. 이번에는 벡터장을 직교좌표 상에 나타내기 위해 몇 개의 대표적인 점에 대한 벡터를 찾아보면 다음과 같다.

$F(1, 0) = (0, -1)$, $F(1, 1) = (1, -1)$, $F(0, 1) = (1, 0)$, $F(-1, 1) = (1, 1)$,
$F(-1, 0) = (0, 1)$, $F(-1, -1) = (-1, 1)$, $F(0, -1) = (-1, 0)$, $F(1, -1) = (-1, -1)$

따라서 이들을 좌표평면에 나타내면 다음과 같다. □

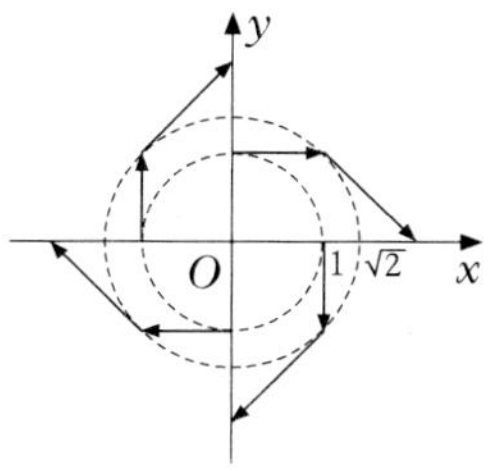

5. 벡터장 $F(x, y) = (3 + 2xy,\ x^2 - 3y^2)$ 에 대한 퍼텐셜함수가 존재하는지를 알아보고, 존재한다면 구하여라.

【풀이】 $F(x, y) = (3x + 2xy,\ x^2 - 3y^2)$ 에서

$$\frac{\partial}{\partial y}(3 + 2xy) = \frac{\partial}{\partial x}(x^2 - 3y^2)$$

이고, 정의역이 단순연결영역이므로 F 는 퍼텐셜함수를 갖는다. 이제 존재하는 퍼텐셜함수를 φ 라고 놓으면, $\partial\varphi/\partial x = 3 + 2xy$ 로부터

$$\varphi(x, y) = \int (3 + 2xy)\, dx = 3x + x^2 y + k(y)$$

을 얻는다. 그런데 이를 다시 y 에 관하여 편미분한 결과가 $x^2 - 3y^2$ 과 같아야 하므로

$$\frac{\partial\varphi}{\partial y} = x^2 + k'(y) = x^2 - 3y^2$$

으로부터 $k'(y) = -3y^2$ 을 얻는다. 따라서 $k(y) = -y^3 + c$ (c 는 적분상수)이다. 따라서 구하는 퍼텐셜함수는 $\varphi(x, y) = 3x + x^2y - y^3 + c$ (c 는 적분상수)이다. □

6. 다음 함수를 퍼텐셜함수로 갖는 벡터장을 구하여라.

(1) $\varphi(x, y) = x^5 - 4x^2y^3$　　　　(2) $\varphi(x, y) = e^{3x}\cos 4y$

(3) $\varphi(x, y, z) = xyz$　　　　(4) $\varphi(x, y) = x\ln(y - z)$

【풀이】 (1) $\varphi(x, y) = x^5 - 4x^2y^3$ 으로부터

$$\frac{\partial\varphi}{\partial x} = 5x^4 - 8xy^3, \qquad \frac{\partial\varphi}{\partial y} = -12x^2y^2$$

이므로, 벡터장 $F(x, y) = (5x^4 - 8xy^3, -12x^2y^2)$ 는 φ를 퍼텐셜함수로 갖는다.

(2) $\varphi(x, y) = e^{3x}\cos 4y$ 로부터

$$\frac{\partial\varphi}{\partial x} = 3e^{3x}\cos 4y, \qquad \frac{\partial\varphi}{\partial y} = -4e^{3x}\sin 4y$$

이므로, 벡터장 $F(x, y) = (3e^{3x}\cos 4y, -4e^{3x}\sin 4y)$ 는 φ를 퍼텐셜함수로 갖는다.

(3) $\varphi(x, y, z) = xyz$ 로부터

$$\frac{\partial\varphi}{\partial x} = yz, \qquad \frac{\partial\varphi}{\partial y} = xz, \qquad \frac{\partial\varphi}{\partial z} = xy$$

이므로, 벡터장 $F(x, y, z) = (yz, xz, xy)$ 는 φ를 퍼텐셜함수로 갖는다.

(4) $\varphi(x, y) = x\ln(y - z)$ 로부터

$$\frac{\partial\varphi}{\partial x} = \ln(y - z), \qquad \frac{\partial\varphi}{\partial y} = x/(y - z)$$

이므로, 벡터장 $F(x, y) = (\ln(y - z), x/(y - z))$ 는 φ를 퍼텐셜함수로 갖는다. □

7. 다음 벡터장의 회전과 발산을 구하여라.

(1) $F(x, y, z) = x\mathbf{i} + y\mathbf{j} + z\mathbf{k}$

(2) $F(x, y, z) = yz\mathbf{i} + xz\mathbf{j} + xy\mathbf{k}$

(3) $G(x, y, z) = xyz\mathbf{i} + xy\mathbf{j} + z\mathbf{k}$

(4) $G(x, y, z) = y\mathbf{i} - x\mathbf{j} + z\mathbf{k}$

【풀이】 (1) 벡터장의 회전과 발산의 정의로부터

$$\operatorname{curl} F = \nabla\times F = \begin{vmatrix} \mathbf{i} & \mathbf{j} & \mathbf{k} \\ \frac{\partial}{\partial x} & \frac{\partial}{\partial y} & \frac{\partial}{\partial z} \\ x & y & z \end{vmatrix} = \left(\frac{\partial}{\partial y}(z) - \frac{\partial}{\partial z}(y),\ \frac{\partial}{\partial z}(x) - \frac{\partial}{\partial x}(z),\ \frac{\partial}{\partial x}(y) - \frac{\partial}{\partial y}(x)\right)$$

$$= (0 - 0, 0 - 0, 0 - 0) = (0, 0, 0),$$

$$\operatorname{div} F = \nabla\cdot F = \left(\frac{\partial}{\partial x}, \frac{\partial}{\partial y}, \frac{\partial}{\partial z}\right)\cdot(x, y, z) = \frac{\partial}{\partial x}(x) + \frac{\partial}{\partial y}(y) + \frac{\partial}{\partial z}(z) = 1 + 1 + 1 = 3$$

이다.

(2) 벡터장의 회전과 발산의 정의로부터

$$\operatorname{curl} F = \nabla \times F = \begin{vmatrix} \mathbf{i} & \mathbf{j} & \mathbf{k} \\ \frac{\partial}{\partial x} & \frac{\partial}{\partial y} & \frac{\partial}{\partial z} \\ yz & xz & xy \end{vmatrix} = \left(\frac{\partial}{\partial y}(xy) - \frac{\partial}{\partial z}(xz),\ \frac{\partial}{\partial z}(yz) - \frac{\partial}{\partial x}(xy),\ \frac{\partial}{\partial x}(xz) - \frac{\partial}{\partial y}(yz)\right)$$

$$= (x - x,\ y - y,\ z - z) = (0,\ 0,\ 0),$$

$$\operatorname{div} F = \nabla \cdot F = \left(\frac{\partial}{\partial x}, \frac{\partial}{\partial y}, \frac{\partial}{\partial z}\right) \cdot (yz,\ xz,\ xy) = \frac{\partial}{\partial x}(yz) + \frac{\partial}{\partial y}(xz) + \frac{\partial}{\partial z}(xy) = 0 + 0 + 0 = 0$$

이다.

(3) 벡터장의 회전과 발산의 정의로부터

$$\operatorname{curl} G = \nabla \times G = \begin{vmatrix} \mathbf{i} & \mathbf{j} & \mathbf{k} \\ \frac{\partial}{\partial x} & \frac{\partial}{\partial y} & \frac{\partial}{\partial z} \\ xyz & xy & z \end{vmatrix} = \left(\frac{\partial}{\partial y}(z) - \frac{\partial}{\partial z}(xy),\ \frac{\partial}{\partial z}(xyz) - \frac{\partial}{\partial x}(z),\ \frac{\partial}{\partial x}(xy) - \frac{\partial}{\partial y}(xyz)\right)$$

$$= (0 - 0,\ xy - 0,\ y - xz) = (0,\ xy,\ y - xz),$$

$$\operatorname{div} G = \nabla \cdot G = \left(\frac{\partial}{\partial x}, \frac{\partial}{\partial y}, \frac{\partial}{\partial z}\right) \cdot (xyz,\ xy,\ z) = \frac{\partial}{\partial x}(xyz) + \frac{\partial}{\partial y}(xy) + \frac{\partial}{\partial z}(z) = yz + x + 1$$

이다.

(4) 벡터장의 회전과 발산의 정의로부터

$$\operatorname{curl} G = \nabla \times G = \begin{vmatrix} \mathbf{i} & \mathbf{j} & \mathbf{k} \\ \frac{\partial}{\partial x} & \frac{\partial}{\partial y} & \frac{\partial}{\partial z} \\ y & -x & z \end{vmatrix} = \left(\frac{\partial}{\partial y}(z) - \frac{\partial}{\partial z}(-x),\ \frac{\partial}{\partial z}(y) - \frac{\partial}{\partial x}(z),\ \frac{\partial}{\partial x}(-x) - \frac{\partial}{\partial y}(y)\right)$$

$$= (0 - 0,\ 0 - 0,\ -1 - 1) = (0,\ 0,\ -2),$$

$$\operatorname{div} G = \nabla \cdot G = \left(\frac{\partial}{\partial x}, \frac{\partial}{\partial y}, \frac{\partial}{\partial z}\right) \cdot (y,\ -x,\ z) = \frac{\partial}{\partial x}(y) + \frac{\partial}{\partial y}(-x) + \frac{\partial}{\partial z}(z) = 0 + 0 + 1 = 1$$

이다. □

8. 다음 각 함수 f 의 그래디언트 벡터장 ∇f 를 구하여라.

(1) $f(x, y) = x^2 - (1/2)y^2$ (2) $f(x, y) = \ln\sqrt{x^2 + y^2}$

【풀이】 (1) $f(x, y) = x^2 - (1/2)y^2$ 으로부터

$$\frac{\partial f}{\partial x} = 2x, \qquad \frac{\partial f}{\partial y} = -y$$

이므로 $\nabla f = (f_x, f_y) = (2x, -y)$ 이다.

(2) $f(x, y) = \ln\sqrt{x^2 + y^2}$ 으로부터

$$\frac{\partial f}{\partial x} = \frac{x}{x^2 + y^2}, \qquad \frac{\partial f}{\partial y} = \frac{y}{x^2 + y^2}$$

이므로 $\nabla f = (f_x, f_y) = (x/(x^2 + y^2), y/(x^2 + y^2))$ 이다. □

9. 다음 벡터장의 퍼텐셜함수가 존재하는지를 결정하고, 존재한다면 그것을 구하여라.

(1) $F(x, y) = (1 + 4x^3y^3, 3x^4y^2)$ (2) $F(x, y) = (x^2 + y, x^2)$

(3) $F(x, y) = (e^{2x} + x\sin y, x^2\cos y)$ (4) $F(x, y) = (ye^{xy}, xe^{xy})$

【풀이】 (1) $F(x, y) = (1 + 4x^3y^3, 3x^4y^2)$ 에서

$$\frac{\partial}{\partial y}(1 + 4x^3y^3) = \frac{\partial}{\partial x}(3x^4y^2)$$

이고, 정의역이 단순연결영역이므로 F 는 퍼텐셜함수를 갖는다. 이제 존재하는 퍼텐셜함수를 φ 라고 놓으면, $\partial\varphi/\partial x = 1 + 4x^3y^3$ 로부터

$$\varphi(x, y) = \int(1 + 4x^3y^3)\,dx = x + x^4y^3 + k(y)$$

을 얻는다. 그런데 이를 다시 y 에 관하여 편미분한 결과가 $3x^4y^2$ 과 같아야 하므로

$$\frac{\partial\varphi}{\partial y} = 3x^4y^2 + k'(y) = 3x^4y^2$$

으로부터 $k'(y) = 0$ 을 얻는다. 따라서 $k(y) = c$ (c 는 적분상수)이다. 따라서 구하는 퍼텐셜함수는 $\varphi(x, y) = x + x^4y^3 + c$ (c 는 적분상수)이다.

(2) 벡터장 $F(x, y) = \big(f(x, y), g(x, y)\big) = (x^2 + y, x^2)$ 에 대하여

$$D_2 f = 1 \neq 2x = D_1 g$$

이므로, 정리 11.1.1 에 의해 벡터장 F 의 퍼텐셜함수는 존재하지 않는다.

(3) 벡터장 $F(x, y) = \big(f(x, y), g(x, y)\big) = (e^{2x} + x\sin y, x^2\cos y)$ 에 대하여

$$D_2 f = x\cos y \neq 2x\cos y = D_1 g$$

이므로, 정리 11.1.1 에 의해 벡터장 F 의 퍼텐셜함수는 존재하지 않는다.

(4) $F(x, y) = (ye^{xy}, xe^{xy})$ 에서

$$\frac{\partial}{\partial y}(ye^{xy}) = \frac{\partial}{\partial x}(xe^{xy})$$

이고, 정의역이 단순연결영역이므로 F 는 퍼텐셜함수를 갖는다. 이제 존재하는 퍼텐셜함수를 φ 라고 놓으면, $\partial\varphi/\partial x = ye^{xy}$ 로부터

$$\varphi(x, y) = \int ye^{xy}\,dx = e^{xy} + k(y)$$

을 얻는다. 그런데 이를 다시 y 에 관하여 편미분한 결과가 xe^{xy} 과 같아야 하므로

$$\frac{\partial\varphi}{\partial y} = xe^{xy} + k'(y) = xe^{xy}$$

으로부터 $k'(y) = 0$ 을 얻는다. 따라서 $k(y) = c$ (c 는 적분상수)이다. 따라서 구하는 퍼텐셜함수는 $\varphi(x, y) = e^{xy} + c$ (c 는 적분상수)이다. □

연습문제(11.2)

1. 벡터장 $F(x, y) = (y, -x)$ 의 다음 곡선을 따른 선적분을 구하여라.

(1) $C(t) = (\cos t, \sin t), \quad 0 \le t \le 2\pi$

(2) $C(t) = (2t + 1, t^2 + 3t), \quad 0 \le t \le 1$

【풀이】 (1) 구하는 선적분은

$$\int_C F = \int_0^{2\pi} (\sin t, -\cos t) \cdot (-\sin t, \cos t)\, dt = \int_0^{2\pi} (-\sin^2 t - \cos^2 t)\, dt = -2\pi$$

이다.

(2) 구하는 선적분은

$$\int_C F = \int_0^1 (t^2 + 3t, -2t - 1) \cdot (2, 2t + 3)\, dt = \int_0^1 (-2t^2 - 2t - 3)\, dt = -\frac{14}{3}$$

이다. □

2. 벡터장 $F(x, y) = (-y, x)$ 의 다음 곡선을 따른 선적분을 구하여라.

(1) $C(t) = (\cos t, \sin t), \quad 0 \le t \le 2\pi$ (2) $C(t) = (\cos t, \sin t), \quad 0 \le t \le 4\pi$

【풀이】 (1) 구하는 선적분은

$$\int_C F = \int_0^{2\pi} F(\cos t, \sin t) \cdot C'(t)\, dt = \int_0^{2\pi} (-\sin t, \cos t) \cdot (-\sin t, \cos t)\, dt$$
$$= \int_0^{2\pi} (\sin^2 t + \cos^2 t)\, dt = \int_0^{2\pi} dt = [t]_0^{2\pi} = 2\pi$$

이다.

(2) 구하는 선적분은

$$\int_C F = \int_0^{4\pi} F(\cos t, \sin t) \cdot C'(t)\, dt = \int_0^{4\pi} (-\sin t, \cos t) \cdot (-\sin t, \cos t)\, dt$$
$$= \int_0^{4\pi} (\sin^2 t + \cos^2 t)\, dt = \int_0^{4\pi} dt = [t]_0^{4\pi} = 4\pi$$

이다. □

3. 벡터장 $F(x, y, z) = (xy, yz, zx)$ 의 곡선 $C(t) = (t, t^2, t^3)$ $(0 \le t \le 1)$ 을 따른 선적분을 구하여라.

【풀이】 구하는 선적분은

$$\int_C F = \int_0^1 (t^3, t^5, t^4) \cdot (1, 2t, 3t^2)\, dt = \int_0^1 (t^3 + 2t^6 + 3t^6)\, dt = \frac{27}{28}$$

이다. □

4. 어떤 입자가 반원 $C : \mathbf{r}(t) = \cos t\mathbf{i} + \sin t\mathbf{j}$ $(0 \le t \le \pi)$ 를 따라 움직일 때, 힘의 벡터장

$$F(x, y) = x^2\mathbf{i} - xy\mathbf{j}$$

가 행한 일의 양을 구하여라.

【풀이】 행한 일의 양을 W 라고 놓으면

$$\begin{aligned} W = \int_C F &= \int_0^\pi F(\mathbf{r}(t)) \cdot \mathbf{r}'t(t)\, dt = \int_0^\pi F(\cos t, \sin t) \cdot (-\sin t, \cos t)\, dt \\ &= \int_0^\pi (\cos^2 t, -\sin t \cos t) \cdot (-\sin t, \cos t)\, dt = \int_0^\pi (-\sin t \cos^2 t - \sin t \cos^2 t)\, dt \\ &= -2\int_0^\pi \sin t \cos^2 t\, dt = 2\int_1^{-1} u^2\, du = -\frac{4}{3} \end{aligned}$$

이다. □

5. 벡터장 $F(x, y) = (y\cos x - \cos y, \sin x + x\sin y)$ 의 단위원주의 반시계 방향을 따라 한 바퀴 도는 곡선을 따르는 선적분을 구하여라.

【풀이】 곡선 $C(t) = (\cos t, \sin t)$ $(t \in [0, 2\pi])$ 는 폐곡선이다. 벡터장 $F(x, y)$ 가 퍼텐셜함수 $\varphi(x, y)$ 를 갖는가를 먼저 알아본다. 그런데

$$\frac{\partial}{\partial y}(y\cos x - \cos y) = \frac{\partial}{\partial x}(\sin x + x\sin y)$$

이고, 정의역이 평면 전체이므로 정리 11.2.3 에 의해 퍼텐셜함수 $\varphi(x, y)$ 를 갖는다. 그런데 C 는 폐곡선이므로 정리 11.2.2 에 의해

$$\int_C F = \int_C \nabla\varphi = \varphi(P) - \varphi(P) = 0$$

이다. 여기서 점 P는 유향 폐곡선 C 위의 한 점으로서 C의 시점인 동시에 종점임을 의미한다. □

6. 벡터장 $F(x, y) = (3 + 2xy,\ x^2 - 3y^2)$에 대하여 곡선 $C(t) = (e^t \sin t,\ e^t \cos t)$ $(0 \le t \le \pi)$를 따른 선적분을 구하여라.

【풀이】 먼저 벡터장 $F(x, y)$가 퍼텐셜함수 $\varphi(x, y)$를 갖는지를 알아본다. 주어진 벡터장 F에 대하여

$$\frac{\partial}{\partial y}(3 + 2xy) = \frac{\partial}{\partial x}(x^2 - 3y^2)$$

이고, 정의역이 평면 전체이므로 정리 11.2.3에 의해 퍼텐셜함수를 갖는다. 따라서 구하는 퍼텐셜함수를 $\varphi(x, y)$라고 놓으면, $F = \nabla\varphi$를 만족하므로

$$\varphi_x(x, y) = 3 + 2xy, \qquad \varphi_y(x, y) = x^2 - 3y^2$$

이다. 먼저 $\varphi_x(x, y) = 3 + 2xy$의 양변을 x에 관하여 적분하면

$$\varphi(x, y) = \int (3 + 2xy)\, dx = 3x + x^2 y + k(y)$$

을 얻는다. 다시 이것을 y에 관하여 편미분하면 $\varphi_y(x, y) = x^2 + k'(y)$을 얻는다. 그런데 $\varphi_y(x, y) = x^2 - 3y^2$이므로 $x^2 + k'(y) = x^2 - 3y^2$으로부터 $k(y) = -y^3 + c$이다. 따라서 벡터장 F의 퍼텐셜함수 $\varphi(x, y)$는

$$\varphi(x, y) = x^2 y - y^3 + c \qquad (c\text{는 상수})$$

이다. 따라서 구하는 선적분의 값은 정리 11.2.2에 의해

$$\int_C F = \int_C \nabla\varphi = \varphi(0, -e^{\pi}) - \varphi(0, 1) = e^{3\pi} + 1$$

이다. □

7. 다음 벡터장에 대한 퍼텐셜함수를 구하여라(단, $X = (x, y, z)$, $r = |X|$, $X \neq \mathbf{0}$).

(1) $F(x, y) = (2xy,\ x^2 + 1)$ (2) $F(x, y) = (4xy,\ 2x^2)$

(3) $F(X) = \dfrac{1}{r}X$ (4) $F(X) = \dfrac{1}{r^2}X$

【풀이】 (1) 먼저 벡터장 $F(x, y)$ 가 퍼텐셜함수 $\varphi(x, y)$ 를 갖는지를 알아본다. 주어진 벡터장 F 에 대하여

$$\frac{\partial}{\partial y}(2xy) = \frac{\partial}{\partial x}(x^2 + 1)$$

이고, 정의역이 평면 전체이므로 정리 11.2.3 에 의해 퍼텐셜함수를 갖는다. 따라서 구하는 퍼텐셜함수를 $\varphi(x, y)$ 라고 놓으면, $F = \nabla\varphi$ 를 만족하므로

$$\varphi_x(x, y) = 2xy, \qquad \varphi_y(x, y) = x^2 + 1$$

이다. 먼저 $\varphi_x(x, y) = 2xy$ 의 양변을 x 에 관하여 적분하면

$$\varphi(x, y) = \int 2xy\,dx = x^2y + k(y)$$

을 얻는다. 다시 이것을 y 에 관하여 편미분하면 $\varphi_y(x, y) = x^2 + k'(y)$ 을 얻는다. 그런데 $\varphi_y(x, y) = x^2 + 1$ 이므로 $x^2 + k'(y) = x^2 + 1$ 로부터 $k(y) = y + c$ 이다. 따라서 벡터장 F 의 퍼텐셜함수 $\varphi(x, y)$ 는

$$\varphi(x, y) = x^2y + y + c \qquad (c \text{ 는 상수})$$

이다.

(2) 먼저 벡터장 $F(x, y)$ 가 퍼텐셜함수 $\varphi(x, y)$ 를 갖는지를 알아본다. 주어진 벡터장 F 에 대하여

$$\frac{\partial}{\partial y}(4xy) = \frac{\partial}{\partial x}(2x^2)$$

이고, 정의역이 평면 전체이므로 정리 11.2.3 에 의해 퍼텐셜함수를 갖는다. 따라서 구하는 퍼텐셜함수를 $\varphi(x, y)$ 라고 놓으면, $F = \nabla\varphi$ 를 만족하므로

$$\varphi_x(x, y) = 4xy, \qquad \varphi_y(x, y) = 2x^2$$

이다. 먼저 $\varphi_x(x, y) = 4xy$ 의 양변을 x 에 관하여 적분하면

$$\varphi(x, y) = \int 4xy\,dx = 2x^2y + k(y)$$

을 얻는다. 다시 이것을 y 에 관하여 편미분하면 $\varphi_y(x, y) = 2x^2 + k'(y)$ 을 얻는다. 그런데 $\varphi_y(x, y) = 2x^2$ 이므로 $2x^2 + k'(y) = 2x^2$ 으로부터 $k(y) = c$ 이다. 따라서 벡터장 F 의 퍼텐셜함수 $\varphi(x, y)$ 는

$$\varphi(x, y) = 2x^2y + c \qquad (c \text{ 는 상수})$$

이다.

(3) $r = |X| = |(x, y, z)| = \sqrt{x^2 + y^2 + z^2}$ 으로부터

$$\frac{\partial r}{\partial x} = \frac{x}{\sqrt{x^2 + y^2 + z^2}} = \frac{x}{r}, \qquad \frac{\partial r}{\partial y} = \frac{y}{r}, \qquad \frac{\partial r}{\partial z} = \frac{z}{r}$$

이므로

$$F(X) = \frac{1}{r}X = \left(\frac{\partial r}{\partial x}, \frac{\partial r}{\partial y}, \frac{\partial r}{\partial z}\right) = \nabla r$$

이다. 따라서 r 은 F 의 한 퍼텐셜함수이므로 임의의 φ 를 F 의 퍼텐셜함수라고 하면 $\varphi(x, y, z) = r + c = |X| + c$ (c 는 상수)이다.

(4) 주어진 벡터장 F 로부터

$$F(X) = \frac{1}{r^2}X = \frac{(x, y, z)}{x^2 + y^2 + z^2} = \left(\frac{x}{x^2 + y^2 + z^2}, \frac{y}{x^2 + y^2 + z^2}, \frac{z}{x^2 + y^2 + z^2}\right) = \nabla(\ln r)$$

이 성립함을 확인할 수 있다. 따라서 $\ln r$ 은 F 의 한 퍼텐셜함수이므로 임의의 φ 를 F 의 퍼텐셜함수라고 하면 $\varphi(x, y, z) = \ln r + c = \ln|X| + c$ (c 는 상수)이다. □

8. 다음 벡터장 F 의 퍼텐셜함수를 구하고, 그것을 이용하여 주어진 곡선 C 를 따른 선적분 $\int_C F$ 를 구하여라.

(1) $F(x, y) = (2xy^3, 3x^2y^2)$, $\quad C(t) = (\sin t, t^2 + 1)$, $\quad 0 \le t \le \pi/2$

(2) $F(x, y) = (y, x)$, $\quad C$ 는 점 $(1, 0)$ 에서 $(2, 8)$ 까지의 곡선 $y = x^4 - x^3$ 의 호

(3) $F(x, y, z) = (y, x + z, y)$, $\quad C$ 는 점 $(2, 1, 4)$ 에서 $(8, 3, -1)$ 까지의 선분

【풀이】 (1) 주어진 벡터장 F 에 대하여

$$\frac{\partial}{\partial y}(2xy^3) = \frac{\partial}{\partial x}(3x^2y^2)$$

이고, 정의역이 평면 전체이므로 정리 11.2.3 에 의해 퍼텐셜함수를 갖는다. 따라서 구하는 퍼텐셜함수를 $\varphi(x, y)$ 라고 놓으면, $F = \nabla\varphi$ 를 만족하므로

$$\varphi_x(x, y) = 2xy^3, \qquad \varphi_y(x, y) = 3x^2y^2$$

이다. 먼저 $\varphi_x(x, y) = 2xy^3$ 의 양변을 x 에 관하여 적분하면

$$\varphi(x, y) = x^2y^3 + k(y)$$

을 얻는다. 다시 이것을 y 에 관하여 편미분하면 $\varphi_y(x, y) = 3x^2y^2 + k'(y)$ 을 얻는다. 그런데 $\varphi_y(x, y) = 3x^2y^2$ 이므로 $3x^2y^2 + k'(y) = 3x^2y^2$ 로부터 $k(y) = c$ 이다. 따라서 벡터장 F 의 퍼텐셜함수 $\varphi(x, y)$ 는

$$\varphi(x, y) = x^2y^3 + c \qquad (c\text{ 는 상수})$$

이다. 따라서 정리 11.2.2 에 의해

$$\int_C F = \int_C \nabla\varphi = \varphi(1, \pi^2/4 + 1) - \varphi(0, 1) = (\pi^2 + 1)^3/64$$

이다.

(2) 주어진 벡터장 F 에 대하여

$$\frac{\partial}{\partial y}y = \frac{\partial}{\partial x}x$$

이고, 정의역이 평면 전체이므로 정리 11.2.3 에 의해 퍼텐셜함수를 갖는다. 따라서 구하는 퍼텐셜함수를 $\varphi(x, y)$ 라고 놓으면, $F = \nabla\varphi$ 를 만족하므로

$$\varphi_x(x, y) = y, \qquad \varphi_y(x, y) = x$$

이다. 먼저 $\varphi_x(x, y) = y$ 의 양변을 x 에 관하여 적분하면

$$\varphi(x, y) = xy + k(y)$$

을 얻는다. 다시 이것을 y 에 관하여 편미분하면 $\varphi_y(x, y) = x + k'(y)$ 을 얻는다. 그런데 $\varphi_y(x, y) = x$ 이므로 $x + k'(y) = x$ 로부터 $k(y) = c$ 이다. 따라서 벡터장 F 의 퍼

텐셜함수 $\varphi(x, y)$ 는

$$\varphi(x, y) = xy + c \qquad (c \text{ 는 상수})$$

이다. 따라서 정리 11.2.2 에 의해

$$\int_C F = \int_C \nabla\varphi = \varphi(2, 8) - \varphi(1, 0) = 16$$

이다.

(3) 주어진 벡터장 F 에 대하여 $f_1(x, y, z) = y$, $f_2(x, y, z) = x + z$, $f_3(x, y, z) = y$ 라고 놓으면

$$\frac{\partial f_3}{\partial y} = \frac{\partial f_2}{\partial z}, \qquad \frac{\partial f_1}{\partial z} = \frac{\partial f_3}{\partial x}, \qquad \frac{\partial f_2}{\partial x} = \frac{\partial f_1}{\partial y}$$

이 성립하고, 정의역이 공간 전체이므로 퍼텐셜함수를 갖는다. 따라서 구하는 퍼텐셜함수를 $\varphi(x, y, z)$ 라고 놓으면, $F = \nabla\varphi$ 를 만족하므로

$$\varphi_x(x, y, z) = y, \qquad \varphi_y(x, y, z) = x + z, \qquad \varphi_z(x, y, z) = y$$

이다. 먼저 $\varphi_x(x, y, z) = y$ 의 양변을 x 에 관하여 적분하면

$$\varphi(x, y, z) = xy + k(y, z)$$

을 얻는다. 다시 이것을 y 에 관하여 편미분하면 $\varphi_y(x, y, z) = x + k_y(y, z)$ 을 얻는다. 그런데 $\varphi_y(x, y, z) = x + y$ 이므로 $x + k_y(y, z) = x + y$ 로부터 $k_y(y, z) = y$ 이다. 따라서 $k(y, z) = (1/2)y^2 + l(z)$ 을 얻는다. 따라서 $\varphi_y(x, y, z) = x + (1/2)y^2 + l(z)$ 을 얻는다. 이를 다시 z 에 관하여 편미분하면 $\varphi_z(x, y, z) = l'(z)$ 을 얻는다. 그런데 $\varphi_z(x, y, z) = y$ 이므로 $l'(z) = y$ 로부터 $l(z) = yz + c$ 이다. 따라서 벡터장 F 의 퍼텐셜함수 $\varphi(x, y, z)$ 는

$$\varphi(x, y, z) = x + \frac{1}{2}y^2 + yz + c \qquad (c \text{ 는 상수})$$

이다. 따라서

$$\int_C F = \int_C \nabla\varphi = \varphi(8, 3, -1) - \varphi(2, 1, 4) = 3$$

이다. □

9. 곡선 C 가 점 (2, 0, 0) 에서 점 (3, 4, 5) 까지의 선분 C_1 과, 점 (3, 4, 5) 에서 점 (3, 4, 0) 까지의 수직선분 C_2 로 구성될 때,

$$\int_C y\,dx + z\,dy + x\,dz$$

를 구하여라.

【풀이】 (i) 점 (2, 0, 0) 에서 점 (3, 4, 5) 까지의 선분 C_1 에 대하여

$$\frac{x-2}{3-2} = \frac{y-0}{4-0} = \frac{z-0}{5-0} = t$$

라 두면

$$C_1 : x = 2+t, \quad y = 4t, \quad z = 5t \quad (0 \le t \le 1)$$

과 같다. 따라서

$$\int_{C_1} y\,dx + z\,dy + x\,dz = \int_0^1 4t \cdot dt + 5t \cdot 4\,dt + (2+t) \cdot 5\,dt = \int_0^1 (29t+10)\,dt = \frac{49}{2}$$

이다.

(ii) 점 (3, 4, 5) 에서 점 (3, 4, 0) 까지의 수직선분 C_2 에 대하여

$$C_2 : x = 3, \quad y = 4, \quad z = 5-5t \quad (0 \le t \le 1)$$

과 같다. 따라서

$$\int_{C_2} y\,dx + z\,dy + x\,dz = \int_0^1 3 \cdot (-5)\,dt = -15$$

이다.

따라서 (i) 과 (ii) 에 의해서 구하는 선적분의 연산 결과는

$$\int_C y\,dx + z\,dy + x\,dz = \int_{C_1+C_2} y\,dx + z\,dy + x\,dz = \frac{49}{2} + (-15) = \frac{19}{2}$$

이다. □

연습문제(11.3)

1. 그린 정리를 이용하여 다음 선적분의 값을 구하여라. (단, 모든 곡선 C는 반시계 방향의 순서를 갖는다.)

(1) $\displaystyle\int_C (2y + \sqrt{1 + x^5}\,)\,dx + (5x - e^{y^2})\,dy, \qquad C : x^2 + y^2 = 4$

(2) $\displaystyle\int_C 5x\,dx + 3y\,dy, \qquad C : (x-1)^2 + (y+1)^2 = 1$

(3) $\displaystyle\int_C x\,dy,$ C는 $(0, 0)$, $(a, 0)$, (a, b), $(0, b)$를 꼭짓점으로 갖는 직사각형

(4) $\displaystyle\int_C (e^{x^3} + y^2)\,dx + (x + \sqrt{1 + y^7}\,)\,dy,$ C는 $y = 0,\ x = 1,\ y = x$로 둘러싸인 닫힌곡선

【풀이】 (1) 반지름이 2인 원판을 R이라 하고, 주어진 적분값을 I라 두면, 그린 정리에 의하여

$$I = \iint_R \left(\frac{\partial}{\partial x}\left(5x - e^{y^2}\right) - \frac{\partial}{\partial y}\left(2y + \sqrt{1 + x^5}\right)\right) dx\,dy$$

$$= \iint_R (5-2)\,dx\,dy = 3\iint_R 1\ dx\,dy = 3\,(R\text{의 넓이}) = 12\pi$$

이다.

(2) C로 둘러싸인 영역을 R이라고 하면, 그린 정리에 의하여

$$I = \iint_R \left(\frac{\partial}{\partial x}(3y) - \frac{\partial}{\partial y}(5x)\right) dx\,dy = \iint_R 0\,dx\,dy = 0$$

이다.

(3) C로 둘러싸인 영역을 R이라고 하면, 그린 정리에 의하여

$$I = \iint_R \left(\frac{\partial}{\partial x}(x) - \frac{\partial}{\partial y}(0)\right) dx\,dy = \iint_R 1\,dx\,dy = R\text{의 넓이} = ab$$

이다.

(4) C 로 둘러싸인 영역을 R 이라고 하면, 그린 정리에 의하여

$$I = \iint_R \left(\frac{\partial}{\partial x}\left(x + \sqrt{1+y^7}\right) - \frac{\partial}{\partial y}\left(e^{x^3} + y^2\right) \right) dx\,dy$$

$$= \int_0^1 \int_0^x (1-2y)\,dy\,dx = \int_0^1 \int_0^x \left[y - y^2\right]_0^x dx = \frac{1}{6}$$

이다. □

2. 선적분

$$\int_C (x^2+y^2)\,dx + 2xy\,dy$$

의 값을 선적분의 정의에 의해서, 그리고 그린 정리를 이용하여 각각 구하여라. 이때 곡선 C 는 $(0, 0)$ 에서 $(2, 4)$ 까지 포물선 $y = x^2$ 의 호와 $(2, 4)$ 에서 $(0, 4)$ 까지의 선분, $(0, 4)$ 에서 $(0, 0)$ 까지의 선분으로 구성된 반시계 방향의 순서를 갖는 곡선이다.

【풀이】 $(0, 0)$ 에서 $(2, 4)$ 까지 포물선 $y = x^2$ 의 호에 대응하는 곡선을 C_1, $(2, 4)$ 에서 $(0, 4)$ 까지의 선분을 C_2, $(0, 4)$ 에서 $(0, 0)$ 까지의 선분을 C_3 이라 하고 $F(x, y) = (x^2+y^2, 2xy)$ 이라 하자. 그러면 $C = C_1 \cup C_2 \cup C_3$ 이고,

$$C_1(t) = (t, t^2) \ \ (0 \le t \le 2), \qquad -C_2(t) = (t, 4) \ \ (0 \le t \le 2), \qquad -C_3(t) = (0, t) \ \ (0 \le t \le 4)$$

이다.

(i) 선적분의 정의에 의한 계산:
주어진 선적분은

$$\int_{C_1} (x^2+y^2)\,dx + 2xy\,dy + \int_{C_2} (x^2+y^2)\,dx + 2xy\,dy + \int_{C_3} (x^2+y^2)\,dx + 2xy\,dy$$

이다. 그런데 선적분의 정의로부터

$$\int_{C_1} (x^2+y^2)\,dx + 2xy\,dy = \int_0^2 F(t, t^2)\cdot C_1'(t)\,dt = \int_0^2 (t^2+t^4, 2t^3)\cdot(1, 2t)\,dt = \frac{104}{3},$$

$$\int_{C_2} (x^2+y^2)\,dx + 2xy\,dy = \int_2^0 F(t, 4)\cdot C_2'(t)\,dt = \int_2^0 (t^2+16, 8t)\cdot(1, 0)\,dt = -\frac{104}{3},$$

$$\int_{C_3} (x^2 + y^2)\, dx + 2xy\, dy = \int_4^0 F(0,\, t) \cdot C_3'(t)\, dt = \int_4^0 (t^2,\, 0) \cdot (0,\, 1)\, dt = 0$$

이므로

$$\int_C (x^2 + y^2)\, dx + 2xy\, dy = \frac{104}{3} - \frac{104}{3} + 0 = 0$$

이다.

(ii) 그린 정리 11.3.1 에 의한 계산:

그린 정리 11.3.1 로부터 구하는 선적분은

$$\int_C (x^2 + y^2)\, dx + 2xy\, dy = \int_0^4 \int_0^{\sqrt{y}} (2y - 2y)\, dx\, dy = 0$$

이다. □

3. 그린 정리를 이용하여 x 축과 사이클로이드

$$x = a(t - \sin t), \qquad y = a(1 - \cos t) \qquad (0 \le t \le 2\pi)$$

로 둘러싸인 부분의 넓이를 구하여라.

【풀이】 사이클로이드 곡선을 C_1, x 축의 선분 $[0,\, 2\pi a]$ 를 C_2 라 두면, $C = C_1 \cup C_2$ 로 둘러싸인 부분의 넓이를 구하는 문제이다. 즉,

$$C_1 : \begin{cases} x = a(t - \sin t) \\ y = a(1 - \cos t) \end{cases}, \quad t \in [0,\, 2\pi]; \qquad C_2 : \begin{cases} x = t \\ y = 0 \end{cases}, \quad t \in [0,\, 2\pi a]$$

이다. 그러면 정리 11.3.2 로부터 구하는 넓이 A 는

$$\begin{aligned} A &= \frac{1}{2} \int_C -y\, dx + x\, dy \\ &= \frac{1}{2} \int_{2\pi}^0 -a(1 - \cos t)a(1 - \cos t)\, dt + a(t - \sin t)a \sin t\, dt + \frac{1}{2} \int_0^{2\pi a} (0 + t \cdot 0)\, dt \\ &= \frac{1}{2} \int_{2\pi}^0 \left(-a^2(1 - \cos t)^2 + a^2(t - \sin t) \sin t \right) dt \\ &= \frac{a^2}{2} \int_{2\pi}^0 (t \sin t - 2 + 2 \cos t)\; dt \end{aligned}$$

$$= \frac{a^2}{2}\left[\sin t - t\cos t - 2t + 2\sin t\right]_{2\pi}^{0}$$

$$= 3\pi a^2$$

이다. □

4. (1) 극방정식의 그래프 $r = f(\theta)$ 에 의해 둘러싸인 영역의 넓이 A 가

$$A = \frac{1}{2}\int_C r^2\,d\theta$$

임을 정리 11.3.2 를 이용하여 증명하여라.

(2) (1) 의 결과를 이용하여 심장형 극방정식 $r = a(1 + \cos\theta)$ $(0 \le \theta \le 2\pi)$ 로 둘러싸인 영역의 넓이 A 를 구하여라.

【풀이】 (1) 직교좌표 (x, y) 와 극좌표 (r, θ) 사이의 관계식

$$x = r\cos\theta, \qquad y = r\sin\theta$$

로부터 전미분 dx 와 dy 는 각각

$$dx = \frac{\partial x}{\partial r}dr + \frac{\partial x}{\partial \theta}d\theta = \cos\theta\,dr - r\sin\theta\,d\theta, \qquad dy = \frac{\partial y}{\partial r}dr + \frac{\partial y}{\partial \theta}d\theta = \sin\theta\,dr + r\cos\theta\,d\theta$$

이다. 따라서 정리 11.3.2 의 식 (11.30) 으로부터

$$\begin{aligned}
A &= \frac{1}{2}\int_C -y\,dx + x\,dy \\
&= \frac{1}{2}\int_C -r\sin\theta(\cos\theta\,dr - r\sin\theta\,d\theta) + r\cos\theta(\sin\theta\,dr + r\cos\theta\,d\theta) \\
&= \frac{1}{2}\int_C r^2\sin^2\theta\,d\theta + r^2\cos^2\theta\,d\theta \\
&= \frac{1}{2}\int_C r^2\,d\theta
\end{aligned}$$

이 성립한다.

(2) (1) 의 결과로부터 구하는 넓비 A 는 다음과 같다.

$$A = \frac{1}{2}\int_C r^2\,d\theta = \frac{1}{2}\int_0^{2\pi} a^2(1+\cos\theta)^2\,d\theta = \frac{3\pi}{2}a^2 \qquad \square$$

5. 그린 정리를 이용하여 반시계 방향의 주어진 곡선 C 를 따른 선적분을 각각 구하여라.

(1) $\displaystyle\int_C xy\,dx + y^5\,dy,$

C 는 (0, 0), (2, 0), (2, 1) 을 꼭짓점으로 갖는 삼각형의 경계

(2) $\displaystyle\int_C (y + e^{\sqrt{x}})\,dx + y^5\,dy,$

C 는 포물선 $y = x^2$, $x = y^2$ 에 의해 유계된 영역의 경계

(3) $\displaystyle\int_C (y^2 - \tan^{-1}x)\,dx + (3x + \sin y)\,dy,$

C 는 포물선 $y = x^2$ 과 직선 $y = 4$ 에 의해 유계된 영역의 경계

【풀이】 (1) 구하는 선적분의 값은 다음과 같다.

$$\int_C xy\,dx + y^5\,dy = \iint_R \left(\frac{\partial}{\partial x}(y^5) - \frac{\partial}{\partial y}(xy)\right)dx\,dy = \iint_R -x\,dx\,dy$$

$$= \int_0^2 \left(\int_0^{\frac{x}{2}} -x\,dy\right)dx = \int_0^2 [-xy]_0^{\frac{x}{2}}\,dx = \int_0^2 -\frac{x^2}{2}\,dx = -2$$

(2) 구하는 선적분의 값은

$$\int_C\int_C (y + e^{\sqrt{x}})\,dx + y^5\,dy = \iint_R \left(\frac{\partial}{\partial x}(y^5) - \frac{\partial}{\partial y}\left(y + e^{\sqrt{x}}\right)\right)dx\,dy$$

$$= \iint_R -1\,dx\,dy = (-1)\cdot(R\text{ 의 넓이})$$

이다. 그런데

$$R\text{ 의 넓이} = \int_0^1\int_{x^2}^{\sqrt{x}} 1\,dy\,dx = \int_0^1 \left(\sqrt{x} - x^2\right)dx = \frac{1}{3}$$

이다. 따라서 구하는 선적분의 결과는 $-1/3$ 이다.

(3) 구하는 선적분의 값은

$$\begin{aligned}\int_C (y^2 - \tan^{-1} x)\,dx + (3x + \sin y)\,dy &= \iint_R \left(\frac{\partial}{\partial x}(3x + \sin y) - \frac{\partial}{\partial y}(y^2 - \tan^{-1} x)\right) dx\,dy \\ &= \iint_R (3 - 2y)\,dx\,dy = \int_{-2}^{2}\int_{x^2}^{4} (3 - 2y)\,dy\,dx \\ &= \int_{-2}^{2} (x^4 - 3x^2 - 4)\,dx = -\frac{96}{5}\end{aligned}$$

이다. □

6. (1) C가 점 (x_1, y_1)에서 점 (x_2, y_2)까지 연결한 선분일 때,

$$\int_C x\,dy - y\,dx = x_1y_2 - x_2y_1$$

임을 보여라.

(2) 다각형의 꼭짓점이 반시계 방향의 순서로 $(x_1, y_1), (x_2, y_2), (x_3, y_3), \ldots, (x_n, y_n)$과 같이 나열되었을 때, 다각형의 넓이 A는

$$A = \frac{1}{2}\Big((x_1y_2 - x_2y_1) + (x_2y_3 - x_3y_2) + \cdots + (x_ny_1 - x_1y_n)\Big)$$

임을 보여라.

(3) $(0, 0), (2, 1), (1, 3), (0, 2), (-1, 1)$을 꼭짓점으로 하는 오각형의 넓이를 구하여라.

【풀이】 (1) 먼저 $x_1 \neq x_2$인 경우에 두 점 (x_1, y_1)와 (x_2, y_2)를 지나는 직선의 식으로부터 유향곡선 C는

$$C(t) = \left(t,\ \frac{y_2 - y_1}{x_2 - x_1}(t - x_1) + y_1\right) \qquad (t\text{는 } x_1,\ x_2\text{의 크기에 관계없이 } x_1\text{에서 } x_2\text{까지})$$

이다. 따라서

$$\int_C x\,dy - y\,dx = \int_{x_1}^{x_2} x \cdot \frac{dy}{dt}\,dt - y\frac{dx}{dt}\,dt$$

$$= \int_{x_1}^{x_2} t \cdot \frac{y_2 - y_1}{x_2 - x_1}\,dt - \left(\frac{y_2 - y_1}{x_2 - x_1}(t - x_1) + y_1\right) \cdot 1\,dt$$

$$= \int_{x_1}^{x_2} \left(\frac{y_2 - y_1}{x_2 - x_1}x_1 - y_1\right) dt = \left(\frac{y_2 - y_1}{x_2 - x_1}x_1 - y_1\right) \int_{x_1}^{x_2} dt$$

$$= x_1y_2 - x_2y_1$$

이다. 또한 $x_1 = x_2$ 인 경우에 두 점 (x_1, y_1) 와 (x_2, y_2) 를 지나는 직선의 식으로부터 유향곡선 C 는

$$C(t) = (x_1, t) \qquad (t \text{ 는 } y_1,\ y_2 \text{ 의 크기에 관계없이 } y_1 \text{ 에서 } y_2 \text{ 까지})$$

이다. 따라서 다음이 성립한다.

$$\int_C x\,dy - y\,dx = \int_{y_1}^{y_2} x \cdot \frac{dy}{dt}\,dt - y\frac{dx}{dt}\,dt = \int_{y_1}^{y_2} x_1 \cdot 1\,dt - t \cdot 0\,dt$$

$$= x_1 \int_{y_1}^{y_2} dt = x_1y_2 - x_1y_1 = x_1y_2 - x_2y_1$$

(2) 주어진 다각형의 꼭짓점을 반시계 방향으로 (x_1, y_1) 으로부터 (x_n, y_n) 까지 순서적으로 연결한 유향곡선을 C 라 하고, 또한 (x_1, y_1) 에서 (x_2, y_2) 까지의 선분을 C_1, (x_2, y_2) 에서 (x_3, y_3) 까지의 선분을 C_2, …, (x_n, y_n) 에서 (x_1, y_1) 까지의 선분을 C_n 이라고 하자. 그러면 다각형의 넓이 A 는 정리 11.3.2 로부터

$$A = \frac{1}{2}\int_C -y\,dx + x\,dy$$

이다. 따라서 (1) 의 결과로부터

$$A = \frac{1}{2}\int_C -y\,dx + x\,dy$$

$$= \frac{1}{2}\left(\int_{C_1} -y\,dx + x\,dy + \int_{C_2} -y\,dx + x\,dy + \cdots + \int_{C_n} -y\,dx + x\,dy\right)$$

$$= \frac{1}{2}\Big((x_1y_2 - x_2y_1) + (x_2y_3 - x_3y_2) + \cdots + (x_ny_1 - x_1y_n)\Big)$$

을 얻는다.

(3) (2)의 결과를 이용하여 주어진 오각형의 넓이 A를 구하면

$$A = \frac{1}{2}\Big((0\cdot 1 - 2\cdot 2) + (2\cdot 3 - 1\cdot 1) + (1\cdot 2 - 0\cdot 3) + (0\cdot 1 - (-1)\cdot 2) + ((-1)\cdot 0 - 0\cdot 1)\Big) = \frac{9}{2}$$

이다. □

연습문제(11.4)

1. 영역 $\{(x, y) \mid x^2 + y^2 \le 1\}$에서 정의된 곡면 $z = x^2 + y^2$의 넓이를 구하여라.

【풀이】 곡면 S의 매개변수 방정식을 $\phi(x, y) = (x, y, x^2 + y^2)$이라고 하면, 곡면의 넓이 $A(S)$는

$$\begin{aligned} A(S) &= \iint_{x^2+y^2\le 1} 1 \left|\frac{\partial \phi}{\partial x} \times \frac{\partial \phi}{\partial y}\right| dx\,dy = \iint_{x^2+y^2\le 1} \sqrt{1 + 4x^2 + 4y^2}\, dx\,dy \\ &= \int_0^{2\pi}\int_0^1 \sqrt{1 + 4r^2}\, r\,dr\,d\theta = \int_0^{2\pi} \left[\frac{1}{12}(1 + 4r^2)^{\frac{3}{2}}\right]_0^1 d\theta = \frac{\pi}{6}(5\sqrt{5} - 1) \end{aligned}$$

이다. □

2. 곡면 S와 함수 f가 다음과 같을 때, 면적분 $\iint_S f\,d\sigma$를 구하여라.

(1) $f(x, y, z) = xyz$, S는 평면 $x + y + z = 1$의 x, y, z가 모두 양인 부분

(2) $f(x, y, z) = x + y$, S는 평면 $z = 0$, $z = x + y$와 원기둥 $x^2 + y^2 = 9$에 의한 유계영역

【풀이】 [참 고] 곡면 S가 이변수함수 $z = g(x, y)$ $(x, y) \in D$의 형태로 주어지는 경우의 면적분은

$$\iint_S f(x, y, z)\,d\sigma = \iint_D f(x, y, g(x, y))\sqrt{1 + z_x^2 + z_y^2}\, dA$$

와 같이 쓰여진다. 따라서 각각의 경우에 이를 이용한 면적분의 결과는 다음과 같다.

(1) 주어진 평면 $x+y+z=1$ 로부터 $z=g(x,y)=1-x-y$ 라고 놓으면

$$\begin{aligned}\iint_S f(x,y,z)\,d\sigma &= \iint_D f(x,y,g(x,y))\sqrt{1+z_x^2+z_y^2}\,dA\\ &= \iint_D xy(1-x-y)\sqrt{1+(-1)^2+(-1)^2}\,dA\\ &= \sqrt{3}\int_0^1\int_0^{1-x} xy(1-x-y)\,dy\,dx\\ &= \sqrt{3}\int_0^1 \frac{1}{6}x(1-x)^3\,dx = \frac{\sqrt{3}}{120}.\end{aligned}$$

(2) 주어진 평면 $z=x+y$ 로부터 $z=g(x,y)=x+y$ 라고 놓으면

$$\begin{aligned}\iint_S f(x,y,z)\,d\sigma &= \iint_D f(x,y,g(x,y))\sqrt{1+z_x^2+z_y^2}\,dA\\ &= \iint_D (x+y)\sqrt{1+(-1)^2+(-1)^2}\,dA\\ &= \sqrt{3}\int_{-3}^3\int_{-\sqrt{9-x^2}}^{\sqrt{9-x^2}}(x+y)\,dy\,dx\\ &= \sqrt{3}\int_{-3}^3 2x\sqrt{9-x^2}\,dx = 0.\end{aligned}$$

□

3. S 를 $x=0,\ y=0,\ z=0$ 과 평면 $2x+3y+z=6$ 으로 둘러싸인 부분의 경계라고 할 때, 벡터장 $F=x\mathbf{i}-y\mathbf{j}$ 의 곡면 S 로부터 빠져 나오는 유량을 구하여라.

【풀이】 11.6절의 발산정리 11.6.1 을 적용하면 보다 쉽게 구할 수 있다. 즉, 벡터장 $F(x,y,z)=(x,-y,0)$ 의 발산 $\operatorname{div} F$ 은

$$\operatorname{div} F = \nabla\cdot F = \left(\frac{\partial}{\partial x},\frac{\partial}{\partial y},\frac{\partial}{\partial z}\right)\cdot(x,-y,0) = 1-1+0=0$$

이다. 따라서 곡면 S 를 둘러싸고 있는 R^3 의 부분영역을 D 라고 하면, 구하는 면적분, 즉 S 로부터 빠져 나오는 유량은

$$\iint_S F = \iiint_D \operatorname{div} F\,dV = \iiint_D 0\,dV = 0$$

이다. □

4. 곡면 S 가 $z = x + y^2$, $0 \le x \le 1$, $0 \le y \le 2$ 일 때, 면적분 $\iint_S xy\,d\sigma$ 를 구하여라.

【풀이】 $z = x + y^2$ 에 대하여 $z_x = 1$ 이고 $z_y = 2y$ 이므로, 구하는 면적분은 식 (11.39) 에 의해

$$\iint_S xy\,d\sigma = \int_0^1 \int_0^2 xy\sqrt{2 + 4y^2}\,dy\,dx = \int_0^1 \frac{13\sqrt{2}}{3} x\,dx = \frac{13}{3\sqrt{2}}$$

이다. □

5. S 를 포물면 $z = 4 - x^2 - y^2$ 과 xy-평면으로 둘러싸인 부분의 경계라고 할 때, 벡터장 $F = 2x\mathbf{i} + 2y\mathbf{j} + 3\mathbf{k}$ 의 곡면 S 로부터 빠져 나오는 유량을 구하여라.

【풀이】 포물면 $z = 4 - x^2 - y^2$ 을 S_1, xy-평면에 있는 반지름이 2 인 원판을 S_2라고 하자. 그러면 구하는 면적분, 즉 곡면 S 로부터 빠져 나오는 유량은

$$\begin{aligned}\iint_S F &= \iint_{S_1} F + \iint_{S_2} F \\ &= \iint_{x^2+y^2\le 2} (2x,\ 2y,\ 3)\cdot(2x,\ 2y,\ 1)\,dx\,dy + \iint_{S_2} (2x,\ 2y,\ 3)\cdot(0,\ 0,\ -1)\,d\sigma \\ &= 44\pi - 12\pi = 32\pi\end{aligned}$$

이다. □

6. 구면 $x^2 + y^2 + z^2 = 9$ 을 통과하는 벡터장 $F(x,\ y,\ z) = (x,\ y,\ z)$ 의 유량을 구하여라.

【풀이】 주어진 구면 S 의 매개변수표현은 구면좌표로부터

$$S : X(\phi,\ \theta) = (3\sin\phi\cos\theta,\ 3\sin\phi\sin\theta,\ 3\cos\phi), \qquad (0 \le \phi \le \pi,\ \ 0 \le \theta \le 2\pi)$$

이다. 따라서

$$F(X(\phi,\ \theta)) = (3\sin\phi\cos\theta,\ 3\sin\phi\sin\theta,\ 3\cos\phi)$$

이고,

$$X_\phi \times X_\theta = \begin{vmatrix} \mathbf{i} & \mathbf{j} & \mathbf{k} \\ 3\cos\phi\cos\theta & 3\cos\phi\sin\theta & -3\sin\phi \\ -3\sin\phi\sin\theta & 3\sin\phi\cos\theta & 0 \end{vmatrix} = (9\sin^2\phi\cos\theta,\ 9\sin^2\phi\sin\theta,\ 9\sin\phi\cos\phi),$$

$$\begin{aligned}|X_\phi \times X_\theta| &= \sqrt{9^2 \sin^4 \phi \cos^2 \theta + 9^2 \sin^4 \phi \sin^2 \theta + 9^2 \sin^2 \phi \cos^2 \phi} \\ &= 9\sqrt{\sin^4 \phi(\cos^2 \theta + \sin^2 \theta) + \sin^2 \phi \cos^2 \phi} \\ &= 9\sqrt{\sin^2 \phi} = 9\,|\sin \phi| = 9\,|\sin \phi| \quad (0 \le \phi \le \pi) \\ &= 9 \sin \phi,\end{aligned}$$

$$\mathbf{n} = \frac{X_\phi \times X_\theta}{|X_\phi \times X_\theta|} = \frac{1}{9 \sin \phi}(9 \sin^2 \phi \cos \theta, 9 \sin^2 \phi \sin \theta, 9 \sin \phi \cos \phi) = \frac{1}{3} X(\phi, \theta)$$

이므로 $\mathbf{n}$ 은 위치벡터 $X(\phi, \theta)$ 와 같은 방향, 즉 구의 외부 쪽을 가리킨다. 따라서

$$\begin{aligned}\iint_S F = \iint_S F \cdot \mathbf{n}\, d\sigma &= \iint_D F(X(\phi, \theta)) \cdot (X_\phi \times X_\theta)\, d\phi\, d\theta \\ &= \iint_D F(X(\phi, \theta)) \cdot (X_\phi \times X_\theta)\, d\phi\, d\theta \\ &= \iint_D (27 \sin^3 \phi \cos^2 \theta + 27 \sin^3 \phi \sin^2 \theta + 27 \sin \phi \cos^2 \theta)\, d\phi\, d\theta \\ &= \iint_D (27 \sin^3 \phi(\cos^2 \theta + \sin^2 \theta) + 27 \sin \phi \cos^2 \theta)\, d\phi\, d\theta \\ &= \iint_D (27 \sin^3 \phi + 27 \sin \phi \cos^2 \theta)\, d\phi\, d\theta \\ &= \iint_D 27 \sin \phi(\sin^2 \phi + \cos^2 \phi)\, d\phi\, d\theta \\ &= \int_0^{2\pi} \int_0^{\pi} 27 \sin \phi\, d\phi\, d\theta \\ &= 108\pi\end{aligned}$$

이다. □

7. 면적분을 이용하여 반지름이 a 인 구의 겉넓이를 구하여라.

【풀이】 상반구면 S 의 매개변수식은, 중심이 원점이고 반지름 a 인 xy-평면에서의 원

을 D 라 할 때,

$$\phi(x, y) = \left(x, y, \sqrt{a^2 - x^2 - y^2}\right) \quad (x, y) \in D$$

이다. 따라서 구하는 구면의 겉넓이를 면적분을 이용하여 구하면

$$\begin{aligned}
2\iint_D 1 \cdot d\sigma &= 2\iint_D \left\| \left(1, 0, \frac{-x}{\sqrt{a^2 - x^2 - y^2}}\right) \times \left(0, 1, \frac{-y}{\sqrt{a^2 - x^2 - y^2}}\right) \right\| dx\,dy \\
&= 2\iint_D \left\| \left(\frac{x}{\sqrt{a^2 - x^2 - y^2}}, \frac{y}{\sqrt{a^2 - x^2 - y^2}}, 1\right) \right\| dx\,dy \\
&= 2\iint_D \sqrt{1 + \frac{x^2}{a^2 - x^2 - y^2} + \frac{y^2}{a^2 - x^2 - y^2}}\, dx\,dy \\
&= 2\int_0^{2\pi}\int_0^a \sqrt{1 + \frac{r^2}{a^2 - r^2}}\, r\,dr\,d\theta = 2\int_0^{2\pi}\int_0^a \frac{ar}{\sqrt{a^2 - r^2}}\, dr\,d\theta \\
&= 2\int_0^{2\pi} \left[-a\sqrt{a^2 - r^2}\right]_0^a d\theta = 2\int_0^{2\pi} \left[-a\sqrt{a^2 - r^2}\right]_0^a d\theta \\
&= 2\int_0^{2\pi} a^2\, d\theta = 4\pi a^2
\end{aligned}$$

이다. □

8. 원점을 중심으로 반지름이 a 인 구면의 매개변수방정식

$$x = a\sin\phi\cos\theta, \quad y = a\sin\phi\sin\theta, \quad z = a\cos\phi \quad (0 \le \phi \le \pi,\ 0 \le \theta \le 2\pi)$$

로부터 구면의 넓이를 구하여라.

【풀이】 $D = \{(\phi, \theta) \mid 0 \le \phi \le \pi,\ 0 \le \theta \le 2\pi\}$ 라고 놓자. 이때 매개곡면

$$S : X(\phi, \theta) = (a\sin\phi\cos\theta, a\sin\phi\sin\theta, a\cos\phi) \quad (\phi, \theta) \in D$$

에 대하여

$$X_\phi = (a\cos\phi\cos\theta, a\cos\phi\sin\theta, -a\sin\phi), \qquad X_\theta = (-a\sin\phi\sin\theta, a\sin\phi\cos\theta, 0)$$

이므로

$$X_\phi \times X_\theta = \begin{vmatrix} \mathbf{i} & \mathbf{j} & \mathbf{k} \\ a\cos\phi\cos\theta & a\cos\phi\sin\theta & -a\sin\phi \\ -a\sin\phi\sin\theta & a\sin\phi\cos\theta & 0 \end{vmatrix}$$
$$= (a^2\sin^2\phi\cos\theta,\ a^2\sin^2\phi\sin\theta,\ a^2\sin\phi\cos\phi)$$

을 얻는다. 그런데 $0 \le \phi \le \pi$ 이므로

$$\left|X_\phi \times X_\theta\right| = a^2\,|\sin\phi| = a^2\sin\phi$$

이다. 따라서 구하는 면적을 $A(S)$ 라고 놓으면

$$A(S) = \iint_D |N(\phi,\theta)|\,d\phi\,d\theta = \int_0^{2\pi}\int_0^{\pi} a^2\sin\phi\,d\phi\,d\theta = 4a^2\pi$$

를 얻는다. □

9. 평면 $z = 9$ 아래에 놓여 있는 포물면 $z = x^2 + y^2$ 의 넓이를 구하여라.

【풀이】 구하는 곡면의 넓이 $A(S)$ 는

$$A(S) = \iint_{x^2+y^2\le 9} \sqrt{4x^2+4y^2+1}\,dx\,dy = \int_0^{2\pi}\int_0^{3} \sqrt{1+4r^2}\,r\,dr\,d\theta = \frac{\pi}{6}(37\sqrt{37}-1)$$

이다. □

연습문제(11.5)

1. 곡선 C 가 원기둥면 $x^2 + y^2 = 1$ 과 평면 $x + y + z = 1$ 의 교차하는 아래 그림과 같은 폐곡선이라고 하자. 이때 선적분

$$\int_C -y^3\,dx + x^3\,dy - z^3\,dz$$

를 스토크스 정리를 사용하여 구하여라. 이때 C의 방향은 xy-평면으로의 정사영이 반시계 방향이 되도록 정한다.

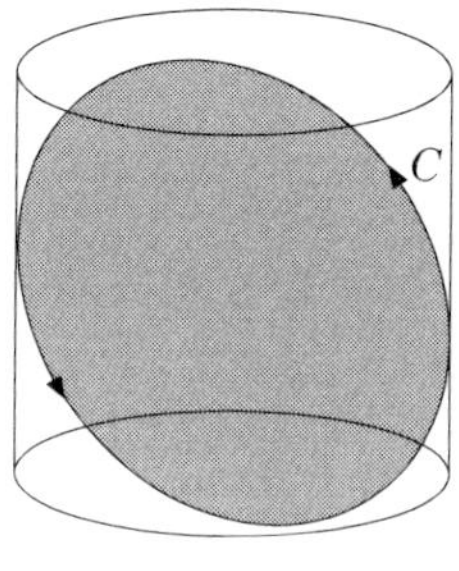

【풀이】 구하는 선적분의 결과는 스토크스 정리에 의해

$$\int_C -y^3\,dx + x^3\,dy - z^3\,dz = \iint_S \nabla \times (-y^3,\ x^3,\ -z^3) = \iint_S (0,\ 0,\ 3x^2 + 3y^2)$$
$$= \iint_{x^2+y^2 \le 1} (0,\ 0,\ 3x^2 + 3y^2) \cdot (1,\ 1,\ 1)\,dx\,dy = \frac{3}{2}\pi$$

이다. □

2. 주어진 벡터장 F의 회전 $\nabla \times F$를 구하여라.

(1) $F(x, y, z) = (x^2y,\ yz^2,\ zx^2)$ (2) $F(x, y, z) = (y^2z,\ 0,\ -x^2yz)$

(3) $F(x, y, z) = (\sin x,\ \cos x,\ z^2)$ (4) $F(x, y, z) = (xe^y,\ -ze^{-y},\ y\ln z)$

【풀이】 (1) 주어진 벡터장 F의 회전 $\nabla \times F$는

$$\nabla \times F = \begin{vmatrix} \mathbf{i} & \mathbf{j} & \mathbf{k} \\ \frac{\partial}{\partial x} & \frac{\partial}{\partial y} & \frac{\partial}{\partial z} \\ x^2y & yz^2 & zx^2 \end{vmatrix}$$
$$= \left(\frac{\partial}{\partial y}(zx^2) - \frac{\partial}{\partial z}(yz^2)\right)\mathbf{i} + \left(\frac{\partial}{\partial z}(x^2y) - \frac{\partial}{\partial x}(zx^2)\right)\mathbf{j} + \left(\frac{\partial}{\partial x}(yz^2) - \frac{\partial}{\partial y}(x^2y)\right)\mathbf{k}$$
$$= (0 - 2yz)\mathbf{i} + (0 - 2zx)\mathbf{j} + (0 - x^2)\mathbf{k}$$

$$= (-2yz,\ -2zx,\ -x^2)$$

이다.

(2) 주어진 벡터장 F의 회전 $\nabla\times F$는

$$\nabla\times F = \begin{vmatrix} \mathbf{i} & \mathbf{j} & \mathbf{k} \\ \frac{\partial}{\partial x} & \frac{\partial}{\partial y} & \frac{\partial}{\partial z} \\ y^2z & 0 & -x^2yz \end{vmatrix}$$

$$= \left(\frac{\partial}{\partial y}(-x^2yz) - \frac{\partial}{\partial z}(0)\right)\mathbf{i} + \left(\frac{\partial}{\partial z}(y^2z) - \frac{\partial}{\partial x}(-x^2yz)\right)\mathbf{j} + \left(\frac{\partial}{\partial x}(0) - \frac{\partial}{\partial y}(y^2z)\right)\mathbf{k}$$

$$= (-x^2z - 0)\mathbf{i} + (y^2 + 2xyz)\mathbf{j} + (0 - 2yz)\mathbf{k}$$

$$= (-x^2z,\ y^2 + 2xyz,\ -2yz)$$

이다.

(3) 주어진 벡터장 F의 회전 $\nabla\times F$는

$$\nabla\times F = \begin{vmatrix} \mathbf{i} & \mathbf{j} & \mathbf{k} \\ \frac{\partial}{\partial x} & \frac{\partial}{\partial y} & \frac{\partial}{\partial z} \\ \sin x & \cos x & z^2 \end{vmatrix}$$

$$= \left(\frac{\partial}{\partial y}(z^2) - \frac{\partial}{\partial z}(\cos x)\right)\mathbf{i} + \left(\frac{\partial}{\partial z}(\sin x) - \frac{\partial}{\partial x}(z^2)\right)\mathbf{j} + \left(\frac{\partial}{\partial x}(\cos x) - \frac{\partial}{\partial y}(\sin x)\right)\mathbf{k}$$

$$= (0 - 0)\mathbf{i} + (0 - 0)\mathbf{j} + (-\sin x - 0)\mathbf{k}$$

$$= (0,\ 0,\ -\sin x)$$

이다.

(4) 주어진 벡터장 F의 회전 $\nabla\times F$는

$$\nabla\times F = \begin{vmatrix} \mathbf{i} & \mathbf{j} & \mathbf{k} \\ \frac{\partial}{\partial x} & \frac{\partial}{\partial y} & \frac{\partial}{\partial z} \\ xe^y & -ze^{-y} & y\ln z \end{vmatrix}$$

$$= \left(\frac{\partial}{\partial y}(y\ln z) - \frac{\partial}{\partial z}(-ze^{-y})\right)\mathbf{i} + \left(\frac{\partial}{\partial z}(xe^{y}) - \frac{\partial}{\partial x}(y\ln z)\right)\mathbf{j} + \left(\frac{\partial}{\partial x}(-ze^{-y}) - \frac{\partial}{\partial y}(xe^{y})\right)\mathbf{k}$$

$$= (\ln z + e^{-y})\mathbf{i} + (0-0)\mathbf{j} + (0 - xe^{y})\mathbf{k}$$

$$= (\ln z + e^{-y},\ 0,\ -xe^{y})$$

이다. □

3. 곡면 S : $2z = x^2 + y^2$, $z \le 2$와 벡터장 $F(x, y, z) = (3y, -xy, yz^2)$에 대하여 면적분 $\iint_S \nabla \times F$를 구하여라.

【풀이】 스토크스 정리에 의한 선적분을 통하여 얻는 방법과 주어진 면적분을 직접 구하는 방법이 있을 수 있다. 아래에서는 각각의 방법에 의해 구한 후에 이들을 서로 비교해 보도록 한다.

(i) 스토크스 정리를 이용한 선적분 연산 결과:
먼저 경계곡선 C 방정식 $x^2 + y^2 = 4$와 $z = 2$에 의해 주어지는 원임을 알 수 있다. 따라서 곡선 C는

$$C : C(t) = (2\cos t,\ 2\sin t,\ 2) \qquad (0 \le t \le 2\pi)$$

이고, 따라서

$$F(C(t)) = (6\sin t,\ -4\sin t\cos t,\ 8\sin t), \qquad C'(t) = (-2\sin t,\ 2\cos t,\ 0)$$

을 얻는다. 그러므로 스토크스 정리에 의해 적분 $\iint_S \nabla \times F$는

$$\iint_S \nabla \times F = \int_C F = \int_0^{2\pi} F(C(t)) \cdot C'(t)\, dt$$

$$= \int_0^{2\pi} (6\sin t,\ -4\sin t\cos t,\ 8\sin t) \cdot (-2\sin t,\ 2\cos t,\ 0)\, dt$$

$$= \int_0^{2\pi} (-12\sin^2 t - 8\sin t\cos^2 t)\, dt = -12\pi$$

이다.

(ii) 면적분 연산 결과:

주어진 벡터장 F의 회전 $\nabla \times F$는

$$\nabla \times F = \begin{vmatrix} \mathbf{i} & \mathbf{j} & \mathbf{k} \\ \frac{\partial}{\partial x} & \frac{\partial}{\partial y} & \frac{\partial}{\partial z} \\ 3y & -xy & yz^2 \end{vmatrix} = (z^2,\ 0,\ -y-3)$$

이다. 또한 곡면 S의 매개곡면은 $D = \{(u, v) \mid u^2 + v^2 \le 4\}$에 대하여

$$S : X(u, v) = (u, v, (1/2)(u^2 + v^2)),\quad (u, v) \in D$$

이다. 따라서 $X_u = (1, 0, u)$, $X_v = (0, 1, v)$이므로 S의 법선벡터 $N(u, v)$는

$$N(u, v) = X_u \times X_v = \begin{vmatrix} \mathbf{i} & \mathbf{j} & \mathbf{k} \\ 1 & 0 & u \\ 0 & 1 & v \end{vmatrix} = (u, -v, 1)$$

이다. 따라서 S위에서 벡터장 $\nabla \times F$의 면적분은

$$\begin{aligned}
\iint_S \nabla \times F &= \iint_S (\nabla \times F) \cdot \mathbf{n}\, d\sigma = \iint_D (\nabla \times F)(X(u, v)) \cdot N(u, v)\, du\, dv \\
&= \iint_D \left(\frac{1}{4}(u^2 + v^2)^2,\ 0,\ -v-3\right) \cdot (u, -v, 1)\, du\, dv \\
&= \iint_{u^2+v^2 \le 4} \left(\frac{1}{4}u(u^2 + v^2)^2 - v - 3\right) du\, dv \\
&= \int_0^{2\pi} \int_0^2 \left(\frac{1}{4}(r\cos\theta)r^4 - r\sin\theta - 3\right) r\, dr\, d\theta \\
&= \int_0^{2\pi} \int_0^2 \left(\frac{1}{4}r^6\cos\theta - r^2\sin\theta - 3r\right) dr\, d\theta \\
&= \int_0^{2\pi} \left(\frac{32}{7}\cos\theta - \frac{8}{3}\sin\theta - 6\right) d\theta = -12\pi
\end{aligned}$$

이다.

(i)과 (ii)에 의해 선적분과 면적분의 연산 결과는 일치한다. 그러나 스토크스 정리를 이용한 선적분의 형태가 보다 적은 연산으로 결과를 주고 있음을 알 수 있다. □

4. 벡터장 $F(x, y, z) = (xz, yz, xy)$ 에 대해 S 는 원주면 $x^2 + y^2 = 1$ 의 내부에 있고 xy-평면 위에 놓여 있는 반구면 $z = \sqrt{4 - x^2 - y^2}$ 의 부분일 때, 스토크스 정리를 이용하여 적분

$$\iint_S \nabla \times F$$

를 구하여라.

【풀이】 경계곡선 C 를 얻기 위해, 두 개의 방정식

$$x^2 + y^2 = 1, \qquad z = \sqrt{4 - x^2 - y^2}$$

을 연립하여 풀면 $z = \sqrt{3}$ 을 얻는다. 따라서 곡선 C 는 방정식 $x^2 + y^2 = 1$ 과 $z = \sqrt{3}$ 에 의해 주어지는 원임을 알 수 있다. 따라서 곡선 C 의 매개변수 표현

$$C : C(t) = (\cos t, \sin t), \sqrt{3}) \quad (0 \le t \le 2\pi)$$

로부터

$$F(C(t)) = (\sqrt{3}\cos t, \sqrt{3}\sin t, \cos t \sin t), \qquad C'(t) = (-\sin t, \cos t, 0)$$

을 얻는다. 따라서 스토크스 정리를 이용한 주어진 적분의 연산 결과는

$$\begin{aligned}\iint_S \nabla \times F = \int_C F &= \int_0^{2\pi} F(C(t)) \cdot C'(t)\, dt \\ &= \int_0^{2\pi} (\sqrt{3}\cos t, \sqrt{3}\sin t, \cos t \sin t) \cdot (-\sin t, \cos t, 0)\, dt \\ &= \int_0^{2\pi} (-\sqrt{3}\sin t \cos t + \sqrt{3}\sin t \cos t)\, dt = 0\end{aligned}$$

이다. □

5. (1) S 가 구면이고 벡터장 F 가 스토크스 정리의 가정을 만족할 때,

$$\iint_S \nabla \times F = 0$$

임을 보여라.

(2) 벡터장 F가 곡면 S의 경계에 수직이면,

$$\iint_S \nabla \times F = 0$$

임을 보여라.

【풀이】 (1) S 의 경계는 공집합이므로, 스토크스 정리에 의하여

$$\iint_S \nabla \times F = \int_\phi F = 0$$

이다.

(2) 곡면 S의 경계를 $C(t)$ $(a \leq t \leq b)$ 라고 두면,

$$\iint_S \nabla \times F = \int_C F = \int_a^b F(C(t)) \cdot C'(t)\,dt = \int_a^b 0\,dt = 0$$

이다. □

6. 벡터장 $F(x, y, z) = (-y^2, x, z^2)$ 에 대하여 곡선 C 는 평면 $y + z = 2$ 와 원주면 $x^2 + y^2 = 1$ 이 만나서 생기는 교차 곡선일 때 선적분 $\int_C F$ 를 구하여라.

【풀이】 평면 $y + z = 2$ 와 원주면 $x^2 + y^2 = 1$ 이 만나서 생기는 교차 곡선 C 는 타원이다. 그런데 곡선 C 가 표준형의 타원이 아니므로 이를 매개변수화 하는데 어려움이 있다. 이러한 경우에는 스토크스 정리를 이용한 계산이 효과적일 수도 있다. 이를 위해 먼저 주어진 벡터장 F 의 회전 $\nabla \times F$ 를 계산하면

$$\nabla \times F = \begin{vmatrix} \mathbf{i} & \mathbf{j} & \mathbf{k} \\ \frac{\partial}{\partial x} & \frac{\partial}{\partial y} & \frac{\partial}{\partial z} \\ -y^2 & x & z^2 \end{vmatrix} = (0, 0, 1 + 2y)$$

을 얻는다. 또한 곡선 C 를 경계로 하는 곡면이 여러 개 있지만, 가장 간단한 선택은 C 에 의해 유계된 평면 $y + z = 2$ 에 속하는 타원의 영역을 S 로 택하는 것이다. 이때 xy-평면 위에 내린 S 의 정사영 D 는 원판 $x^2 + y^2 \leq 1$ 이다. 따라서 곡면 S 의 매개곡면

은 $D = \{(u, v) \mid u^2 + v^2 \le 1\}$ 에 대하여

$$S : X(u, v) = (u, v, 2 - v), \quad (u, v) \in D$$

이다. 따라서 $X_u = (1, 0, 0)$, $X_v = (0, 1, -1)$ 로부터 S의 법선벡터 $N(u, v)$는

$$N(u, v) = X_u \times X_v = \begin{vmatrix} \mathbf{i} & \mathbf{j} & \mathbf{k} \\ 1 & 0 & 0 \\ 0 & 1 & -1 \end{vmatrix} = (0, 1, 1)$$

이다. 따라서 S 위에서 벡터장 $\nabla \times F$의 면적분은 스토크스 정리에 의하여

$$\begin{aligned} \int_C F &= \iint_S \nabla \times F = \iint_D (\nabla \times F)(X(u, v)) \cdot N(u, v)\, du\, dv \\ &= \iint_{u^2+v^2\le 1} (0, 0, 1 + 2v) \cdot (0, 1, 1)\, du\, dv = \iint_{u^2+v^2\le 1} (1 + 2v)\, du\, dv \\ &= \int_0^{2\pi} \int_0^1 (1 + 2r\sin\theta) r\, dr\, d\theta = \int_0^{2\pi} \left(\frac{1}{2} + \frac{2}{3}\sin\theta\right) d\theta = \pi \end{aligned}$$

이다. □

연습문제(11.6)

1. 곡면 S는 세 개의 평면 $z = 0$, $y = 0$, $y = 2$와 포물기둥면 $z = 1 - x^2$으로 둘러싸인 영역 D의 경계라고 하자. 이때 벡터장

$$F = (x + \cos y)\mathbf{i} + (y + \sin z)\mathbf{j} + (z + e^x)\mathbf{k}$$

에 대하여 면적분 $\iint_S F$를 구하여라.

【풀이】 주어진 면적분을 직접 계산하기 위해서는 곡면 S를 감싸는 각각의 부분영역에 대응하는 면적분을 각각 계산한 후에 그 결과를 모두 더해야 하기 때문에 많은 연산

량을 필요로 한다. 또한 일반적으로 벡터장 F의 발산 $\nabla \cdot F$는 F 그 자체보다도 간단한 형태를 갖는다. 따라서 주어진 면적분을 직접 계산하는 것 보다는 가능하다면 발산정리를 이용하여 계산하는 것이 효과적이다. 발산정리를 이용하여 주어진 면적분을 삼중적분으로 바꾸어 다음과 같이 계산할 수 있다.

$$\iint_S F = \iiint_V \nabla \cdot F = \iiint_V 3\,dV = 3(V\text{의 부피})$$

그런데 V의 부피는

$$V\text{의 부피} = 2\int_{-1}^{1} (1 - x^2)\,dx = \frac{8}{3}$$

이므로, 구하는 면적분이 값은 8 이다. □

2. 주어진 벡터장 F의 발산 $\nabla \cdot F$를 구하여라.

(1) $F(x, y, z) = (x^2y, yz^2, zx^2)$

(2) $F(x, y, z) = (y^2z, 0, -x^2yz)$

(3) $F(x, y, z) = (\sin x, \cos x, z^2)$

(4) $F(x, y, z) = (xe^y, -ze^{-y}, y \ln z)$

【풀이】 (1) 벡터장 F의 발산 $\nabla \cdot F$는

$$\nabla \cdot F = \left(\frac{\partial}{\partial x}, \frac{\partial}{\partial y}, \frac{\partial}{\partial z}\right) \cdot (x^2y, yz^2, zx^2) = \frac{\partial}{\partial x}(x^2y) + \frac{\partial}{\partial y}(yz^2) + \frac{\partial}{\partial z}(zx^2) = 2xy + z^2 + x^2$$

이다.

(2) 벡터장 F의 발산 $\nabla \cdot F$는

$$\nabla \cdot F = \left(\frac{\partial}{\partial x}, \frac{\partial}{\partial y}, \frac{\partial}{\partial z}\right) \cdot (y^2z, 0, -x^2yz) = \frac{\partial}{\partial x}(y^2z) + \frac{\partial}{\partial y}(0) + \frac{\partial}{\partial z}(-x^2yz) = -x^2y$$

이다.

(3) 벡터장 F의 발산 $\nabla \cdot F$는

$$\nabla \cdot F = \left(\frac{\partial}{\partial x}, \frac{\partial}{\partial y}, \frac{\partial}{\partial z}\right) \cdot (\sin x, \cos x, z^2) = \frac{\partial}{\partial x}(\sin x) + \frac{\partial}{\partial y}(\cos x) + \frac{\partial}{\partial z}(z^2) = \cos x + 2z$$

이다.

(4) 벡터장 F의 발산 $\nabla \cdot F$는

$$\nabla \cdot F = \left(\frac{\partial}{\partial x}, \frac{\partial}{\partial y}, \frac{\partial}{\partial z}\right) \cdot (xe^y, -ze^{-y}, y\ln z) = e^y + ze^{-y} + \frac{y}{z}$$

이다. □

3. 곡면 S를 포물면 $z = 4 - x^2 - y^2$과 xy-평면으로 둘러싸인 입체의 겉면이라고 할 때, 벡터장 $F(x, y, z) = (2x, 2y, 3)$의 곡면 S로 빠져나오는 유량을 구하여라.

【풀이】 발산정리에 의하여

$$\iint_S F = \iiint_V \nabla \cdot F = \iiint_V 4\, dV = 4(V\text{의 부피})$$

이다. 그런데 V의 부피는

$$V\text{의 부피} = \iint_{x^2+y^2\le 4} (4 - x^2 - y^2)\, dx\, dy = \int_0^{2\pi} \int_0^2 (4 - r^2) r\, dr\, d\theta = 8\pi$$

이므로, 구하는 면적분은 32π이다. □

4. 발산정리로부터 단위구면 $x^2 + y^2 + z^2 = 1$ 상의 벡터장

$$F(x, y, z) = z\mathbf{i} + y\mathbf{j} + x\mathbf{k}$$

의 유량을 구하여라.

【풀이】 벡터장 $F(x, y, z) = z\mathbf{i} + y\mathbf{j} + x\mathbf{k}$의 발산은

$$\nabla \cdot F = \left(\frac{\partial}{\partial x}, \frac{\partial}{\partial y}, \frac{\partial}{\partial z}\right) \cdot (z, y, x) = \frac{\partial}{\partial x}(z) + \frac{\partial}{\partial y}(y) + \frac{\partial}{\partial z}(x) = 1$$

이다. 또한 단위구면 S는 $x^2 + y^2 + z^2 \le 1$에 의해 주어지는 단위구면 D의 경계이다. 따라서 발산정리를 이용하면 구하는 유량은

$$\iint_S F = \iiint_D \nabla \cdot F\, dV = \iiint_D 1\, dV = D\text{의 부피} = \frac{4}{3}\pi \cdot 1^3 = \frac{4}{3}\pi$$

이다. □

5. 함수 f 와 g 가 연속인 이계 편도함수를 가질 때 $\operatorname{div}(\nabla f \times \nabla g)$ 를 계산하여라.

【풀이】 벡터장의 발산의 정의와 성질로부터

$$\operatorname{div}(\nabla f \times \nabla g) = \nabla \cdot (\nabla f \times \nabla g) = \nabla \times (\nabla f) - \nabla f \cdot \nabla \times (\nabla g) = 0$$

이다. □

6. 곡면 S 가 포물주면 $z = 1 - x^2$ 과 평면 $z = 0,\ y = 0,\ y + z = 2$ 에 의해 유계된 영역 D 일 때, 벡터장

$$F(x, y, z) = xy\mathbf{i} + (y^2 + e^{xz^2})\mathbf{j} + \sin(xy)\mathbf{k}$$

에 대하여 면적분 $\iint_S F$ 를 구하여라.

【풀이】 발산정리를 적용하기 위한 벡터장 F 의 발산과 영역 D 는 각각

$$\begin{aligned}\nabla \cdot F &= \left(\frac{\partial}{\partial x}, \frac{\partial}{\partial y}, \frac{\partial}{\partial z}\right) \cdot (xy,\ y^2 + e^{xz^2},\ \sin(xy)) \\ &= \frac{\partial}{\partial x}(xy) + \frac{\partial}{\partial y}(y^2 + e^{xz^2}) + \frac{\partial}{\partial z}(\sin(xy)) = y + 2y = 3y,\end{aligned}$$

$$D = \{(x, y, z) \mid -1 \le x \le 1,\ \ 0 \le z \le 1 - x^2,\ \ 0 \le y \le 2 - z\}$$

이므로, 발산정리를 이용한 주어진 면적분의 연산 결과는

$$\iint_S F = \iiint_D \nabla \cdot F\, dV = \iiint_D 3y\, dV = \int_{-1}^{1} \int_0^{1-x^2} \int_0^{2-z} 3y\, dy\, dz\, dx = \frac{184}{35}$$

이다. □

미분적분학 연습문제 탐구

2009년 3월 2일 1판 1쇄 발행
2011년 3월 2일 1판 2쇄 발행

저　자 / 김상욱 · 김원규 · 윤재헌 · 윤주한 · 조완영
발행자 / 오판근
발행처 / 교우사

주　소 / 서울 동대문구 제기2동 148-19
전　화 / 925-2861(代), 편집부 / 925-2825
팩　스 / 925-2860

E-mail / kyowoo@kyowoo.co.kr
http://www.kyowoo.co.kr

등록 / 1994. 3. 24 제6-0256호

ISBN 978-89-8172-780-2 (93410)

값 17,000 원